工业和信息化高职高专
"十三五"规划教材立项项目

郝永池／主编

郝海霞 任俊岭 郝风琴／副主编

# 建筑工程项目管理

高等职业教育『十三五』土建类技能型人才培养规划教材

U0266165

人民邮电出版社
北　京

**图书在版编目（CIP）数据**

建筑工程项目管理 / 郝永池主编. -- 北京 ：人民
邮电出版社，2016.8 （2019.9重印）
高等职业教育"十三五"土建类技能型人才培养规划
教材
ISBN 978-7-115-42680-2

Ⅰ. ①建… Ⅱ. ①郝… Ⅲ. ①建筑工程－项目管理－
高等职业教育－教材 Ⅳ. ①TU71

中国版本图书馆CIP数据核字(2016)第125980号

## 内 容 提 要

　　本书系统地讲解了建筑工程项目管理的相关知识。全书共有 11 章，包括建筑工程项目管理概述、建筑工程项目管理组织与规划、建筑工程项目质量管理、建筑工程项目进度管理、建筑工程项目成本管理、建筑工程项目职业健康安全管理、建筑工程项目环境与绿色施工管理、建筑工程项目风险管理、建筑工程项目合同管理、建筑工程项目信息管理和建筑工程项目收尾管理等内容。为了让读者能够及时地检查自己的学习效果，把握自己的学习进度，每章后面都附有丰富的习题。

　　本书为高等职业教育土木工程类专业规划教材，可作为建筑工程技术、工程造价、工程管理、建筑装饰工程技术等专业的教材，也可供有关工程技术人员参考。

◆ 主　　编　郝永池
　　副 主 编　郝海霞　　任俊岭　郝风琴
　　责任编辑　刘盛平
　　执行编辑　王丽美
　　责任印制　焦志炜
◆ 人民邮电出版社出版发行　　北京市丰台区成寿寺路 11 号
　　邮编　100164　　电子邮件　315@ptpress.com.cn
　　网址　http://www.ptpress.com.cn
　　涿州市京南印刷厂印刷
◆ 开本：787×1092　1/16
　　印张：17.75　　　　　　　　　2016 年 8 月第 1 版
　　字数：445 千字　　　　　　　2019 年 9 月河北第 3 次印刷

定价：42.00 元
读者服务热线：(010)81055256　印装质量热线：(010)81055316
反盗版热线：(010)81055315
广告经营许可证：京东工商广登字 20170147 号

# 前　言

　　建筑工程项目管理是建筑工程技术人员、施工管理人员的核心工作任务，是建筑工程技术、工程造价、工程管理等专业高技能人才必须具备的基本技能，也是高职高专土木建筑类专业一门重要的专业核心课程。本书以训练读者的建筑工程项目管理技能为目标，详细介绍建筑工程项目管理基本理论和技术方法。

　　高职高专教育是高等教育的重要组成部分，是为了培养适应生产、建设、管理、服务第一线需要的高等技术应用型人才。本书正是结合高职高专教育的特点，按照高等职业教育对本课程的要求，以国家现行建筑法律法规以及最新规范、标准等为依据，根据编者多年工作经验和教学实践编纂而成。

　　本书对建设工程项目管理的理论、方法、要求等做了详细阐述，坚持以就业为导向，突出实用性与创新性。本书编写在力求做到保证知识的系统性和完整性的前提下，以章节单元为组织形式。本书在编写过程中，吸取了当前行业企业改革中应用的管理方法，并认真贯彻我国现行规范及有关文件，从而增强了适应性和应用性，具有时代特征。每章除有一定量的习题和思考题外，还增加了具有行业特点且较全面的工程实例，以求通过实例来培养学生综合应用能力。

　　本书的参考学时为 60～84 学时，建议采用理论实践一体化教学模式，各项目的参考学时见下面的学时分配表。

学时分配表

| 章　节 | 课　程　内　容 | 学　　时 |
|---|---|---|
| 第 1 章 | 建筑工程项目管理概述 | 4～6 |
| 第 2 章 | 建筑工程项目管理组织与规划 | 4～6 |
| 第 3 章 | 建筑工程项目质量管理 | 8～12 |
| 第 4 章 | 建筑工程项目进度管理 | 8～10 |
| 第 5 章 | 建筑工程项目成本管理 | 8～10 |
| 第 6 章 | 建筑工程项目职业健康安全管理 | 8～10 |
| 第 7 章 | 建筑工程项目环境与绿色施工管理 | 6～8 |
| 第 8 章 | 建筑工程项目风险管理 | 2～4 |
| 第 9 章 | 建筑工程项目合同管理 | 6～8 |
| 第 10 章 | 建筑工程项目信息管理 | 2～4 |
| 第 11 章 | 建筑工程项目收尾管理 | 2～4 |
| | 课程考评 | 2 |
| 课时总计 | | 60～84 |

　　本书由河北工业职业技术学院郝永池教授任主编，河北工业职业技术学院郝海霞、石家庄铁道大学任俊岭、河北工业职业技术学院郝风琴老师任副主编，河北工业职业技术学院王云龙、张伟参与了本书的编写。本书在编写过程中，还得到了参编教师所在单位的大力支持和帮助，在此深表感谢。

　　由于编者水平和经验有限，书中难免有欠妥和错误之处，恳请读者批评指正。

编　者<br>2016 年 2 月

# 目 录

第 1 章

# 建筑工程项目管理概述

## 【学习目标】

通过本章的学习，学生应掌握建筑工程项目管理的基本概念、特点、类型等基本点，了解建筑工程项目的产生与发展以及目前项目管理的主要模式。

## 1.1 项目管理与工程项目管理

### 1.1.1 项目

1. 项目的定义、特点和类型

项目是指在一定的约束条件下（主要是限定时间、限定资源），具有明确目标的一次性任务或事业。项目是一种一次性的复合任务，它具有明确的开始时间、明确的结束时间、明确的规模与预算，通常还有一个临时性的项目组。一个项目生命周期可划分为启动、规划、实施和收尾四个阶段。

项目一般具有一次性、目标明确性、约束性、系统性、相对独立性、生命周期性、相互依赖与冲突性等特点。

按不同的分类方法，可以将项目分为如下类别。

（1）按项目成果的实体形态，可以将项目分为工程项目和非工程项目。前者如建筑工程、水利工程、市政工程项目等，后者如软件开发、技术改造、文艺演出项目等。其中，工程项目按专业不同又可分为建筑工程、安装工程、桥梁工程、公路工程、铁路工程、水电工程、航道工程、隧道工程等。

（2）按项目的规模，可以将项目分为大型项目、中型项目和小型项目。

（3）按项目所处的行业领域，可以将项目分为国防项目、环保项目、农业项目、交通项目等。

（4）按项目所属主体不同，可以将项目分为政府项目、企业项目、私人项目。

（5）按项目生命周期不同，可以将项目分为长期项目和短期项目。

2. 建设项目

建设项目是指需要一定量的投资，经过策划、设计和施工等一系列活动，在一定的资源约束条件下，以形成固定资产为确定目标的一次性活动。在一个总体设计内，为充分发挥投资效益而分期建设的单元，也应作为一个建设项目。建设项目自古就有万里长城、都江堰、金字塔等。建设项目由以下各部分组成。

（1）单项工程。单项工程是建设项目的组成部分，具有独立的设计文件，该部分在功能上是完整的，建成后能够独立发挥生产能力、产生投资效益的基本建设单位，如工厂中能独立生产的车间或生产线。

（2）单位工程。单位工程是单项工程的组成部分，通常将工程项目所包含的不同性质的工作内容，根据能否独立组织施工的要求，将一个单项工程划分为若干单位工程。

该部分能够单独进行招标投标，能够独立组织施工，能够单独核算，但建成之后一般不能单独发挥生产能力和投资效益。例如：一个工业车间通常由建筑工程、管道安装工程、设备安装工程和电气安装工程等单位工程组成。

（3）分部工程。分部工程是根据单位工程的部位、构件性质及其使用材料或设备种类等划分为若干分部工程。例如：房屋建筑工程的土建单位工程按照其部位可分为地基与基础、主体结构、建筑屋面、装饰装修、建筑节能等分部工程；按照专业可分为给排水与采暖、建筑电气、通风与空调、电梯、智能建筑等分部工程。

（4）分项工程。分项工程是分部工程中不同性质的工作内容的集合。通常可按施工方法、使用材料、结构构件的规格等因素进行划分，经过较简单的施工过程就能完成。例如：砌体基础分部工程按材料可分为砖砌体基础、混凝土砌块砌体、配筋砌体、石砌体等。钢结构分部工程按施工方法结构构件等可分为钢结构焊接、紧固件链接、单层钢结构安装、多层及高层钢结构安装、钢结构涂装、钢结构组装等分项工程。

3. 施工项目

施工项目是承包商根据与业主的合同约定范围，所承担的工作活动的集合。涉及从投标开始到交工为止的全部生产与组织管理活动。

施工项目以生产出符合业主质量要求的建筑安装产品，取得利润为目的。施工项目的建造水平决定工程实体质量。施工项目在整个建设项目中的费用比重大。

## 1.1.2 项目管理

1. 项目管理的概念

项目管理是指项目管理主体在有限的资源约束条件下，为实现其目的，运用现代管理理论与方法，对项目活动进行系统化管理的过程。它最早是美国在实施曼哈顿计划开始称呼的名称，20世纪50年代由华罗庚教授引进我国（由于历史原因叫统筹法和优选法）。作为一门学科，项目管理是"管理科学与工程"学科的一个分支，是介于自然科学和社会科学之间的一门边缘学科。

2. 项目管理的基本特征

（1）一次性。一次性是项目与其他重复性运行或操作工作最大的区别。项目有明确的起点和终点，没有可以完全照搬的先例，也不会有完全相同的复制。项目的这种特征决定了项目管理也具有该特征。

（2）独特性。每个项目都是独特的。或者其提供的产品或服务有自身的特点；或者其提供的产品或服务与其他项目类似，然而其时间和地点，内部和外部的环境，自然和社会条件有别于其他项目，因此项目的过程及其管理总是独一无二的。

（3）目标的确定性。项目必须有确定的目标：时间性目标，如在规定的时段内或规定的时点之前完成；成果性目标，如提供某种规定的产品或服务；约束性目标，如不超过规定的资源限制；其他需满足的要求，包括必须满足的要求和尽量满足的要求。目标的确定性允许有一个变动幅度，也就是可以修改。不过一旦项目目标发生实质性变化，它就不再是原来的项目了，而将产生一个新的项目。

（4）活动的整体性。项目中的一切活动都是相关联的，构成一个整体。多余的活动是不必要的，缺少某些活动必将损害项目目标的实现。

（5）组织的临时性和开放性。项目班子在项目的全过程中，其人数、成员、职责是在不断变化的。某些项目班子的成员是借调来的，项目终结时班子要解散，人员要转移。参与项目的组织往往有多个，甚至几十个或更多。他们通过协议或合同以及其他的社会关系组织到一起，在项目的不同时段、不同程度地介入项目活动。可以说，项目组织没有严格的边界，是临时性的、开放性的。

（6）成果的不可挽回性。项目的一次性属性决定了项目不同于其他事情可以试做，做坏了可以重来；也不同于生产批量产品，合格率达 99.99% 是很好的了。项目在一定条件下启动，一旦失败就永远失去了重新进行原项目的机会。

## 1.1.3　工程项目管理

1. 工程项目管理的概念

工程项目管理有广义与狭义之分。

狭义的工程项目管理是指从事工程项目管理的企业（以下简称工程项目管理企业）受业主委托，按照合同约定，代表业主对工程项目的组织实施进行全过程或若干阶段的管理和服务。工程项目管理企业不直接与该工程项目的总承包企业或勘察、设计、供货、施工等企业签订合同，但可以按合同约定，协助业主与工程项目的总承包企业或勘察、设计、供货、施工等企业签订合同，并受业主委托监督合同的履行。

广义的工程项目管理，即本书所说的工程项目管理，是以工程项目为对象，在有限的资源约束下，为最优地实现工程项目目标和达到规定的工程质量标准，根据工程项目建设的内在规律性，运用现代管理理论与方法，对工程项目从策划决策到竣工交付使用全过程进行计划、组织、协调和控制等系统化管理的过程。

2. 工程项目管理的类型

一个工程项目往往由许多参与单位承担不同的建设任务，而各参与单位的工作性质、工作任务和利益不同，因此就形成了不同类型的项目管理，主要有建设项目管理、设计项目管理、施工项目管理、咨询（监理）项目管理、供货方项目管理、工程总承包方项目管理、建设管理部门（政府）项目管理等。

（1）建设项目管理。建设项目管理是站在投资主体的立场对项目建设进行的综合性管理工作，即业主方的项目管理。狭义的建设项目管理只包括项目立项以后，对项目建设实施全过程的管理，广义的建设项目管理既包括狭义的建设项目管理，还包括投资决策的有关管理工作。

（2）设计项目管理。设计项目管理是由设计单位自身对参与的建设项目设计阶段的工作进行自我管理，即设计方的项目管理。设计项目管理的工作内容主要有设计投标（或方案比选）、签订设计合同、设计条件准备、设计计划、设计实施阶段的目标控制、设计文件验收与归档、设计工作总结、建设实施中的设计控制与监督、竣工验收等。

（3）施工项目管理。施工项目管理即施工方的项目管理，是指施工单位通过投标取得工程施工承包合同，并以施工承包合同所界定的工程范围组织项目管理。

（4）咨询（监理）项目管理。咨询（监理）项目管理是指咨询监理工程师接收业主的委托，为保证项目的顺利实施，按照委托规定的工作内容，以执业标准和国家法律法规为尺度，对项目进行有效的组织、监督、协调、控制、检查与指导。

（5）政府对工程项目管理。目前政府管理的项目主要有两大类：一是对政府出资项目的管理，二是非政府出资，但政府控制规模与投资方向的项目。

政府对工程项目管理的目的：保证投资方向符合国家产业政策的要求；保证工程项目符合国家经济和社会发展规划和环境与生态等的要求；引导投资规模达到合理的经济规模；保证国家整体投资规模与外债规模在合理的、可控制的范围内进行。

# 1.2 建设工程项目管理

## 1.2.1 建设工程管理的内涵

### 1. 建设工程项目管理的内涵

建设工程项目管理的内涵：自项目开始至项目完成，通过项目策划（Project Planning）和项目控制（Project Control），以使项目的费用目标、进度目标和质量目标得以实现（参考英国皇家特许建造师关于建设工程项目管理的定义，此定义也是大部分国家建造师学会或协会一致认可的）。该定义的有关字段的含义如下：

（1）"自项目开始至项目完成"指的是项目的实施阶段；

（2）"项目策划"指的是目标控制前的一系列筹划和准备工作；

（3）"费用目标"对业主而言是投资目标，对施工方而言是成本目标。

由于项目管理的核心任务是项目的目标控制，因此按项目管理学的基本理论，没有明确目标的建设工程不是项目管理的对象。在工程实践意义上，如果一个建设项目没有明确的投资目标、没有明确的进度目标和没有明确的质量目标，就没有必要进行管理，也无法进行定量的目标控制。

## 2. 建设工程项目的全寿命周期

建设工程项目的全寿命周期包括项目的决策阶段、实施阶段和使用阶段（或称运营阶段、运行阶段）。从项目建设意图的酝酿开始，调查研究、编写和报批项目建议书、编制和报批项目的可行性研究等项目前期的组织、管理、经济和技术方面的论证都属于项目决策阶段的工作。项目立项（立项批准）是项目决策的标志。决策阶段管理工作的主要任务是确定项目的定义，一般包括如下内容：

（1）确定项目实施的组织；

（2）确定和落实建设地点；

（3）确定建设任务和建设原则；

（4）确定和落实项目建设的资金；

（5）确定建设项目的投资目标、进度目标和质量目标等。

"建设工程管理"（Professional Management in Construction）作为一个专业术语，其内涵涉及工程项目全过程（工程项目全寿命）的管理，它包括：

（1）决策阶段的管理，DM—Development Management（尚没有统一的中文术语，可译为项目前期的开发管理）；

（2）实施阶段的管理，即项目管理 PM—Project Management；

（3）使用阶段的管理，即设施管理 FM—Facility Management（见图 1-1）。

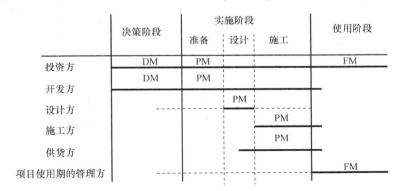

图 1-1　DM、PM 和 FM

国际设施管理协会（IFMA）确定的设施管理的含义，如图 1-2 所示，它包括物业资产管理和物业运行管理，这与我国物业管理的概念尚有差异。

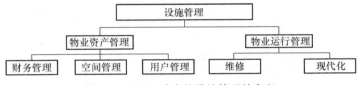

图 1-2　IFMA 确定的设施管理的含义

"建设工程管理"涉及参与工程项目的各个方面对工程的管理，即包括投资方、开发方、设计方、施工方、供货方和项目使用期的管理方的管理，如图 1-3 所示。这里附带做个说明，英语中的 Management 和 Administration 的含义是有区别的，Administration 一般指行政事务管理，而 Management 的含义更宽一些。Professional Management 指的是专业性的（专业人士的）管理。

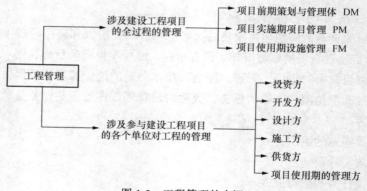

图1-3 工程管理的内涵

## 1.2.2 建设工程项目管理的目标和任务

项目的实施阶段包括设计前的准备阶段、设计阶段、施工阶段、动用前准备阶段和保修期，如图1-4所示。招标投标工作分散在设计前的准备阶段、设计阶段和施工阶段中进行，因此一般不单独列为招标投标阶段。项目实施阶段管理的主要任务是通过管理使项目的目标得以实现。

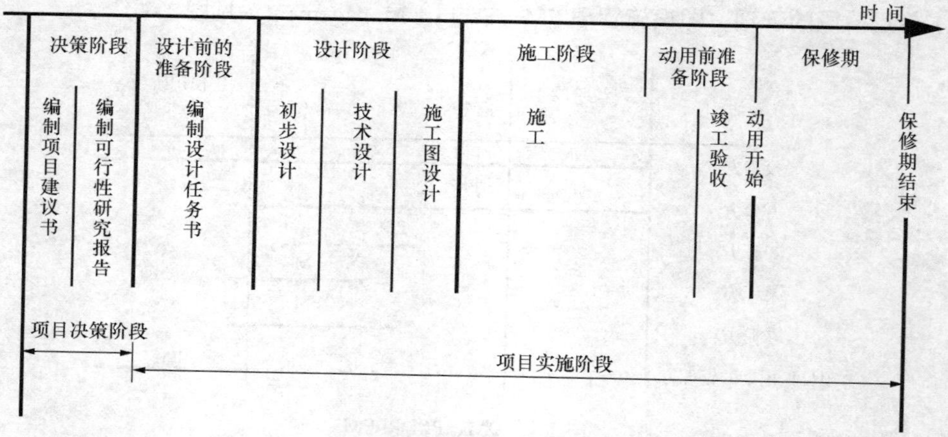

图1-4 建设工程项目实施阶段的组成

建设工程项目管理的时间范畴是建设工程项目的实施阶段。《建设工程项目管理规范》（GB/T 50326—2006）对建设工程项目管理做了如下解释："运用系统的理论和方法，对建设工程项目进行的计划、组织、指挥、协调和控制等专业化活动，简称为项目管理。"

一个建设工程项目往往由许多参与单位承担不同的建设任务和管理任务（如勘察、土建设计、工艺设计、工程施工、设备安装、工程监理、建设物资供应、业主方管理、政府主管部门的管理和监督等），各参与单位的工作性质、工作任务和利益不尽相同，因此就形成了代表不同利益方的项目管理。由于业主方是建设工程项目实施过程（生产过程）的总集成者——人力资源、物质资源和知识的集成，业主方也是建设工程项目生产过程的总组织者，因此对于一个建设工程项目而言，业主方的项目管理往往是该项目的项目管理的核心。

按建设工程项目不同参与方的工作性质和组织特征划分，项目管理有如下几种类型：

（1）业主方的项目管理（如投资方和开发方的项目管理，或由工程管理咨询公司提供的代表业主方利益的项目管理服务）；

（2）设计方的项目管理；

（3）施工方的项目管理（施工总承包方、施工总承包管理方和分包方的项目管理）；

（4）建设物资供货方的项目管理（材料和设备供应方的项目管理）；

（5）建设项目总承包（或称建设项目工程总承包）方的项目管理，如设计和施工任务综合的承包，或设计、采购和施工任务综合的承包（简称 EPC 承包）的项目管理等。

**1. 业主方项目管理的目标和任务**

业主方项目管理服务于业主的利益，其项目管理的目标包括项目的投资目标、进度目标和质量目标。其中投资目标指的是项目的总投资目标。进度目标指的是项目动用的时间目标，也即项目交付使用的时间目标，如工厂建成可以投入生产、道路建成可以通车、办公楼可以启用、旅馆可以开业的时间目标等。项目的质量目标不仅涉及施工的质量，还包括设计质量、材料质量、设备质量和影响项目运行或运营的环境质量等。质量目标包括满足相应的技术规范和技术标准的规定，以及满足业主方相应的质量要求。

项目的投资目标、进度目标和质量目标之间既有矛盾的一面，也有统一的一面，它们之间是对立统一的关系。要加快进度往往需要增加投资，欲提高质量往往也需要增加投资，过度地缩短进度会影响质量目标的实现，这都表现了目标之间关系矛盾的一面，但通过有效的管理，在不增加投资的前提下，也可缩短工期和提高工程质量，这反映了目标之间关系统一的一面。

业主方的项目管理工作涉及项目实施阶段的全过程，即在设计前的准备阶段、设计阶段、施工阶段、动用前准备阶段和保修期分别进行如下工作：

（1）安全管理；

（2）投资控制；

（3）进度控制；

（4）质量控制；

（5）合同管理；

（6）信息管理；

（7）组织和协调。

其中安全管理是项目管理中最重要的任务，因为安全管理关系到人身的健康与安全，而投资控制、进度控制、质量控制和合同管理等则主要涉及物质的利益。

**2. 设计方项目管理的目标和任务**

设计方作为项目建设的一个参与方，其项目管理主要服务于项目的整体利益和设计方本身的利益。由于项目的投资目标能否得以实现与设计工作密切相关，因此，设计方项目管理的目标包括设计的成本目标、设计的进度目标和设计的质量目标，以及项目的投资目标。

设计方的项目管理工作主要在设计阶段进行，但也涉及设计前的准备阶段、施工阶段、动用前准备阶段和保修期。设计方项目管理的任务包括：

（1）与设计工作有关的安全管理；

（2）设计成本控制和与设计工作有关的工程造价控制；

（3）设计进度控制；

（4）设计质量控制；

（5）设计合同管理；

（6）设计信息管理；

（7）与设计工作有关的组织和协调。

### 3．供货方项目管理的目标和任务

供货方作为项目建设的一个参与方，其项目管理主要服务于项目的整体利益和供货方本身的利益，其项目管理的目标包括供货方的成本目标、供货的进度目标和供货的质量目标。

供货方的项目管理工作主要在施工阶段进行，但它也涉及设计准备阶段、设计阶段、动用前准备阶段和保修期。供货方项目管理的主要任务包括：

（1）供货的安全管理；

（2）供货方的成本控制；

（3）供货的进度控制；

（4）供货的质量控制；

（5）供货合同管理；

（6）供货信息管理；

（7）与供货有关的组织与协调。

### 4．项目总承包方项目管理的目标和任务

（1）项目总承包方项目管理的目标

由于项目总承包方（或称建设项目工程总承包方，或简称工程总承包方）是受业主方的委托而承担工程建设任务，项目总承包方必须树立服务观念，为项目建设服务，为业主提供建设服务。另外，合同也规定了项目总承包方的任务和义务，因此，项目总承包方作为项目建设的一个重要参与方，其项目管理主要服务于项目的整体利益和项目总承包方本身的利益，其项目管理的目标应符合合同的要求，包括：

① 工程建设的安全管理目标；

② 项目的总投资目标和项目总承包方的成本目标（其前者是业主方的总投资目标，后者是项目总承包方本身的成本目标）；

③ 项目总承包方的进度目标；

④ 项目总承包方的质量目标。

项目总承包方项目管理工作涉及项目实施阶段的全过程，即设计前的准备阶段、设计阶段、施工阶段、动用前准备阶段和保修期。

（2）项目总承包方项目管理的任务

项目总承包方项目管理的主要任务包括：

① 安全管理；

② 项目的总投资控制和项目总承包方的成本控制；

③ 进度控制；

④ 质量控制；

⑤ 合同管理；

⑥ 信息管理；

⑦ 与项目总承包方有关的组织和协调等。

在《建设项目工程总承包管理规范》（GB/T 50358—2005）中对项目总承包管理的内容做了如下规定。

① "工程总承包管理应包括项目部的项目管理活动和工程总承包企业职能部门参与的项目管理活动。"

② "工程总承包项目管理的范围应由合同约定。根据合同变更程序提出并经批准的变更范围，也应列入项目管理范围。"

③ "工程总承包项目管理"的主要内容应包括：

- 任命项目经理，组建项目部，进行项目策划并编制项目计划；
- 实施设计管理，采购管理，施工管理，试运行管理；
- 进行项目范围管理，进度管理，费用管理，设备材料管理，资金管理，质量管理，安全、职业健康和环境管理，人力资源管理，风险管理，沟通与信息管理，合同管理，现场管理，项目收尾等。项目范围管理指的是"保证项目包含且仅包含项目所需的全部工作的过程。它主要涉及范围计划编制、范围定义、范围验证和范围变更控制的管理"。

**5. 施工方项目管理的目标和任务**

（1）施工方项目管理的目标

由于施工方是受业主方的委托承担工程建设任务，施工方必须树立服务观念，为项目建设服务，为业主提供建设服务；另外，合同也规定了施工方的任务和义务，因此施工方作为项目建设的一个重要参与方，其项目管理不仅应服务于施工方本身的利益，也必须服务于项目的整体利益。项目的整体利益和施工方本身的利益是对立的统一关系，两者有其统一的一面，也有其矛盾的一面。

施工方项目管理的目标应符合合同的要求，它包括：

① 施工的安全管理目标；

② 施工的成本目标；

③ 施工的进度目标；

④ 施工的质量目标；

⑤ 施工的环境目标。

如果采用工程施工总承包或工程施工总承包的管理模式，施工总承包方或施工总承包管理方必须按工程合同规定的工期目标和质量目标完成建设任务。而施工总承包方或施工总承包管理方的成本目标是由施工企业根据其生产和经营的情况自行确定的。分包方则必须按工程分包合同规定的工期目标和质量目标完成建设任务，分包方的成本目标是该施工企业内部自行确定的。

按国际工程的惯例，当采用指定分包商时，不论指定分包商与施工总承包方，或与施工总承包管理方，或与业主方签订合同，由于指定分包商合同在签约前必须得到施工总承包方或施工总承包管理方的认可，因此，施工总承包方或施工总承包管理方应对合同规定的工期目标和质量目标负责。

（2）施工方项目管理的任务

施工方项目管理的任务包括：施工安全管理；施工成本控制；施工进度控制；施工质量控制；施工环境控制；施工合同管理；施工信息管理；与施工有关的组织与协调等。

施工方的项目管理工作主要在施工阶段进行，但由于设计阶段和施工阶段在时间上往往是交叉的，因此，施工方的项目管理工作也会涉及设计阶段。在动用前准备阶段和保修期施工合同尚未终止，在这期间，还有可能出现涉及工程安全、费用、质量、合同和信息等方面的问题，因此，施工方的项目管理也涉及动用前准备阶段和保修期。

20世纪80年代末和90年代初开始，我国大中型建设项目引进了为业主方服务（或称代表业主利益）的工程项目管理的咨询服务，这属于业主方项目管理的范畴。在国际上，工程项目管理咨询公司不仅为业主提供服务，也向施工方、设计方和建设物资供应方提供服务。因此，施工方的项目管理不能认为它只是施工企业对项目的管理。施工企业委托工程项目管理咨询公司对项目管理的某个方面提供的咨询服务也属于施工方项目管理的范畴。

# 1.3 项目管理的产生与发展

工程项目的存在有着久远的历史（如长城、故宫、都江堰等），有项目就有项目管理。但由于当时的科学技术水平和人们认识能力的限制，历史上的项目管理是经验性的、不系统的管理，不是现代意义上的项目管理。

## 1.3.1 建设工程项目管理的国外发展历程

现代项目管理是在20世纪50年代以后发展起来的，其起因有两个方面。

其一，由于社会生产力的高速发展，项目规模越来越大，技术越来越复杂，参加单位越来越多，受到时间和资金的限制越来越严格，迫切需要新的管理手段和方法。其次，由于现代科学技术的发展，产生了系统论、信息论、控制论、计算机技术、运筹学、预测技术、决策技术，并日臻完善。这些给项目管理理论和方法的发展提供了可能性。

建设工程项目管理也伴随着项目管理的发展而发展。

（1）在20世纪60年代末期和70年代初期，工业发达国家开始将项目管理的理论和方法应用于建设工程领域，并于20世纪70年代中期前后在大学开设了与工程管理相关的专业。

（2）项目管理首先应用在业主方的工程管理中，而后逐步在承包方、设计方和供货方中得到推广。

（3）于20世纪70年代中期前后兴起了项目管理咨询服务，项目管理咨询公司的主要服务对象是业主，但它也服务于承包方、设计方和供货方。

（4）国际咨询工程师协会（FIDIC）于1980年颁布了《业主方与项目管理咨询公司的项目管理合同条件》（FIDIC IGRA 80PM）。该文本明确了代表业主方利益的项目管理方的地位、作用、任务和责任。

（5）在许多国家项目管理由专业人士担任。如建造师可以在业主方、承包方、设计方和供货方从事项目管理工作，也可以在教育、科研和政府等部门从事与项目管理有关的工作。建造师的业务范围并不限于项目实施阶段的工程项目管理工作，还包括项目决策阶段的管理和项目使用阶段的物业管理（设施管理）工作。

## 1.3.2　项目管理在我国的应用和发展

**1.　建设工程项目管理在国内的发展**

（1）我国从 20 世纪 80 年代初期开始引进建设工程项目管理的概念，世界银行和一些国际金融机构要求接受贷款的业主方应用项目管理的思想、组织、方法和手段组织实施建设工程项目。

（2）我国于 1983 年国家计划委员会提出推行项目前期项目经理负责制。

（3）我国于 1988 年开始推行建设工程监理制度。

（4）1995 年建设部颁发了《建筑施工企业项目经理资质管理办法》，推行项目经理负责制。

（5）为了加强建设工程项目总承包与施工管理，保证工程质量和施工安全，根据《中华人民共和国建筑法》（以下简称《建筑法》）和《建设工程质量管理条例》的有关规定，人事部、建设部决定对建设工程项目总承包及施工管理的专业技术人员实行建造师执业资格制度。2002 年人事部和建设部颁布了人发[2002] 111 号《建造师执业资格制度暂行规定》的通知。

（6）2003 年建设部发出《关于建筑业企业项目经理资质管理制度向建造师执业资格制度过渡有关问题的通知》（建市[2003] 86 号）。

（7）"鼓励具有工程勘察、设计、施工、监理资质的企业，通过建立与工程项目管理业务相适应的组织机构、项目管理体系，充实项目管理专业人员，按照有关资质管理规定在其资质等级许可的工程项目范围内开展相应的工程项目管理业务"（引自建设部《关于培育发展工程总承包和工程项目管理企业的指导意见》，建市[2003] 30 号）。

（8）"据对全国 22 个行业 236 家工程设计企业的不完全统计，自 1993—2001 年，完成国内工程总承包项目管理 3409 项，合同金额 2550 多亿元"。

（9）为了适应投资建设项目管理的需要，经人事部、国家发展和改革委员会研究决定，对投资建设项目高层专业管理人员实行职业水平认证制度。2004 年人事部与国家发展和改革委员会颁布了国人部发[2004] 110 号关于印发《投资建设项目管理师职业水平认证制度暂行规定》和《投资建设项目管理师职业水平考试实施办法》的通知。

（10）2006 年 6 月发布了《建设工程项目管理规范》（GB/T 50326—2006）。

（11）2007 年 9 月 10 日发布了《绿色施工导则》（建质[2007]223 号）。

（12）2010 年 11 月发布了《建筑工程绿色施工评价标准》（GB/T 50640—2010）。

（13）2014 年 5 月发布了《建筑工程绿色施工规范》（GB/T 50905—2014）。

**2.　我国传统的建筑管理体制主要问题**

（1）我国传统的建筑管理体制的三大特征

否认建筑产品是商品；建筑企业缺乏主体地位，依附于行政管理部门和基本建设部门；建筑企业缺乏自主活动的客观环境，即建筑市场。

（2）我国传统的建筑管理体制的派生问题

施工所需资金、物资随投资分配给建设单位，建筑企业无法根据施工项目的需要配置生产要素。固定的编制完成变化的施工任务，无法根据施工项目对不同数量、质量、品种的资源需要进行配置，造成生产要素的浪费或短缺，工作效率低下。项目前期决策活动存在着主管盲目的倾向，盲目投资，乱上项目，决策失控。在实施中忽视经济效益，设计与施工脱节，行政命令代替科学管理，使项目拖期、质量低劣、造价超支等。

（3）引进和试验

改革开放后，作为市场经济条件下适用的工程项目管理理论从国外传入我国。以工程项目为对象的招标承包制从 1984 年开始推广并迅速普及，建筑业管理体制也发生了以下变化：①建筑企业的任务取得方式发生了变化，由过去的计划分配变为企业通过市场竞争取得，并按工程项目的状况调整组织结构和管理方式，以适应工程项目管理的需要；②建筑企业的责任关系发生了明显的变化，过去企业注重与上级行政部门之间的关系，转变为更加注重对建设单位的责任关系；③建筑业企业的经营环境发生了明显的变化，条块分割开始打破。这三项变化表示，建筑市场已开始形成，工程项目管理模式的推行有了"土壤"（市场）。

鲁布革水电站是我国第一个使用世界银行贷款、部分工程实行国际招标的水电建设工程。被誉为我国水电建设对外开放的一个窗口。

鲁布革引水系统进行国际竞争性招标，标底价为 14958 万元，工期为 1597 天，有 15 家购买了招标文件，8 家进行了投标。鲁布革引水系统原为水电十四局的工程，已经做了大量施工准备，但是在投标竞争中，日本大成公司投标价为 8463 万元，工期 1545 天。十四局和闽江局及挪威联合的公司投标价为 12132.7 万元，比大成公司高了 30%。

鲁布革工程的项目管理经验如下。

鲁布革水电站工程是我国第一个利用世界银行贷款，并按世界银行规定进行国际竞争性招标和项目管理的工程。1982 年国际招标，日本大成公司以比标底价低 43% 的标价中标。1984 年 11 月正式开工，1988 年 7 月竣工，比计划工期提前了 2 年。创造了著名的"鲁布革工程项目管理经验"，受到了中央领导的重视，号召建筑企业学习。

国家计委等五单位于 1987 年 7 月 28 日以"计施（1987）2002 号"发布《关于批准第一批推广鲁布革工程管理经验试点企业有关问题的通知》之后，于 1988 年 8 月 17 日发布"建施综字第 7 号"通知，确定了 15 个试点企业共 66 个项目。1991 年 9 月建设部提出了《关于加强分类指导、专题突破、分步实施、全面深化施工管理体制综合改革试点工作的指导意见》，把试点工作转变为全行业推进的综合改革。

鲁布革经验：①把竞争机制引入工程建设领域，实行招投标制；②工程建设实行全过程的总承包方式和项目管理；③施工现场的管理机构和作业队伍精干灵活；④科学组织施工，讲求经济效益。

## 1.3.3　建设工程项目管理的发展趋势

项目管理作为一门学科，50 多年来在不断发展，传统的项目管理（Project Management）是该学科的第一代，其第二代是项目集管理（Program Management），第三代是项目组合管理（Portfolio Management），第四代是变更管理（Change Management）。美国项目管理协会（PMI）的《项目管理知识体系指南（PMBOK 指南）》第四版对有关概念做了如下一些解释。

（1）项目集即"一组相互关联且被协调管理的项目。协调管理是为了获得对单个项目分别管理所无法实现的利益和控制。项目集中可能包括各单个项目范围之外的相关工作。"

（2）项目集管理指的是"对项目集进行统一协调管理，以实现项目集的战略目标和利益。"

（3）项目组合即"为有效管理、实现战略业务目标而组合在一起的项目、项目集和其他工作。项目组合中的项目或项目集不一定彼此依赖或有直接关系。"

（4）项目组合管理指的是"为了实现特定的战略业务目标，对一个或多个项目组合进行的集中管理，包括识别、排序、管理和控制项目、项目集和其他有关工作。"

将项目决策阶段的开发管理（Development Management, DM）实施阶段的项目管理（Project Management，PM）和使用阶段的设施管理（Facility Management，FM）集成为项目全寿命管理（Life Cycle Management），其含义如图 1-5 所示。

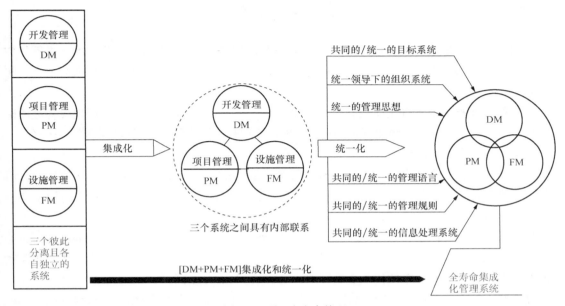

图 1-5　项目全寿命管理

在项目管理中应用信息技术，包括项目管理信息系统（Project Management Information System，PMIS）和项目信息门户（Project Information Portal，PIP），即业主和项目各参与方在互联网平台上进行工程管理等。

## 1.3.4　建造师职业资格制度

2002 年 12 月 5 日，人事部、建设部联合印发了《建造师执业资格制度暂行规定》（人发[2002]111 号），明确规定我国的建造师（Constructor）是指从事建设工程项目总承包和施工管理关键岗位的专业技术人员。建造师的含义是指懂管理、懂技术、懂经济、懂法规，综合素质较高的综合型人员，既要有理论水平，也要有丰富的实践经验和较强的组织能力。建造师注册受聘后，可以建造师的名义担任建设工程项目施工的项目经理、从事其他施工活动的管理、从事法律、行政法规或国务院建设行政主管部门规定的其他业务。建造师的职责是根据企业法定代表人的授权，对工程项目自开工准备至竣工验收，实施全面的组织管理。

2003 年 2 月 27 日，《国务院关于取消第二批行政审批项目和改变一批行政审批项目管理方式的决定》规定："取消建筑施工企业项目经理资质核准，由注册建造师代替，并设立过渡期"。

一级建造师执业资格实行全国统一大纲、统一命题、统一组织的考试制度，由人事部、建设部共同组织实施，原则上每年举行一次考试；二级建造师执业资格实行全国统一大纲，各省、自治区、直辖市命题并组织的考试制度。

按照建设部颁布的《建筑业企业资质等级标准》，一级建造师可以担任特级、一级建筑业企业资质的建设工程项目施工的项目经理；二级建造师可以担任二级及以下建筑业企业资质的建设工程项目施工的项目经理。

## 本 章 小 结

项目是指在一定的约束条件下（主要是限定时间、限定资源），具有明确目标的一次性任务或事业。项目一般具有一次性、目标明确性、约束性、系统性、相对独立性、生命周期性、相互依赖与冲突性等特点。

项目管理是指项目管理主体在有限的资源约束条件下，为实现其目的，运用现代管理理论与方法，对项目活动进行系统化管理的过程。项目管理是"管理科学与工程"学科的一个分支，是介于自然科学和社会科学之间的一门边缘学科。

建设工程项目管理是自项目开始至项目完成，通过项目策划和项目控制，以使项目的费用目标、进度目标和质量目标得以实现。建设工程项目的全寿命周期包括项目的决策阶段、实施阶段和使用阶段。

项目管理作为一门学科，50 多年来在不断发展，传统的项目管理（Project Management）是该学科的第一代，其第二代是项目集管理（Program Management），第三代是项目组合管理（Portfolio Management），第四代是变更管理（Change Management）。

建造师（Constructor）是指从事建设工程项目总承包和施工管理关键岗位的专业技术人员。建造师的含义是指懂管理、懂技术、懂经济、懂法规，综合素质较高的综合型人员，既要有理论水平，也要有丰富的实践经验和较强的组织能力。

## 习 题 与 思 考

1-1 何谓项目，项目有何特征？

1-2 何谓项目管理，项目管理有何特征？

1-3 建设项目的组成是怎样的？

1-4 建设项目与施工项目的区别有哪些？

1-5 施工项目管理的主要内容有哪些？

1-6 施工项目管理的五大目标是什么？

1-7 何谓项目的全寿命周期？

1-8 建设工程项目管理的发展趋势如何？

# 第2章

# 建筑工程项目管理组织与规划

## 【学习目标】

通过本章的学习，学生应了解建筑工程项目管理的组织模式、组织原则、任务分工、项目经理部的基本形式、职责和要求等基本知识点，掌握建筑工程项目策划、项目管理规划和施工组织设计的基本内容和要求。

# 2.1 建筑工程项目管理组织

## 2.1.1 组织论和组织工具

### 1. 系统的概念

系统取决于人们对客观事物的观察方式，系统可大可小，最大的系统是宇宙，最小的系统是粒子。一个企业、一个学校、一个科研项目或一个建设项目都可以被视为一个系统，但这些不同系统的目标不同，从而形成的组织观念、组织方法和组织手段也就会不相同，各种系统的运行方式也不同。

建设工程项目作为一个系统，它与一般的系统相比，有其明显的特征，如：

（1）建设项目都是一次性，没有两个完全相同的项目；

（2）建设项目全寿命周期一般由决策阶段、实施阶段和运营阶段组成，各阶段的工作任务和工作目标不同，其参与或涉及的单位也不相同，它的全寿命周期持续时间长；

（3）一个建设项目的任务往往由多个，甚至很多个单位共同完成，它们的合作多数不是固定的合作关系，并且一些参与单位的利益不尽相同，甚至相对立。

因此，在考虑一个建设工程项目的组织问题，或进行项目管理的组织设计时，应充分考虑上述特征。

**2. 系统目标和系统组织的关系**

影响一个系统目标实现的主要因素除了组织以外（见图2-1），还有：

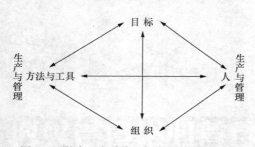

图2-1 影响一个系统目标实现的主要因素

（1）人的因素，它包括管理人员和生产人员的数量和质量；

（2）方法与工具，它包括管理的方法与工具以及生产的方法与工具。

结合建设工程项目的特点，影响一个系统目标实现的主要因素中人的因素包括：

（1）建设单位和该项目所有参与单位（设计、工程监理、施工、供货单位等）的管理人员的数量和质量；

（2）该项目所有参与单位的生产人员（设计、工程监理、施工、供货单位等）的数量和质量。

影响一个系统目标实现的主要因素中方法与工具包括：

（1）建设单位和所有参与单位的管理方法与工具；

（2）所有参与单位的生产方法与工具（设计和施工的方法与工具等）。

系统的目标决定了系统的组织，而组织是目标能否实现的决定性因素，这是组织论的一个重要结论。如果把一个建设项目的项目管理视为一个系统，其目标决定了项目管理的组织，而项目管理的组织是项目管理的目标能否实现的决定性因素，由此可见项目管理的组织的重要性。

控制项目目标的主要措施包括组织措施、管理措施、经济措施和技术措施，其中组织措施是最重要的措施。如果对一个建设工程的项目管理进行诊断，首先应分析其组织方面存在的问题。

**3. 组织论和组织工具**

组织论是一门学科，它主要研究系统的组织结构模式、组织分工和工作流程组织（见图2-2），它是与项目管理学相关的一门非常重要的基础理论学科。

组织结构模式反映了一个组织系统中各子系统之间或各元素（各工作部门或各管理人员）之间的指令关系。指令关系指的是哪一个工作部门或哪一位管理人员可以对哪一个工作部门或哪一位管理人员下达工作指令。

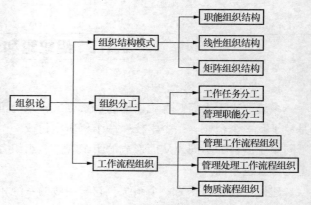

图2-2 组织论的基本内容

组织分工反映了一个组织系统中各子系统或各元素的工作任务分工和管理职能分工。

组织结构模式和组织分工都是一种相对静态的组织关系。

工作流程组织则可反映一个组织系统中各项工作之间的逻辑关系，是一种动态关系。

图2-2所示的物质流程组织对于建设工程项目而言，指的是项目实施任务的工作流程组织，如设计的工作流程组织可以是方案设计、初步设计、技术设计、施工图设计，也可以是方案设计、初步设计（扩大初步设计）、施工图设计；施工作业也有多个可能的工作流程。

组织工具是组织论的应用手段，用图或表等形式表示各种组织关系，它包括：

（1）项目结构图；

（2）组织结构图（管理组织结构图）；

（3）工作任务分工表；

（4）管理职能分工表；

（5）工作流程图等。

## 2.1.2　项目结构图

项目结构图（Project Diagram，或称 WBS：Work Breakdown Structure）是一个组织工具，它通过树状图的方式对一个项目的结构进行逐层分解，以反映组成该项目的所有工作任务（见图 2-3）。项目结构图中，矩形表示工作任务（或第一层、第二层子项目等），矩形框之间的连接用连线表示。

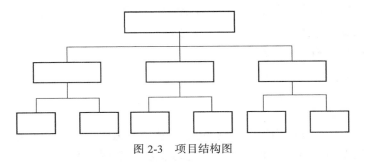

图 2-3　项目结构图

项目结构分解并没有统一的模式，但应结合项目的特点并参考以下原则进行：

（1）考虑项目进展的总体部署；

（2）考虑项目的组成；

（3）有利于项目实施任务（设计、施工和物资采购）的发包和有利于项目实施任务的进行，并结合合同结构；

（4）有利于项目目标的控制；

（5）结合项目管理的组织结构等。

以上所列举的都是群体工程的项目结构分解。单体工程如有必要（如投资、进度和质量控制的需要）也应进行项目结构分解，如一栋高层办公大楼可分解为：

（1）地下工程；

（2）裙房结构工程；

（3）高层主体结构工程；

（4）建筑装饰工程；

（5）幕墙工程；

（6）建筑设备工程（不包括弱电工程）；

（7）弱电工程；

（8）室外总体工程等。

### 2.1.3　项目结构的编码

每个人的身份证都有编码，最新版编码由 18 位数字组成，其中的几个字段分别表示地域、出生年月日和性别等。交通车辆也有编码，表示城市、购买顺序和车辆的分类等。

编码由一系列符号（如文字）和数字组成，编码工作是信息处理的一项重要的基础工作。一个建设工程项目有不同类型和不同用途的信息，为了有组织地存储信息、方便信息的检索和信息的加工整理，必须对项目的信息进行编码，如：

（1）项目的结构编码；

（2）项目管理组织结构编码；

（3）项目的政府主管部门和各参与单位编码（组织编码）；

（4）项目实施的工作项编码（项目实施的工作过程的编码）；

（5）项目的投资项编码（业主方）/成本项编码（施工方）；

（6）项目的进度项（进度计划的工作项）编码；

（7）项目进展报告和各类报表编码；

（8）合同编码；

（9）函件编码；

（10）工程档案编码等。

以上这些编码是因不同的用途而编制的，如：投资项编码（业主方）/成本项编码（施工方）服务于投资控制工作/成本控制工作；进度项编码服务于进度控制工作。

### 2.1.4　基本的组织结构模式

组织结构模式可用组织结构图来描述。组织结构图也是一个重要的组织工具，反映一个组织系统中各组成部门（组成元素）之间的组织关系（指令关系）。在组织结构图中，矩形框表示工作部门，上级工作部门对其直接下属工作部门的指令关系用单向箭头线表示。

常用的组织结构模式包括职能组织结构（见图 2-4）、线性组织结构（见图 2-5）和矩阵组织结构（见图 2-6）等。这几种常用的组织结构模式既可以在企业管理中运用，也可在建设项目管理中运用。

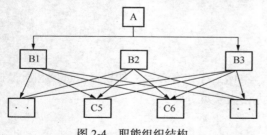

图 2-4　职能组织结构

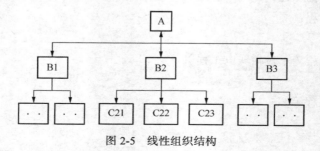

图 2-5　线性组织结构

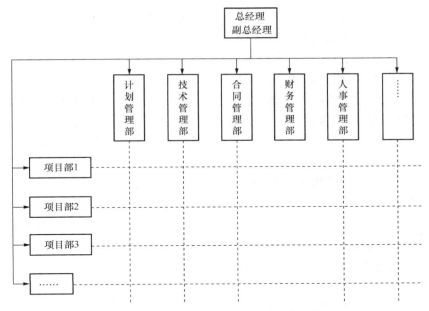

图 2-6　施工企业矩阵组织结构模式的示例

　　组织结构模式反映了一个组织系统中各子系统之间或各组织元素（如各工作部门）之间的指令关系。组织分工反映了一个组织系统中各子系统或各组织元素的工作任务分工和管理职能分工。组织结构模式和组织分工都是一种相对静态的组织关系。而工作流程组织则反映一个组织系统中各项工作之间的逻辑关系，是一种动态关系。在一个建设工程项目实施过程中，其管理工作的流程、信息处理的流程，以及设计工作、物资采购和施工流程的组织都属于工作流程组织的范畴。

　　1. 职能组织结构的特点及其应用

　　在人类历史发展过程中，当手工业作坊发展到一定的规模时，一个企业内需要设置对人、财、物和产、供、销管理的职能部门，这样就产生了初级的职能组织结构。因此，职能组织结构是一种传统的组织结构模式。在职能组织结构中，每一个职能部门可根据它的管理职能对其直接和非直接的下属工作部门下达工作指令，因此，每一个工作部门可能得到其直接和非直接的上级工作部门下达的工作指令，它就会有多个矛盾的指令源。一个工作部门的多个矛盾的指令源会影响企业管理机制的运行。

　　在一般的工业企业中，设有人、财、物和产、供、销管理的职能部门，另有生产车间和后勤保障机构等。虽然生产车间和后勤保障机构并不一定是职能部门的直接下属部门，但是，职能管理部门可以在其管理的职能范围内对生产车间和后勤保障机构下达工作指令，这是典型的职能组织结构。在高等院校中，设有人事、财务、教学、科研和基本建设等管理的职能部门（处室），另有学院、系和研究中心等教学和科研机构，其组织结构模式也是职能组织结构，人事处和教务处等都可对学院和系下达其分管范围内的工作指令。我国多数的企业、学校、事业单位目前还沿用这种传统的组织结构模式。许多建设项目也还用这种传统的组织结构模式，在工作中常出现交叉和矛盾的工作指令关系，严重影响了项目管理机制的运行和项目目标的实现。

　　在图 2-4 所示的职能组织结构中，A、B1、B2、B3、C5 和 C6 都是工作部门，A 可以对 B1、

B2、B3 下达指令；Bl、B2、B3 都可以在其管理的职能范围内对 C5 和 C6 下达指令。因此 C5 和 C6 有多个指令源，其中有些指令可能是矛盾的。

**2. 线性组织结构的特点及其应用**

在军事组织系统中，组织纪律非常严谨，军、师、旅、团、营、连、排和班的组织关系是指令逐级下达，一级指挥一级和一级对一级负责。线性组织结构就是来自于这种十分严谨的军事组织系统。在线性组织结构中，每一个工作部门只能对其直接的下属部门下达工作指令，每一个工作部门也只有一个直接的上级部门，因此，每一个工作部门只有唯一的指令源，避免了由于矛盾的指令而影响组织系统的运行。

在国际上，线性组织结构模式是建设项目管理组织系统的一种常用模式。因为一个建设项目的参与单位很多，少则数十，多则数百，大型项目的参与单位将数以千计，在项目实施过程中矛盾的指令会给工程项目目标的实现造成很大的影响，而线性组织结构模式可确保工作指令的唯一性。但在一个特大的组织系统中，由于线性组织结构模式的指令路径过长，有可能会造成组织系统在一定程度上运行困难。在图 2-5 所示的线性组织结构中：

（1）A 可以对其直接的下属部门 Bl、B2、B3 下达指令；

（2）B2 可以对其直接的下属部门 C21、C22、C23 下达指令；

（3）虽然 B1 和 B3 比 C21、C22、C23 高一个组织层次，但是，B1 和 B3 并不是 C21、C22、C23 的直接上级部门，它们不允许对 C21、C22、C23 下达指令。

在该组织结构中，每一个工作部门的指令源是唯一的。

**3. 矩阵组织结构的特点及其应用**

矩阵组织结构是一种较新型的组织结构模式。在矩阵组织结构最高指挥者（部门）下设纵向和横向两种不同类型的工作部门。纵向工作部门如人、财、物、产、供、销的职能管理部门，横向工作部门如生产车间等。一个施工企业，如采用矩阵组织结构模式，则纵向工作部门可以是计划管理、技术管理、合同管理、财务管理和人事管理部门等，而横向工作部门可以是项目部（见图 2-6）。

一个大型建设项目如采用矩阵组织结构模式，则纵向工作部门可以是投资控制、进度控制、质量控制、合同管理、信息管理、人事管理、财务管理和物资管理等部门，而横向工作部门可以是各子项目的项目管理部（见图 2-7）。矩阵组织结构适宜用于大的组织系统，在上海地铁和广州地铁一号线建设时都采用了矩阵组织结构模式。

在矩阵组织结构中，每一项纵向和横向交汇的工作（如图 2-7 所示的项目管理部 1 涉及的投资问题），指令来自于纵向和横向两个工作部门，因此其指令源为两个。当纵向和横向工作部门的指令发生矛盾时，由该组织系统的最高指挥者（部门），即如图 2-8（a）所示的 A 进行协调或决策。

在矩阵组织结构中为避免纵向和横向工作部门指令矛盾对工作的影响，可以采用以纵向工作部门指令为主（见图 2-8（b））或以横向工作部门指令为主（见图 2-8（c））的矩阵组织结构模式，这样也可减轻该组织系统的最高指挥者（部门）A 的协调工作量，如图 2-8（b）和图 2-8（c）所示。

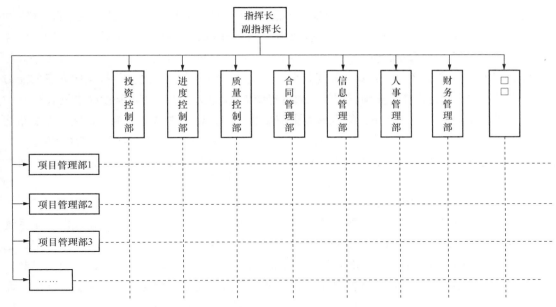

图 2-7　一个大型建设项目采用矩阵组织结构模式的示例

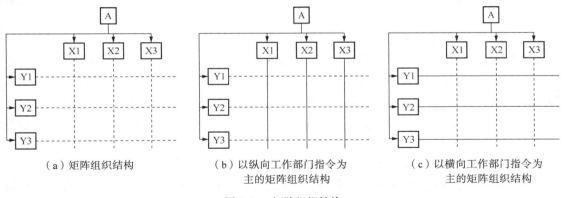

（a）矩阵组织结构　　　　　（b）以纵向工作部门指令为　　　　（c）以横向工作部门指令为
　　　　　　　　　　　　　　　　　主的矩阵组织结构　　　　　　　　　主的矩阵组织结构

图 2-8　矩阵组织结构

## 2.1.5　工程项目管理组织结构的设置原则

**1. 目的性的原则**

施工项目组织机构设置的根本目的，是为了产生组织功能，实现施工项目管理的总目标。从这一根本目标出发，就会因目标设事，因事设机构定编制，按编制设岗位定人员，以职责定制度授权力。

**2. 精干高效原则**

施工项目组织机构的人员设置，以能实现施工项目所要求的工作任务（事）为原则，尽量简化机构，做到精干高效。人员配置要从严控制二三线人员，力求一专多能，一人多职。同时还要增加项目管理班子人员的知识含量，着眼于使用和学习锻炼相结合，以提高人员素质。

**3. 管理跨度和分层统一的原则**

管理跨度亦称管理幅度，是指一个主管人员直接管理的下属人员数量。跨度大，管理人员的接触关系增多，处理人与人之间关系的数量随之增大。跨度（$N$）与工作接触关系数（$C$）的关系公式是有名的邱格纳斯公式，是个几何级数，当 $N$=10 时，$C$=5210。故跨度太大时，领导者及下属常会出现应接不暇之烦。组织机构设计时，必须使管理跨度适当。然而跨度大小又与分层多少有关。不难理解，层次多，跨度会小；层次少，跨度会大。这就要根据领导者的能力和施工项目的大小进行权衡。美国管理学家戴尔曾调查 41 家大企业，管理跨度的中位数是 6～7 人之间。对施工项目管理层来说，管理跨度更应尽量少些，以集中精力于施工管理。在鲁布格工程中，项目经理下属 33 人，分成了所长、课长、系长、工长四个层次，项目经理的跨度是 5。项目经理在组建组织机构时，必须认真设计切实可行的跨度和层次，画出机构系统图，以便讨论、修正、按设计组建。

4. 业务系统化管理原则

由于施工项目是一个开放的系统，由众多子系统组成一个大系统，各子系统之间，子系统内部各单位工程之间，不同组织、工种、工序之间，存在着大量结合部，这就要求项目组织也必须是一个完整的组织结构系统，恰当分层和设置部门，以便在结合部上能形成一个相互制约、相互联系的有机整体，防止产生职能分工、权限划分和信息沟通上相互矛盾或重叠。要求在设计组织机构时以业务工作系统化原则作指导，周密考虑层间关系、分层与跨度关系、部门划分、授权范围、人员配备及信息沟通等，使组织机构自身成为一个严密的、封闭的组织系统，能够为完成项目管理总目标而实行合理分工及协作。

5. 弹性和流动性原则

工程建设项目的单件性、阶段性、露天性和流动性是施工项目生产活动的主要特点，必然带来生产对象数量、质量和地点的变化，带来资源配置的品种和数量变化。于是要求管理工作和组织机构随之进行调整，以使组织机构适应施工任务的变化。这就是说，要按照弹性和流动性的原则建立组织机构，不能一成不变。要准备调整人员及部门设置，以适应工程任务变动对管理机构流动性的要求。

6. 项目组织与企业组织一体化原则

项目组织是企业组织的有机组成部分，企业是它的母体，归根结底，项目组织是由企业组建的。从管理方面来看，企业是项目管理的外部环境，项目管理的人员全部来自企业，项目管理组织解体后，其人员仍回企业。即使进行组织机构调整，人员也是进出于企业人才市场的。施工项目的组织形式与企业的组织形式有关，不能离开企业的组织形式去谈项目的组织形式。

# 2.2

# 建筑工程项目经理部

## 2.2.1 施工企业项目经理的工作性质、任务和责任

1. 施工企业项目经理的工作性质

2003 年 2 月 27 日国务院颁布的《国务院关于取消第二批行政审批项目和改变一批行政审批项目管理方式的决定》（国发[2003]5 号）规定："取消建筑施工企业项目经理资质核准，由注

册建造师代替，并设立过渡期。"

建筑业企业项目经理资质管理制度向建造师执业资格制度过渡的时间定为五年，即从国发[2003]5号文印发之日起至2008年2月27日止。过渡期内，凡持有项目经理资质证书或者建造师注册证书的人员，经其所在企业聘用后均可担任工程项目施工的项目经理。过渡期满后，大、中型工程项目施工的项目经理必须由取得建造师注册证书的人员担任；但取得建造师注册证书的人员是否担任工程项目施工的项目经理，由企业自主决定。

在全面实施建造师执业资格制度后仍然要坚持落实项目经理岗位责任制。项目经理岗位是保证工程项目建设质量、安全、工期和成本的重要岗位。

建筑施工企业项目经理（以下简称项目经理），是指受企业法定代表人委托，对工程项目施工过程全面负责的项目管理者，是建筑施工企业法定代表人在工程项目上的代表人。

建造师是一种专业人士的名称，而项目经理是一个工作岗位的名称，应注意这两个概念的区别和关系。取得建造师执业资格的人表示其知识和能力符合建造师执业的要求，但其在企业中的工作岗位则由企业视工作需要和安排而定。

《建设工程施工合同（示范文本）》（GF-2013—0201）中有下列条款涉及项目经理。

（1）项目经理应为合同当事人所确认的人选，并在专用合同条款中明确项目经理的姓名、职称、注册执业证书编号、联系方式及授权范围等事项，项目经理经承包人授权后代表承包人负责履行合同。项目经理应是承包人正式聘用的员工，承包人应向发包人提交项目经理与承包人之间的劳动合同，以及承包人为项目经理缴纳社会保险的有效证明。

承包人不提交上述文件的，项目经理无权履行职责，发包人有权要求更换项目经理，由此增加的费用和（或）延误的工期由承包人承担。项目经理应常驻施工现场，且每月在施工现场时间不得少于专用合同条款约定的天数。项目经理不得同时担任其他项目的项目经理。项目经理确需离开施工现场时，应事先通知监理人，并取得发包人的书面同意。项目经理的通知中应当载明临时代行其职责的人员的注册执业资格、管理经验等资料，该人员应具备履行相应职责的能力。

承包人违反上述约定的，应按照专用合同条款的约定，承担违约责任。

（2）项目经理按合同约定组织工程实施。在紧急情况下为确保施工安全和人员安全，在无法与发包人代表和总监理工程师及时取得联系时，项目经理有权采取必要的措施保证与工程有关人身、财产和工程的安全，但应在48小时内向发包人代表和总监理工程师提交书面报告。

（3）承包人需要更换项目经理的，应提前14天书面通知发包人和监理人，并征得发包人书面同意。通知中应当载明继任项目经理的注册执业资格、管理经验等资料，继任项目经理继续履行第（1）项约定的职责。未经发包人书面同意，承包人不得擅自更换项目经理。承包人擅自更换项目经理的，应按照专用合同条款的约定承担违约责任。

（4）发包人有权书面通知承包人更换其认为不称职的项目经理，通知中应当载明要求更换的理由。承包人应在接到更换通知后14天内向发包人提出书面的改进报告。发包人收到改进报告后仍要求更换的，承包人应在接到第二次更换通知的28天内进行更换，并将新任命的项目经理的注册执业资格、管理经验等资料书面通知发包人。继任项目经理继续履行第（1）项约定的职责。承包人无正当理由拒绝更换项目经理的，应按照专用合同条款的约定承担违约责任。

（5）项目经理因特殊情况授权其下属人员履行其某项工作职责的，该下属人员应具备履行相应职责的能力，并应提前7天将上述人员的姓名和授权范围书面通知监理人，并征得发包书面同意。"

在国际上，建造师的执业范围相当宽，可以在施工企业、政府管理部门、建设单位、工程咨询单位、设计单位、教学和科研单位等执业。

国际上施工企业项目经理的地位、作用以及其特征如下：

（1）项目经理是企业任命的一个项目的项目管理班子的负责人（领导人），但它并不一定是（多数不是）一个企业法定代表人在工程项目上的代表人，因为一个企业法定代表人在工程项目上的代表人在法律上赋予其的权限范围太大；

（2）项目经理的任务仅限于主持项目管理工作，其主要任务是项目目标的控制和组织协调；

（3）在有些文献中明确界定，项目经理不是一个技术岗位，而是一个管理岗位；

（4）项目经理是一个组织系统中的管理者，至于他是否有人权、财权和物资采购权等管理权限，则由其上级确定。

我国在施工企业中引入项目经理的概念已多年，取得了显著的成绩。但是，在推行项目经理负责制的过程中也有不少误区，如：企业管理的体制与机制和项目经理负责制不协调，在企业利益与项目经理的利益之间出现矛盾；不恰当地、过分扩大项目经理的管理权限和责任；将农业小生产的承包责任机制应用到建筑大生产中，甚至采用项目经理抵押承包的模式，抵押物的价值与工程可能发生的风险极不相当等。

**2. 施工企业项目经理的任务**

项目经理在承担工程项目施工管理过程中，履行下列职责：

（1）贯彻执行国家和工程所在地政府的有关法律、法规和政策，执行企业的各项管理制度；

（2）严格财务制度，加强财经管理，正确处理国家、企业与个人的利益关系；

（3）执行项目承包合同中由项目经理负责履行的各项条款；

（4）对工程项目施工进行有效控制，执行有关技术规范和标准，积极推广应用新技术，确保工程质量和工期，实现安全、文明生产，努力提高经济效益。

项目经理在承担工程项目施工的管理过程中，应当按照建筑施工企业与建设单位签订的工程承包合同，与本企业法定代表人签订项目承包合同，并在企业法定代表人授权范围内，行使以下管理权力：

（1）组织项目管理班子；

（2）以企业法定代表人的代表身份处理与所承担的工程项目有关的外部关系，受托签署有关合同；

（3）指挥工程项目建设的生产经营活动，调配并管理进入工程项目的人力、资金、物资、机械设备等生产要素；

（4）选择施工作业队伍；

（5）进行合理的经济分配；

（6）企业法定代表人授予的其他管理权力。

在一般的施工企业中设工程计划、合同管理、工程管理、工程成本、技术管理、物资采购、设备管理、人事管理、财务管理等职能管理部门（各企业所设的职能部门的名称不一，但其主管的工作内容是类似的），项目经理可能在工程管理部，或项目管理部下设的项目经理部主持工作。施工企业项目经理往往是一个施工项目施工方的总组织者、总协调者和总指挥者，它所承担的管理任务不仅依靠所在的项目经理部的管理人员来完成，还依靠整个企业各职能管理部门的指导、协作、配合和支持。项目经理不仅要考虑项目的利益，还应服从企业的整体利益。企业是工程管理的一个大系统，项目经理部则是其中的一个子系统。过分地强调子系统的独立性是不合理的，对企业的整体经营也会是不利的。

项目经理的任务包括项目的行政管理和项目管理两个方面，其在项目管理方面的主要任务是：

（1）施工安全管理；

（2）施工成本控制；

（3）施工进度控制；

（4）施工质量控制；

（5）施工环境控制；

（6）工程合同管理；

（7）工程信息管理；

（8）工程组织与协调等。

**3．施工企业项目经理的责任**

（1）项目管理目标责任书

项目管理目标责任书应在项目实施之前，由法定代表人或其授权人与项目经理协商制定。编制项目管理目标责任书应依据下列资料（在规范中"实施或参与项目管理，且有明确的职责、权限和相互关系的人员及设施的集合，包括发包人、承包人、分包人和其他有关单位为完成项目管理目标而建立的管理组织，简称为组织"）：项目合同文件、组织的管理制度、项目管理规划大纲、组织的经营方针和目标等。

项目管理目标责任书可包括下列内容：

① 项目管理实施目标；

② 组织与项目经理部之间的责任、权限和利益分配；

③ 项目设计、采购、施工、试运行等管理的内容和要求；

④ 项目需用的资源的提供方式和核算办法；

⑤ 法定代表人向项目经理委托的特殊事项；

⑥ 项目经理部应承担的风险；

⑦ 项目管理目标的评价原则、内容和方法；

⑧ 对项目经理部奖励的依据、标准和办法；

⑨ 项目经理解职和项目经理部解体的条件及办法。

（2）项目经理的职责

项目经理应履行下列职责：

① 项目管理目标责任书规定的职责；

② 主持编制项目管理实施规划，并对项目目标进行系统管理；

③ 对资源进行动态管理；

④ 建立各种专业管理体系，并组织实施；

⑤ 进行授权范围内的利益分配；

⑥ 收集工程资料，准备结算资料，参与工程竣工验收；

⑦ 接受审计，处理项目经理部解体的善后工作；

⑧ 协助组织进行项目的检查、鉴定和评奖申报工作。

（3）项目经理的权限

项目经理应具有下列权限：

① 参与项目招标、投标和合同签订；

② 参与组建项目经理部；

③ 主持项目经理部工作；

④ 决定授权范围内的项目资金的投入和使用；

⑤ 制订内部计酬办法；

⑥ 参与选择并使用具有相应资质的分包人；

⑦ 参与选择物资供应单位；

⑧ 在授权范围内协调与项目有关的内、外部关系；

⑨ 法定代表人授予的其他权力。

项目经理应承担施工安全和质量的责任，要加强对建筑业企业项目经理市场行为的监督管理，对发生重大工程质量安全事故或市场违法违规行为的项目经理，必须依法予以严肃处理。

项目经理对施工承担全面管理的责任：工程项目施工应建立以项目经理为首的生产经营管理系统，实行项目经理负责制。项目经理在工程项目施工中处于中心地位，对工程项目施工负有全面管理的责任。

在国际上，由于项目经理是施工企业内的一个工作岗位，项目经理的责任则由企业领导根据企业管理的体制和机制，以及根据项目的具体情况而定。企业针对每个项目有十分明确的管理职能分工表，在该表中明确项目经理对哪些任务承担策划、决策、执行、检查等职能，其将承担的则是相应的策划、决策、执行、检查的责任。

项目经理由于主观原因，或由于工作失误有可能承担法律责任和经济责任。政府主管部门将追究的主要是其法律责任，企业将追究的主要是其经济责任，但是，如果由于项目经理的违法行为而导致企业遭受损失，企业也有可能追究其法律责任。

## 2.2.2　施工企业人力资源管理

1. 资源管理、项目资源管理、人力资源管理和项目人力资源管理的内涵

（1）资源管理。资源管理包括人力资源管理、材料管理、机械设备管理、技术管理和资金管理。

（2）项目资源管理。项目资源管理的全过程包括项目资源计划、配置、控制和处置。

（3）在一般意义上，人力资源管理的工作步骤包括：

① 编制人力资源规划；

② 通过招聘增补员工；

③ 通过解聘减少员工；

④ 进行人员甄选，经过以上四个步骤，可以确定和选聘到有能力的员工；

⑤ 员工的定向；

⑥ 员工的培训；

⑦ 形成能适应组织和不断更新技能与知识的能干的员工；

⑧ 员工的绩效考评；

⑨ 员工的业务提高和发展。

（4）项目人力资源管理。项目人力资源管理包括有效地使用涉及项目的人员所需要的过程。项目人力资源管理的目的是调动所有项目参与人的积极性，在项目承担组织的内部和外部建立有效的工作机制，以实现项目目标。

2. 项目人力资源管理计划、项目人力资源管理控制和项目人力资源管理考核的内涵

项目人力资源管理的全过程包括项目人力资源管理计划、项目人力资源管理控制和项目人力资源管理考核。

（1）项目人力资源管理计划应包括：

① 人力资源需求计划；

② 人力资源配置计划；

③ 人力资源培训计划。

（2）项目人力资源管理控制应包括：

① 人力资源的选择；

② 订立劳务分包合同；

③ 教育培训和考核。

（3）项目人力资源管理考核。项目人力资源管理考核应以有关管理目标或约定为依据，对人力资源管理方法、组织规划、制度建设、团队建设、使用效率和成本管理等进行分析和考核。

3. 施工企业劳动用工和工资支付管理

施工企业必须根据《中华人民共和国劳动法》及有关规定，规范企业劳动用工及工资支付行为，保障劳动者的合法权益，维护建筑市场的正常秩序和稳定。

（1）施工企业劳动用工的种类。目前我国施工企业劳动用工大致有三种情况。

① 企业自有职工。通常是长期合同工或无固定期限的合同工。企业对这部分员工的管理纳入正式的企业人力资源管理范畴，管理较为规范。

② 劳务分包企业用工。劳务分包企业以独立企业法人形式出现，由其直接招收、管理进城务工人员，为施工总承包和专业承包企业提供劳务分包服务，或成建制提供给施工总承包和专业承包企业使用。

③ 施工企业直接雇佣的短期用工。他们往往由包工头带到工地劳动，也有一定数量的零散工。

上述第②、③种情况的用工对象主要是进城务工人员，是目前施工企业劳务用工的主力军。对这部分用工的管理存在问题较多，是各级政府主管部门明令必须加强管理的重点对象。

（2）劳动用工管理。近年来，各级政府主管部门陆续制定了许多有关建设工程劳动用工管理的规定，主要内容如下。

① 建筑施工企业（包括施工总承包企业、专业承包企业和劳务分包企业，下同）应当按照相关规定办理用工手续，不得使用零散工，不得允许未与企业签订劳动合同的劳动者在施工现场从事施工活动。

② 建筑施工企业与劳动者建立劳动关系，应当自用工之日起按照劳动合同法规的规定订立书面劳动合同。劳动合同中必须明确规定劳动合同期限，工作内容，工资支付的标准、项目、

周期和日期，劳动纪律，劳动保护和劳动条件以及违约责任。劳动合同应一式三份，双方当事人各持一份，劳动者所在工地保留一份备查。

③ 施工总承包企业和专业承包企业应当加强对劳务分包企业与劳动者签订劳动合同的监督，不得允许劳务分包企业使用未签订劳动合同的劳动者。

④ 建筑施工企业应当将每个工程项目中的施工管理、作业人员劳务档案中有关情况在当地建筑业企业信息管理系统中按规定如实填报。人员发生变更的，应当在变更后 7 个工作日内，在建筑业企业信息管理系统中进行相应变更。

（3）工资支付管理。为了防止拖欠、克扣进城务工人员工资，各级政府主管部门又制定了针对建筑施工企业劳务用工的工资支付管理规定，主要内容如下。

① 建筑施工企业应当按照当地的规定，根据劳动合同约定的工资标准、支付周期和日期，支付劳动者工资，不得以工程款被拖欠、结算纠纷、垫资施工等理由克扣劳动者工资。

② 建筑施工企业应当每月对劳动者应得的工资进行核算，并由劳动者本人签字。

③ 建筑施工企业应当至少每月向劳动者支付一次工资，且支付部分不得低于当地最低工资标准，每季度末结清劳动者剩余应得的工资。

④ 建筑施工企业应当将工资直接发放给劳动者本人，不得将工资发放给包工头或者不具备用工主体资格的其他组织或个人。

⑤ 建筑施工企业应当对劳动者出勤情况进行记录，作为发放工资的依据，并按照工资支付周期制工资支付表，不得伪造、变造、隐匿、销毁出勤记录和工资支付表。

⑥ 建筑施工企业因暂时生产经营困难无法按劳动合同约定的日期支付工资的，应当向劳动者说明情况，并经与工会或职工代表协商一致后，可以延期支付工资，但最长不得超过 30 日。超过 30 日不支付劳动者工资的，属于无故拖欠工资行为。

⑦ 建筑施工企业与劳动者终止或者依法解除劳动合同，应当在办理终止或解除合同手续的同时一次性付清劳动者工资。

# 2.3 建筑工程项目管理规划

## 2.3.1 建设工程项目管理规划

建设工程项目管理规划（国际上常用的术语为 Project Brief，Project Implementation Plan，Project Management Plan）是指导项目管理工作的纲领性文件，它从总体上和宏观上对如下几个方面进行分析和描述：

（1）为什么要进行项目管理；

（2）项目管理需要做什么工作；

（3）怎样进行项目管理；

（4）谁做项目管理的哪方面工作；

（5）什么时候做哪些项目管理工作；

（6）项目的总投资；

（7）项目的总进度。

建设工程项目管理规划涉及项目整个实施阶段，它属于业主方项目管理的范畴。如果采用建设项目工程总承包的模式，业主方也可以委托建设项目工程总承包方编制建设工程项目管理规划，因为建设项目工程总承包的工作涉及项目整个实施阶段。建设项目的其他参与单位，如设计单位、施工单位和供货单位等，为进行其项目管理也需要编制项目管理规划，但它只涉及项目实施的一个方面，并体现一个方面的利益，可称为设计方项目管理规划、施工方项目管理规划和供货方项目管理规划。

《建设工程项目管理规范》（GB/T 50326—2006）对项目管理规划的术语解释如下："项目管理规划作为指导项目管理的纲领性文件，应对项目管理的目标、依据、内容、组织、资源、方法、程序和控制措施进行确定。"在该规范中，把项目管理规划分成两个类型："项目管理规划应包括项目管理规划大纲和项目管理实施规划两类文件。"

**1. 项目管理规划的内容**

建设工程项目管理规划一般包括如下内容：

（1）项目概述；

（2）项目的目标分析和论证；

（3）项目管理的组织；

（4）项目采购和合同结构分析；

（5）投资控制的方法和手段；

（6）进度控制的方法和手段；

（7）质量控制的方法和手段；

（8）安全、健康与环境管理的策略；

（9）信息管理的方法和手段；

（10）技术路线和关键技术的分析；

（11）设计过程的管理；

（12）施工过程的管理；

（13）价值工程的应用；

（14）风险管理的策略等。

建设工程项目管理内容涉及的范围和深度，在理论上和工程实践中并没有统一的规定，应视项目的特点而定。由于项目实施过程中主客观条件的变化是绝对的，不变则是相对的；在项目进展过程中平衡是暂时的，不平衡则是永恒的，因此，建设工程项目管理规划必须随着情况的变化而进行动态调整。

**2. 项目管理规划大纲的内容**

项目管理规划大纲可包括下列内容，组织应根据需要选定：

（1）项目概况；

（2）项目范围管理规划；

（3）项目管理目标规划；

（4）项目管理组织规划；

（5）项目成本管理规划；

（6）项目进度管理规划；

（7）项目质量管理规划；

（8）项目职业健康安全与环境管理规划；

（9）项目采购与资源管理规划；

（10）项目信息管理规划；

（11）项目沟通管理规划；

（12）项目风险管理规划；

（13）项目收尾管理规划。

3．项目管理实施规划的内容

项目管理实施规划应包括下列内容：

（1）项目概况；

（2）总体工作计划；

（3）组织方案；

（4）技术方案；

（5）进度计划；

（6）质量计划；

（7）职业健康安全与环境管理计划；

（8）成本计划；

（9）资源需求计划；

（10）风险管理计划；

（11）信息管理计划；

（12）沟通管理计划；

（13）收尾管理计划；

（14）项目现场平面布置图；

（15）项目目标控制措施；

（16）技术经济指标。

如果在《建设工程项目管理规范》关于项目管理规划大纲和项目管理实施规划内容的规定中，对以下内容适当加以补充或深化则将更有利于项目的实施：

（1）关于项目实施过程与有关政府主管部门的关系处理；

（2）关于安全的管理计划；

（3）关于合同的策略；

（4）关于设计管理的任务与方法；

（5）关于项目进展的工作程序；

（6）关于招标和发包的工作程序；

（7）关于工程报告系统（各类报表和报告的内容、填报和编写人员、填报和编写时间、报表和报告的审阅人员等）；

（8）关于价值工程的应用；

（9）不可预见事件的管理。

由于设计费仅占建设总投资很小的比率，业主方往往忽视对设计过程的管理，这是项目管理的一个误区。应指出，设计阶段的项目管理是建设工程项目管理的一个非常重要的部分，设计的质量直接影响项目实施的投资（或成本）、进度和质量；设计的进度也直接影响工程的进展。

为充分发挥价值工程对工程建设增值的作用，在编制项目管理规划大纲和项目管理实施规划时应重视价值工程的应用。

《价值工程第1部分：基本术语》（GB/T 8223.1—2009）对价值工程定义如下：价值工程是"通过各相关领域的协作，对研究对象的功能与费用进行系统分析，持续创新，旨在提高研究对象价值的一种管理思想和管理技术"，其中价值是研究对象的功能与费用（成本）的比值，即：

$$V = F / C$$

式中：$V$——价值；

　　　$F$——功能；

　　　$C$——费用。

建设项目价值不高有很多原因，如：

（1）工程进度要求过分紧迫；

（2）设计人员习惯性思维的影响；

（3）设计方与业主方及项目的各参与方沟通欠缺；

（4）材料、设备、设计和施工的标准和规范过时；

（5）设计人员、业主方及项目的各参与方知识更新不够，对新技术不了解；

（6）思想保守等。

4. 项目管理规划大纲的编制

项目管理规划大纲应由组织的管理层或组织委托的项目管理单位编制。

（1）项目管理规划大纲的编制依据。项目管理规划大纲可依据下列资料编制：

① 可行性研究报告；

② 设计文件、标准、规范与有关规定；

③ 招标文件及有关合同文件；

④ 相关市场信息与环境信息。

（2）项目管理规划大纲的编制工作程序。编制项目管理规划大纲应遵循下列程序：

① 明确项目目标；

② 分析项目环境和条件；

③ 收集项目的有关资料和信息；

④ 确定项目管理组织模式、结构和职责；

⑤ 明确项目管理内容；

⑥ 编制项目目标计划和资源计划；

⑦ 汇总整理，报送审批。

5. 项目管理实施规划的编制

项目管理实施规划应由项目经理组织编制。

（1）项目管理实施规划的编制依据。项目管理实施规划可依据下列资料编制：

① 项目管理规划大纲；

② 项目条件和环境分析资料；

③ 工程合同及相关文件；

④ 同类项目的相关资料。

（2）项目管理实施规划的编制工作程序。编制项目管理实施规划应遵循下列程序：

① 了解项目相关各方的要求；

② 分析项目条件和环境；

③ 熟悉相关法规和文件；

④ 组织编制；

⑤ 履行报批手续。

## 2.3.2　施工组织设计的内容和编制方法

施工组织设计是以施工项目为对象编制的，用以指导施工的技术、经济和管理的综合性文件。施工组织设计是对施工活动实行科学管理的重要手段，它具有战略部署和战术安排的双重作用。它体现了实现基本建设计划和设计的要求，提供了各阶段的施工准备工作内容，协调施工过程中各施工单位、各施工工种和各项资源之间的相互关系。通过施工组织设计，可以根据具体工程的特定条件，拟订施工方案，确定施工顺序。施工方法、技术组织措施，可以保证拟建工程按照预定的工期完成，可以在开工前了解到所需资源的数量及其使用的先后顺序，可以合理安排施工现场布置。因此施工组织设计应从施工全局出发，充分反映客观实际，符合国家或合同要求，统筹安排与施工活动有关的各个方面，合理地布置施工现场，确保文明施工、安全施工。

1. 施工组织设计的内容

施工组织设计应包括编制依据、工程概况、施工部署、施工进度计划、施工准备与资源配置计划、主要施工方法、施工现场平面布置及主要施工管理计划等基本内容。

（1）工程概况。单位工程施工组织设计的工程概况一般包括：

① 本项目的性质、规模、建设地点、结构特点、建设期限、分批交付使用的条件、合同条件；

② 本地区地形、地质、水文和气象情况；

③ 施工力量、劳动力、机具、材料、构件等资源情况；

④ 施工环境及施工条件等。

（2）施工部署及施工方案。单位工程施工组织设计的施工部署及施工方案包括：

① 根据工程情况，结合人力、材料、机械设备、资金、施工方法等条件，全面部署施工任务，合理安排施工顺序，确定主要工程的施工方案；

② 对拟建工程可能采用的几个施工方案进行定性、定量分析，通过技术经济评价，选择最佳方案。

（3）施工进度计划。

① 施工进度计划反映了最佳施工方案在时间上的安排，采用计划的形式，使工期、成本、资源等方面，通过计算和调整达到优化配置，符合项目目标的要求；

② 使工序有序地进行，使工期、成本、资源等通过优化调整达到既定目标，在此基础上编制相应的人力和时间安排计划、资源需求计划和施工准备计划。

（4）施工平面图。施工平面图是施工方案及施工进度计划在空间上的全面安排。它把投入的各种资源、材料、构件、机械、道路、水电供应网络、生产和生活活动场地及各种临时工程设施合理地布置在施工现场，使整个现场能有组织地进行文明施工。

（5）主要技术经济指标。技术经济指标用以衡量组织施工的水平，它是对施工组织设计文件的技术经济效益进行全面评价。

（6）施工管理计划。施工管理计划应包括进度管理计划、质量管理计划、安全管理计划、环境管理计划、成本管理计划以及其他管理计划等内容。

2. 施工组织设计的分类及其内容

施工组织设计按编制对象，可分为施工组织总设计、单位工程施工组织设计和施工方案。

（1）施工组织总设计的内容。施工组织总设计即以若干单位工程组成的群体工程或特大型项目为主要对象编制的施工组织设计，对整个项目的施工过程起到统筹规划、重点控制的作用。在我国，大型房屋建筑工程标准一般指：

① 25 层以上的房屋建筑工程；

② 高度 100m 及以上的构筑物或建筑物工程；

③ 单体建筑面积 3 万 $m^2$ 及以上的房屋建筑工程；

④ 单跨跨度 30m 及以上的房屋建筑工程；

⑤ 建筑面积 10 万 $m^2$ 及以上的住宅小区或建筑群体工程；

⑥ 单项建安合同额 1 亿元及以上的房屋建筑工程。

但在实际操作中，具备上述规模的建筑工程很多只需编制单位工程施工组织设计，需要编制施工组织总设计的建筑工程，其规模应当超过上述大型建筑工程的标准，通常需要分期分批建设，可称为特大型项目。施工组织总设计的主要内容如下：

① 工程概况；

② 总体施工部署；

③ 施工总进度计划；

④ 总体施工准备与主要资源配置计划；

⑤ 主要施工方法；

⑥ 施工总平面布置。

（2）单位工程施工组织设计的内容。单位工程施工组织设计即以单位（子单位）工程为主要对象编制的施工组织设计，对单位（子单位）工程的施工过程起指导和制约作用。对于已经编制了施工组织总设计的项目，单位工程施工组织设计应是施工组织总设计的进一步具体化，直接指导单位工程的施工管理和技术经济活动。单位工程施工组织设计的主要内容如下：

① 工程概况；

② 施工部署；

③ 施工进度计划；

④ 施工准备与资源配置计划；

⑤ 主要施工方案；

⑥ 施工现场平面布置；

⑦ 施工管理计划。

（3）施工方案的内容。施工方案即以分部（分项）工程或专项工程为主要对象编制的施工技术与组织方案，用以具体指导其施工过程。施工方案在某些时候也被称为分部（分项）工程或专项工程施工组织设计，但考虑到通常情况下施工方案是施工组织设计的进一步细化，是施工组织设计的补充，施工组织设计的某些内容在施工方案中不需赘述。施工方案的主要内容如下：

① 工程概况；

② 施工安排；

③ 施工进度计划；

④ 施工准备与资源配置计划；

⑤ 施工方法及工艺要求。

（4）施工管理计划。施工管理计划应包括进度管理计划、质量管理计划、安全管理计划、环境管理计划、成本管理计划以及其他管理计划等内容。施工管理计划在目前多作为管理和技术措施编制在施工组织设计中，这是施工组织设计必不可少的内容。施工管理计划涵盖很多方面的内容，可根据工程的具体情况加以取舍。在编制施工组织设计时，各项管理计划可单独成章，也可穿插在施工组织设计的相应章节中。各项管理计划的制订，应根据项目的特点有所侧重。

**3．施工组织设计的编制**

（1）施工组织设计的编制原则

① 符合施工合同或招标文件中有关工程进度、质量、安全、环境保护、造价等方面的要求。

② 积极开发、使用新技术和新工艺，推广应用新材料和新设备（在目前市场经济条件下，企业应当积极利用工程特点，组织开发、创新施工技术和施工工艺）。

③ 坚持科学的施工程序和合理的施工顺序，采用流水施工和网络计划等方法，科学配置资源，合理布置现场，采取季节性施工措施，实现均衡施工，达到合理的经济技术指标。

④ 采取技术和管理措施，推广建筑节能和绿色施工。

⑤ 与质量、环境和职业健康安全三个管理体系有效结合（为保证持续满足过程能力和质量保证的要求，国家鼓励企业进行质量、环境和职业健康安全管理体系的认证制度，且目前这三个管理体系的认证在我国建筑行业中已较普及，并且建立了企业内部管理体系文件，编制施工组织设计时，不应违背上述管理体系文件的要求）。

（2）施工组织设计的编制依据

① 与工程建设有关的法律、法规和文件。

② 国家现行有关标准和技术经济指标（其中技术经济指标主要指各地方的建筑工程概预算定额和相关规定。虽然建筑行业目前使用了清单计价的方法，但各地方制定的概预算定额在造价控制、材料和劳动力消耗等方面仍起一定的指导作用）。

③ 工程所在地区行政主管部门的批准文件，建设单位对施工的要求。

④ 工程施工合同和招标投标文件。

⑤ 工程设计文件。

⑥ 工程施工范围内的现场条件、工程地质及水文地质、气象等自然条件。

⑦ 与工程有关的资源供应情况。

⑧ 施工企业的生产能力、机具设备状况、技术水平等。

（3）施工组织设计的编制和审批

① 施工组织设计应由项目负责人主持编制，可根据需要分阶段编制和审批。有些分期分批建设的项目跨越时间很长，还有些项目地基基础、主体结构、装修装饰和机电设备安装并不是由一个总承包单位完成，此外还有一些特殊情况的项目，在征得建设单位同意的情况下，施工

单位可分阶段编制施工组织设计。

② 施工组织总设计应由总承包单位技术负责人审批；单位工程施工组织设计应由施工单位技术负责人或技术负责人授权的技术人员审批，施工方案应由项目技术负责人审批；重点、难点分部（分项）工程和专项工程施工方案应由施工单位技术部门组织相关专家评审，施工单位技术负责人批准。

在《建设工程安全生产管理条例》（国务院第 393 号令）中规定：对下列达到一定规模的危险性较大的分部（分项）工程编制专项施工方案，并附具安全验算结果，经施工单位技术负责人、总监理工程师签字后实施。

- 基坑支护与降水工程。
- 土方开挖工程。
- 模板工程。
- 起重吊装工程。
- 脚手架工程。
- 拆除爆破工程。
- 国务院建设行政主管部门或者其他有关部门规定的其他危险性较大的工程。

以上所列工程中涉及深基坑、地下暗挖工程、高大模板工程的专项施工方案，施工单位还应当组织专家进行论证和审查。除上述《建设工程安全生产管理条例》中规定的分部（分项）工程外，施工单位还应根据项目特点和地方政府部门有关规定，对具有一定规模的重点、难点分部（分项）工程进行相关论证。

③ 由专业承包单位施工的分部（分项）工程或专项工程的施工方案，应由专业承包单位技术负责人或技术负责人授权的技术人员审批；有总承包单位时，应由总承包单位项目技术负责人核准备案。

④ 规模较大的分部（分项）工程和专项工程的施工方案应按单位工程施工组织设计进行编制和审批。

有些分部（分项）工程或专项工程，如主体结构为钢结构的大型建筑工程，其钢结构分部规模很大且在整个工程中占有重要的地位，需另行分包，遇有这种情况的分部（分项）工程或专项工程，其施工方案应按施工组织设计进行编制和审批。

（4）施工组织设计的动态管理

项目施工过程中，发生以下情况之一时，施工组织设计应及时进行修改或补充。

① 工程设计有重大修改。当工程设计图纸发生重大修改时，如地基基础或主体结构的形式发生变化、装修材料或做法发生重大变化、机电设备系统发生大的调整等，需要对施工组织设计进行修改；对工程设计图纸的一般性修改，根据变化情况对施工组织设计进行补充；对工程设计图纸的细微修改或更正，施工组织设计则不需调整。

② 有关法律、法规、规范和标准实施、修订和废止。当有关法律、法规、规范和标准开始实施或发生变更，并涉及工程的实施、检查或验收时，施工组织设计需要进行修改或补充。

③ 主要施工方法有重大调整。由于主客观条件的变化，施工方法有重大变更，原来的施工组织设计已不能正确地指导施工，需要对施工组织设计进行修改或补充。

④ 主要施工资源配置有重大调整。当施工资源的配置有重大变更，并且影响到施工方法的变化或对施工进度、质量、安全、环境、造价等造成潜在的重大影响，需对施工组织设计进行

修改或补充。

⑤ 施工环境有重大改变。当施工环境发生重大改变，如施工延期造成季节性施工方法变化，施工场地变化造成现场布置和施工方式改变等，致使原来的施工组织设计已不能正确地指导施工。需对施工组织设计进行修改或补充。经修改或补充的施工组织设计应重新审批后实施。

项目施工前应进行施工组织设计逐级交底，项目施工过程中，应对施工组织设计的执行情况进行检查、分析并适时调整。

## 本章小结

项目结构图是一个组织工具，它通过树状图的方式对一个项目的结构进行逐层分解，以反映组成该项目的所有工作任务。常用的组织结构模式包括职能组织结构、线性组织结构和矩阵组织结构等。

业主方和项目各参与方，如设计单位、施工单位、供货单位和工程管理咨询单位等都有各自的项目管理的任务，都应该编制各自的项目管理任务分工表。

建筑施工企业项目经理（以下简称项目经理），是指受企业法定代表人委托，对工程项目施工过程全面负责的项目管理者，是建筑施工企业法定代表人在工程项目上的代表人。在项目实施之前，应由法定代表人或其授权人与项目经理协商制定项目管理目标责任书。

建设工程项目管理规划是指导项目管理工作的纲领性文件。项目管理规划应对项目管理的目标、依据、内容、组织、资源、方法、程序和控制措施进行确定。

施工组织设计是以施工项目为对象编制的，用以指导施工的技术、经济和管理的综合性文件。施工组织设计应从施工全局出发，充分反映客观实际，符合国家要求或合同要求，统筹安排施工活动有关的各个方面，合理布置施工现场，确保文明施工和安全施工。

## 习题与思考

2-1 建设工程项目作为一个系统，有何特征？

2-2 何谓项目结构图？

2-3 项目结构如何编码？

2-4 常用的组织结构模式有哪些，各有何特点？

2-5 工程项目管理组织结构的设置原则有哪些？

2-6 建筑业企业项目经理的主要职责是什么，有何权限？

2-7 试总结沟通的要素和沟通技巧。

2-8 项目人力资源管理计划应包括哪些？

2-9 何谓建设工程项目策划？

2-10 建设工程项目实施阶段策划的基本内容有哪些？

2-11 建设工程项目管理规划的内容有哪些？

2-12 何谓施工组织设计，其主要内容有哪些？

# 第3章

# 建筑工程项目质量管理

## 【学习目标】

通过本章的学习，学生应掌握建设工程项目质量控制的基本概念和内涵，建设工程项目质量控制体系，建设工程项目施工质量控制，建设工程项目质量验收，施工质量不合格的处理等基本知识，了解数理统计方法在施工质量管理中的应用等内容。

质量是建设工程项目管理的主要控制目标之一。建设工程项目的质量控制，需要系统有效地应用质量管理和质量控制的基本原理和方法，建立和运行工程项目质量控制体系，落实项目各参与方的质量责任。通过项目实施过程各个环节质量控制的职能活动，有效预防和正确处理可能发生的工程质量事故，在政府的监督下实现建设工程项目的质量目标。

# 3.1

# 建筑工程项目质量管理概述

## 3.1.1 项目质量管理的相关概念

### 1. 质量和工程项目质量

我国标准《质量管理体系 基础和术语》（GB/T 19000—2015/ISO 9000：2015）关于质量的定义是：一组固有特性满足要求的程度。该定义可理解为：质量不仅是指产品的质量，也包括产品生产活动或过程的工作质量，还包括质量管理体系运行的质量。质量由一组固有的特性来表征（所谓"固有的"特性是指本来就有的、永久的特性），这些固有特性是指满足顾客和其他相关方要求的特性，以其满足要求的程度来衡量；而质量要求是指明示的、隐含的或必须履行的需要和期望，这些要求又是动态的、发展的和相对的。也就是说，质量"好"或者"差"，以其固有特性满足质量要求的程度来衡量。

建设工程项目质量是指通过项目实施形成的工程实体的质量，是反映建筑工程满足相关标准规定或合同约定的要求，包括其在安全、使用功能及其在耐久性能、环境保护等方面所有明显和隐含能力的特性总和。其质量特性主要体现在适用性、安全性、耐久性、可靠性、经济性及与环境的协调性等六个方面。

**2. 质量管理和工程项目质量管理**

我国标准《质量管理体系 基础和术语》（GB/T 19000—2015/ISO 9000：2015）关于质量管理的定义是：在质量方面指挥和控制组织的协调活动。与质量有关的活动，通常包括质量方针和质量目标的建立、质量策划、质量控制、质量保证和质量改进等。所以，质量管理就是建立和确定质量方针、质量目标及职责，并在质量管理体系中通过质量策划、质量控制、质量保证和质量改进等手段来实施和实现全部质量管理职能的所有活动。

工程项目质量管理是指在工程项目实施过程中，指挥和控制项目参与各方关于质量的相互协调的活动，是围绕着使工程项目满足质量要求，而开展的策划、组织、计划、实施、检查、监督和审核等所有管理活动的总和。它是工程项目的建设、勘察、设计、施工、监理等单位的共同职责，项目参与各方的项目经理必须调动与项目质量有关的所有人员的积极性，共同做好本职工作，才能完成项目质量管理的任务。

**3. 质量控制与工程项目质量控制**

根据国家标准《质量管理体系 基础和术语》（GB/T 19000—2015/ISO 9000：2015）的定义，质量控制是质量管理的一部分，是致力于满足质量要求的一系列相关活动，主要包括如下活动。

（1）设定目标：即设定要求，确定需要控制的标准、区间、范围、区域。

（2）测量结果：测量满足所设定目标的程度。

（3）评价：即评价控制的能力和效果。

（4）纠偏：对不满足设定目标的偏差，及时纠偏，保持控制能力的稳定性。

也就是说，质量控制是在明确的质量目标和具体的条件下，通过行动方案和资源配置的计划、实施、检查和监督，进行质量目标的事前预控、事中控制和事后纠偏控制，实现预期质量目标的系统过程。

工程项目的质量要求是由业主方提出的，即项目的质量目标，是业主的建设意图通过项目策划，包括项目的定义及建设规模、系统构成、使用功能和价值、规格、档次、标准等的定位策划和目标决策来确定的。工程项目质量控制，就是在项目实施整个过程中，包括项目的勘察设计、招标采购、施工安装、竣工验收等各个阶段，项目参与各方致力于实现业主要求的项目质量总目标的一系列活动。

工程项目质量控制包括项目的建设、勘察、设计、施工、监理各方的质量控制活动。

## 3.1.2 项目质量管理的责任和义务

《中华人民共和国建筑法》和《建设工程质量管理条例》（国务院令第 279 号）规定，建设工程项目的建设单位、勘察单位、设计单位、施工单位、工程监理单位都要依法对建设工程质量负责。

**1. 建设单位的质量责任和义务**

（1）建设单位应当将工程发包给具有相应资质等级的单位，并不得将建设工程肢解发包。

（2）建设单位应当依法对工程建设项目的勘察、设计、施工、监理以及与工程建设有关的重要设备、材料等的采购进行招标。

（3）建设单位必须向有关的勘察、设计、施工、工程监理等单位提供与建设工程有关的原始资料。原始资料必须真实、准确、齐全。

（4）建设工程发包单位不得迫使承包方以低于成本的价格竞标，不得任意压缩合理工期；不得明示或者暗示设计单位或者施工单位违反工程建设强制性标准，降低建设工程质量。

（5）建设单位应当将施工图设计文件报县级以上人民政府建设行政主管部门或者其他有关部门审查。施工图设计文件未经审查批准的，不得使用。

（6）实行监理的建设工程，建设单位应当委托具有相应资质等级的工程监理单位进行监理。

（7）建设单位在领取施工许可证或者开工报告前，应当按照国家有关规定办理工程质量监督手续。

（8）按照合同约定，由建设单位采购建筑材料、建筑构配件和设备的，建设单位应当保证建筑材料、建筑构配件和设备符合设计文件和合同要求。建设单位不得明示或者暗示施工单位使用不合格的建筑材料、建筑构配件和设备。

（9）涉及建筑主体和承重结构变动的装修工程，建设单位应当在施工前委托原设计单位或者具有相应资质等级的设计单位提出设计方案；没有设计方案的，不得施工。房屋建筑使用者在装修过程中，不得擅自变动房屋建筑主体和承重结构。

（10）建设单位收到建设工程竣工报告后，应当组织设计、施工、工程监理等有关单位进行竣工验收。建设工程经验收合格的，方可交付使用。

（11）建设单位应当严格按照国家有关档案管理的规定，及时收集、整理建设项目各环节的文件资料，建立、健全建设项目档案，并在建设工程竣工验收后，及时向建设行政主管部门或者其他有关部门移交建设项目档案。

2. 勘察、设计单位的质量责任和义务

（1）从事建设工程勘察、设计的单位应当依法取得相应等级的资质证书，在其资质等级许可的范围内承揽工程，并不得转包或者违法分包所承揽的工程。

（2）勘察、设计单位必须按照工程建设强制性标准进行勘察、设计，并对其勘察、设计的质量负责。注册建筑师、注册结构工程师等注册执业人员应当在设计文件上签字，对设计文件负责。

（3）勘察单位提供的地质、测量、水文等勘察成果必须真实、准确。

（4）设计单位应当根据勘察成果文件进行建设工程设计。设计文件应当符合国家规定的设计深度要求，注明工程合理使用年限。

（5）设计单位在设计文件中选用的建筑材料、建筑构配件和设备，应当注明规格、型号、性能等技术指标，其质量要求必须符合国家规定的标准。除有特殊要求的建筑材料、专用设备、工艺生产线等外，设计单位不得指定生产、供应商。

（6）设计单位应当就审查合格的施工图设计文件向施工单位做出详细说明。

（7）设计单位应当参与建设工程质量事故分析，并对因设计造成的质量事故，提出相应的技术处理方案。

3. 施工单位的质量责任和义务

（1）施工单位应当依法取得相应等级的资质证书，在其资质等级许可的范围内承揽工程，并不得转包或者违法分包工程。

（2）施工单位对建设工程的施工质量负责。施工单位应当建立质量责任制，确定工程项目的项目经理、技术负责人和施工管理负责人。建设工程实行总承包的，总承包单位应当对全部建设工程质量负责；建设工程勘察、设计、施工、设备采购的一项或者多项实行总承包的，总承包单位应当对其承包的建设工程或者采购的设备的质量负责。

（3）总承包单位依法将建设工程分包给其他单位的，分包单位应当按照分包合同的约定对其分包工程的质量向总承包单位负责，总承包单位与分包单位对分包工程的质量承担连带责任。

（4）施工单位必须按照工程设计图纸和施工技术标准施工，不得擅自修改工程设计，不得偷工减料。施工单位在施工过程中发现设计文件和图纸有差错的，应当及时提出意见和建议。

（5）施工单位必须按照工程设计要求、施工技术标准和合同约定，对建筑材料、建筑构配件、设备和商品混凝土进行检验，检验应当有书面记录和专人签字；未经检验或者检验不合格的，不得使用。

（6）施工单位必须建立、健全施工质量的检验制度，严格工序管理，作好隐蔽工程的质量检查和记录。隐蔽工程在隐蔽前，施工单位应当通知建设单位和建设工程质量监督机构。

（7）施工人员对涉及结构安全的试块、试件以及有关材料，应当在建设单位或者工程监理单位监督下现场取样，并送具有相应资质等级的质量检测单位进行检测。

（8）施工单位对施工中出现质量问题的建设工程或者竣工验收不合格的建设工程，应当负责返修。

（9）施工单位应当建立、健全教育培训制度，加强对职工的教育培训；未经教育培训或者考核不合格的人员，不得上岗作业。

**4．工程监理单位的质量责任和义务**

（1）工程监理单位应当依法取得相应等级的资质证书，在其资质等级许可的范围内承担工程监理业务，并不得转让工程监理业务。

（2）工程监理单位与被监理工程的施工承包单位以及建筑材料、建筑构配件和设备供应单位有隶属关系或者其他利害关系的，不得承担该项建设工程的监理业务。

（3）工程监理单位应当依照法律、法规以及有关技术标准、设计文件和建设工程承包合同，代表建设单位对施工质量实施监理，并对施工质量承担监理责任。

（4）工程监理单位应当选派具备相应资格的总监理工程师和监理工程师进驻施工现场。未经监理工程师签字，建筑材料、建筑构配件和设备不得在工程上使用或者安装，施工单位不得进行下一道工序的施工。未经总监理工程师签字，建设单位不拨付工程款，不进行竣工验收。

（5）监理工程师应当按照工程监理规范的要求，采取旁站、巡视和平行检验等形式，对建设工程实施监理。

## 3.1.3 项目质量的影响因素

建设工程项目质量的影响因素，主要是指在项目质量目标策划、决策和实现过程中影响质量形成的各种客观因素和主观因素，包括人的因素、机械因素、材料因素、方法因素和环境因素（简称人、机、料、法、环）等。

### 1. 人的因素

在工程项目质量管理中，人的因素起决定性的作用。项目质量控制应以控制人的因素为基本出发点。影响项目质量的人的因素，包括两个方面：一是指直接履行项目质量职能的决策者、管理者和作业者个人的质量意识及质量活动能力；二是指承担项目策划、决策或实施的建设单位、勘察设计单位、咨询服务机构、工程承包企业等实体组织的质量管理体系及其管理能力。前者是个体的人，后者是群体的人。我国实行建筑业企业经营资质管理制度、市场准入制度、执业资格注册制度、作业及管理人员持证上岗制度等，从本质上说，都是对从事建设工程活动的人的素质和能力进行必要的控制。人，作为控制对象，人的工作应避免失误；作为控制动力，应充分调动人的积极性，发挥人的主导作用。因此，必须有效控制项目参与各方的人员素质，不断提高人的质量活动能力，才能保证项目质量。

### 2. 机械的因素

机械包括工程设备、施工机械和各类施工工器具。工程设备是指组成工程实体的工艺设备和各类机具，如各类生产设备、装置和辅助配套的电梯、泵机，以及通风空调、消防、环保设备等，它们是工程项目的重要组成部分，其质量的优劣，直接影响到工程使用功能的发挥。施工机械和各类工器具是指施工过程中使用的各类机具设备，包括运输设备、吊装设备、操作工具、测量仪器、计量器具以及施工安全设施等。施工机械设备是所有施工方案和工法得以实施的重要物质基础，合理选择和正确使用施工机械设备是保证项目施工质量和安全的重要条件。

### 3. 材料的因素

材料包括工程材料和施工用料，又包括原材料、半成品、成品、构配件和周转材料等。各类材料是工程施工的基本物质条件，材料质量是工程质量的基础，材料质量不符合要求，工程质量就不可能达到标准。所以加强对材料的质量控制，是保证工程质量的基础。

### 4. 方法的因素

方法的因素也可以称为技术因素，包括勘察、设计、施工所采用的技术和方法，以及工程检测、试验的技术和方法等。从某种程度上说，技术方案和工艺水平的高低，决定了项目质量的优劣。依据科学的理论，采用先进合理的技术方案和措施，按照规范进行勘察、设计、施工，必将对保证项目的结构安全和满足使用功能，对组成质量因素的产品精度、强度、平整度、清洁度、耐久性等物理、化学特性等方面起到良好的推进作用。例如，建设主管部门近年在建筑业中推广应用的 10 项新的应用技术，包括地基基础和地下空间工程技术、高性能混凝土技术、高效钢筋和预应力技术、新型模板及脚手架应用技术、钢结构技术、建筑防水技术等，对消除质量通病保证建设工程质量起到了积极作用，收到了明显的效果。

### 5. 环境的因素

影响项目质量的环境因素，又包括项目的自然环境因素、社会环境因素、管理环境因素和作业环境因素。

（1）自然环境因素。自然环境因素主要指工程地质、水文、气象条件和地下障碍物以及其他不可抗力等影响项目质量的因素。例如，复杂的地质条件必然对地基处理和房屋基础设计提出更高的要求，处理不当就会对结构安全造成不利影响；在地下水位高的地区，若在雨期进行基坑开挖，遇到连续降雨或排水困难，就会引起基坑塌方或地基受水浸泡影响承载力等；在寒冷地区冬期施工措施不当，工程会因受到冻融而影响质量；在基层未干燥或大风天进行卷材屋面防水层的施工，就会导致粘贴不牢及空鼓等质量问题等。

（2）社会环境因素。社会环境因素主要是指会对项目质量造成影响的各种社会环境因素，包括国家建设法律法规的健全程度及其执法力度；建设工程项目法人决策的理性化程度以及建筑业经营者的经营管理理念；建筑市场包括建设工程交易市场和建筑生产要素市场的发育程度及交易行为的规范程度；政府的工程质量监督及行业管理成熟程度；建设咨询服务业的发展程度及其服务水准的高低；廉政管理及行风建设的状况等。

（3）管理环境因素。管理环境因素主要是指项目参建单位的质量管理体系、质量管理制度和各参建单位之间的协调等因素。例如，参建单位的质量管理体系是否健全，运行是否有效，决定了该单位的质量管理能力；在项目施工中根据承发包的合同结构，理顺管理关系，建立统一的现场施工组织系统和质量管理的综合运行机制，确保工程项目质量保证体系处于良好的状态，创造良好的质量管理环境和氛围，则是施工顺利进行，提高施工质量的保证。

（4）作业环境因素。作业环境因素主要指项目实施现场平面和空间环境条件，各种能源介质供应，施工照明、通风、安全防护设施，施工场地给排水，以及交通运输和道路条件等因素。这些条件是否良好，都直接影响到施工能否顺利进行，以及施工质量能否得到保证。

上述因素对项目质量的影响，具有复杂多变和不确定性的特点。对这些因素进行控制，是项目质量控制的主要内容。

# 3.2 建筑工程项目质量控制体系

## 3.2.1 全面质量管理思想和方法的应用

### 1. 全面质量管理（TQC）的思想

全面质量管理（Total Quality Control，TQC）是 20 世纪中期开始在欧美和日本广泛应用的质量管理理念和方法。我国从 20 世纪 80 年代开始引进和推广全面质量管理，其基本原理就是强调在企业或组织最高管理者的质量方针指引下，实行全面、全过程和全员参与的质量管理。

TQC 的主要特点：以顾客满意为宗旨；领导参与质量方针和目标的制定；提倡预防为主、科学管理、用数据说话等。在当今世界标准化组织颁布的 ISO 9000: 2015 质量管理体系标准中，处处都体现了这些重要特点和思想。建设工程项目的质量管理，同样应贯彻"三全"管理的思想和方法。

（1）全面质量管理。建设工程项目的全面质量管理，是指项目参与各方所进行的工程项目质量管理的总称，其中包括工程（产品）质量和工作质量的全面管理。工作质量是产品质量的保证，工作质量直接影响产品质量的形成。建设单位、监理单位、勘察单位、设计单位、施工总承包单位、施工分包单位、材料设备供应商等，任何一方、任何环节的怠慢疏忽或质量责任不落实都会造成对建设工程质量的不利影响。

（2）全过程质量管理。全过程质量管理，是指根据工程质量的形成规律，从源头抓起，全过程推进。《质量管理体系　要求》（GB/T 19000—2015/ISO 9000: 2015）强调质量管理的"过程方法"管理原则，要求应用"过程方法"进行全过程质量控制。要控制的主要过程有：项目策划与决策过程；勘察设计过程；设备材料采购过程；施工组织与实施过程；检测设施控制与计量过程；施工生产的检验试验过程；工程质量的评定过程；工程竣工验收与交付过程；工程回访维修服务过程等。

（3）全员参与质量管理。按照全面质量管理的思想，组织内部的每个部门和工作岗位都承担着相应的质量职能，组织的最高管理者确定了质量方针和目标，就应组织和动员全体员工参与到实施质量方针的系统活动中去，发挥自己的角色作用。开展全员参与质量管理的重要手段就是运用目标管理方法，将组织的质量总目标逐级进行分解，使之形成自上而下的质量目标分解体系和自下而上的质量目标保证体系，发挥组织系统内部每个工作岗位、部门或团队在实现质量总目标过程中的作用。

### 2. 质量管理的 PDCA 循环

在长期的生产实践和理论研究中形成的 PDCA 循环，是建立质量管理体系和进行质量管理的基本方法。PDCA 循环如图 3-1 所示。

从某种意义上说，管理就是确定任务目标，并通过 PDCA 循环来实现预期目标。每一循环都围绕着实现预期的目标，进行计划、实施、检查和处置活动，随着对存在问题的解决与改进，在一次一次的滚动循环中不断上升，不断增强质量管理能力，不断增强质量水平。每一个循环的四大职能活动相互联系，共同构成了质量管理的系统过程。

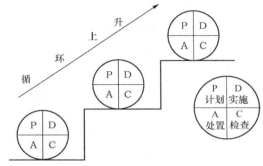

图 3-1　PDCA 循环示意图

（1）计划 P（Plan）。计划是由目标和实现目标的手段组成。所以说计划是一条"目标—手段链"。质量管理的计划职能，包括确定质量目标和制订实现质量目标的行动方案两方面。实践表明，质量计划的严谨周密、经济合理和切实可行，是保证工作质量、产品质量和服务质量的前提条件。

建设工程项目的质量计划，是由项目参与各方根据其在项目实施中所承担的任务、责任范围和质量目标，分别制订质量计划而形成的质量计划体系。其中，建设单位的工程项目质量计划，包括确定和论证项目总体的质量目标，制订项目质量管理的组织、制度、工作程序、方法和要求。项目其他各参与方，则根据国家法律法规和工程合同规定的质量责任和义务，在明确各自质量目标的基础上，制订实施相应范围质量管理的行动方案，包括技术方法、业务流程、资源配置、检验试验要求、质量记录方式、不合格处理及相应管理措施等具体内容和做法的质量管理文件，同时亦须对其实现预期目标的可行性、有效性、经济合理性进行分析论证，并按照规定的程序与权限，经过审批后执行。

（2）实施 D（Do）。实施职能在于将质量的目标值，通过生产要素的投入、作业技术活动和产出过程，转换为质量的实际值。为保证工程质量的产出或形成过程能够达到预期的结果，在各项质量活动实施前，要根据质量管理计划进行行动方案的部署和交底；交底的目的在于使具体的作业者和管理者明确计划的意图和要求，掌握质量标准及其实现的程序与方法。在质量活动的实施过程中，则要求严格执行计划的行动方案，规范行为，把质量管理计划的各项规定和安排落实到具体的资源配置和作业技术活动中去。

（3）检查 C（Check）。检查指对计划实施过程进行各种检查，包括作业者的自检、互检和专职管理者专检。各类检查也都包含两大方面：一是检查是否严格执行了计划的行动方案，实际条件是否发生了变化，不执行计划的原因；二是检查计划执行的结果，即产出的质量是否达到标准的要求，对此进行确认和评价。

（4）处置 A（Action）。对于质量检查所发现的质量问题或质量不合格，及时进行原因分析，采取必要的措施，予以纠正，保持工程质量形成过程的受控状态。处置分纠偏和预防改进两个方面。前者是采取有效措施，解决当前的质量偏差、问题或事故；后者是将目前质量状况信息反馈到管理部门，反思问题症结或计划时的不周，确定改进目标和措施，为今后类似质量问题的预防提供借鉴。

## 3.2.2 项目质量控制体系的建立和运行

建设工程项目的实施，涉及业主方、设计方、施工方、监理方、供应方等多方质量责任主体的活动，各方主体各自承担不同的质量责任和义务。为了有效地进行系统、全面的质量控制，必须由项目实施的总负责单位，负责建设工程项目质量控制体系的建立和运行，实施质量目标的控制。

### 1. 项目质量控制体系的建立

项目质量控制体系的建立过程，实际上就是项目质量总目标的确定和分解过程，也是项目各参与方之间质量管理关系和控制责任的确立过程。为了保证质量控制体系的科学性和有效性，必须明确体系建立的原则、内容、程序和主体。

（1）建立的原则。实践经验表明，项目质量控制体系的建立，遵循以下原则对于质量目标的规划、分解和有效实施控制是非常重要的。

① 分层次规划原则。项目质量控制体系的分层次规划，是指项目管理的总组织者（建设单位或代建制项目管理企业）和承担项目实施任务的各参与单位，分别进行不同层次和范围的建设工程项目质量控制体系规划。

② 目标分解原则。项目质量控制系统总目标的分解，是根据控制系统内工程项目的分解结构，将工程项目的建设标准和质量总体目标分解到各个责任主体，明示于合同条件，由各责任主体制订出相应的质量计划，确定其具体的控制方式和控制措施。

③ 质量责任制原则。项目质量控制体系的建立，应按照《建筑法》和《建设工程质量管理条例》有关工程质量责任的规定，界定各方的质量责任范围和控制要求。

④ 系统有效性原则。项目质量控制体系，应从实际出发，结合项目特点、合同结构和项目管理组织系统的构成情况，建立项目各参与方共同遵循的质量管理制度和控制措施，并形成有效的运行机制。

（2）建立的程序。项目质量控制体系的建立过程，一般可按以下环节依次展开工作。

① 确立系统质量控制网络。首先明确系统各层面的工程质量控制负责人。一般应包括承担项目实施任务的项目经理（或工程负责人）、总工程师，项目监理机构的总监理工程师、专业监理工程师等，以形成明确的项目质量控制责任者的关系网络架构。

② 制定质量控制制度。质量控制制度包括质量控制例会制度、协调制度、报告审批制度、质量验收制度和质量信息管理制度等，形成建设工程项目质量控制体系的管理文件或手册，作为承担建设工程项目实施任务各方主体共同遵循的管理依据。

③ 分析质量控制界面。项目质量控制体系的质量责任界面，包括静态界面和动态界面。一般说静态界面根据法律法规、同条件、组织内部职能分工来确定。动态界面主要是指项目实施过程中设计单位之间、施工单位之间、设计与施工单位之间的衔接配合关系及其责任划分，必须通过分析研究，确定管理原则与协调方式。

④ 编制质量控制计划。项目管理总组织者，负责主持编制建设工程项目总质量计划，并根据质量控制体系的要求，部署各质量责任主体编制与其承担任务范围相符合的质量计划，并按规定程序完成质量计划的审批，作为其实施自身工程质量控制的依据。

（3）建立质量控制体系的责任主体。根据建设工程项目质量控制体系的性质、特点和结构，一般情况下，项目质量控制体系应由建设单位或工程项目总承包企业的工程项目管理机构负责建立；在分阶段依次对勘察、设计、施工、安装等任务进行分别招标发包的情况下，该体系通常应由建设单位或其委托的工程项目管理企业负责建立，并由各承包企业根据项目质量控制体系的要求，建立隶属于总的项目质量控制体系的设计项目、施工项目、采购供应项目等分质量保证体系。

## 2．项目质量控制体系的运行

项目质量控制体系的建立，为项目的质量控制提供了组织制度方面的保证；项目质量控制体系的运行，实质上就是系统功能的发挥过程，也是质量活动职能和效果的控制过程。质量控制体系要有效地运行，还有赖于系统内部的运行环境和运行机制的完善。

（1）运行环境

项目质量控制体系的运行环境，主要是指以下几方面为系统运行提供支持的管理关系、组织制度和资源配置的条件。

① 项目的合同结构。建设工程合同是联系建设工程项目各参与方的纽带，只有在项目合同结构合理，质量标准和责任条款明确，并严格进行履约管理的条件下，质量控制体系的运行才能成为各方的自觉行动。

② 质量管理的资源配置。质量管理的资源配置，包括专职的工程技术人员和质量管理人员的配置；实施技术管理和质量管理所必需的设备、设施、器具、软件等物质资源的配置。人员和资源的合理配置是质量控制体系得以运行的基础条件。

③ 质量管理的组织制度。项目质量控制体系内部的各项管理制度和程序性文件的建立，为质量控制系统各个环节的运行，提供必要的行动指南、行为准则和评价基准的依据，是系统有序运行的基本保证。

（2）运行机制

项目质量控制体系的运行机制，是由一系列质量管理制度安排所形成的内在动力。运行机制是质量控制体系的生命，机制缺陷是造成系统运行无序、失效和失控的重要原因。

因此，在系统内部的管理制度设计时，必须予以高度的重视，防止重要管理制度的缺失、制度本身的缺陷、制度之间的矛盾等现象出现，才能为系统的运行注入动力机制、约束机制、反馈机制和持续改进机制。

① 动力机制。动力机制是项目质量控制体系运行的核心机制，它来源于公正、公开、公平的竞争机制和利益机制的制度设计或安排。这是因为项目的实施过程是由多主体参与的价值增值链，只有保持合理的供方及分供方等各方关系，才能形成合力，是项目管理成功的重要保证。

② 约束机制。没有约束机制的控制体系是无法使工程质量处于受控状态的。约束机制取决

于各质量责任主体内部的自我约束能力和外部的监控效力。约束能力表现为组织及个人的经营理念、质量意识、职业道德及技术能力的发挥；监控效力取决于项目实施主体外部对质量工作的推动和检查监督。两者相辅相成，构成了质量控制过程的制衡关系。

③ 反馈机制。运行状态和结果的信息反馈，是对质量控制系统的能力和运行效果进行评价，并为及时做出处置提供决策依据。因此，必须有相关的制度安排，保证质量信息反馈的及时和准确；坚持质量管理者深入生产第一线，掌握第一手资料，才能形成有效的质量信息反馈机制。

④ 持续改进机制。在项目实施的各个阶段，不同的层面、不同的范围和不同的质量责任主体之间，应用 PDCA 循环原理，即计划、实施、检查和处置不断循环的方式展开质量控制，同时注重抓好控制点的设置，加强重点控制和例外控制，并不断寻求改进机会、研究改进措施，才能保证建设工程项目质量控制系统的不断完善和持续改进，不断提高质量控制能力和控制水平。

## 3.2.3　施工企业质量管理体系的建立与认证

建筑施工企业质量管理体系是企业为实施质量管理而建立的管理体系，通过第三方质量认证机构的认证，为该企业的工程承包经营和质量管理奠定基础。企业质量管理体系应按照我国GB/T 19000—2015 质量管理体系族标准进行建立和认证。该标准是我国按照等同原则，采用国际标准化组织颁布的 ISO 9000：2015 质量管理体系族标准制定的。其内容主要包括 ISO 9000：2015 族标准提出的质量管理七项原则，企业质量管理体系文件的构成，以及企业质量管理体系的建立与运行、认证与监督等相关知识。

1. 质量管理七项原则

质量管理七项原则是 ISO 9000 族标准的编制基础，是世界各国质量管理成功经验的科学总结，其中不少内容与我国全面质量管理的经验吻合。它的贯彻执行能促进企业管理水平的提高，提高顾客对其产品或服务的满意程度，帮助企业达到持续成功的目的。质量管理八项原则的具体内容如下所述。

（1）以顾客为关注焦点

满足顾客需求是相当重要的，因为组织的持续成功主要取决于顾客。首先，要全面识别和了解组织现在和未来顾客的需求，其次，就要为超越顾客期望做一切努力。同时还要考虑组织利益相关方的需要和期望。

（2）领导作用

领导作用是通过设定愿景、方针展开，确立统一的组织宗旨和方向，指导员工，引导组织按正确的方向前进来实现的。领导的主要作用是率先发扬道德行为，维护好内部环境，鼓励员工在活动中承担义务以实现组织的目标。

（3）全员参与

懂得全面担责并有胜任能力的员工在为提升组织的全面绩效做贡献，他们构成了组织管理的基础。组织的绩效最终是由员工决定的。员工是一种特殊的资源，因为他们不仅不会被损耗掉，而且具有提升胜任能力的潜力。组织应懂得员工的这种重要性和独特性。为了有效和有效率地管理组织，使每个员工都担责，提高员工的知识和技能，激励员工，尊重员工是至关重要的。

（4）过程方法

把组织的活动作为过程加以管理，以加强其提供过程结果的能力。对相互作用的过程和相应资源作为系统加以管理，以提高实现目标的能力。为了建立一个好的质量管理体系，组织要将质量管理系统视为一个系统是相当重要的，这个体系有一个统一的目标，并且由一系列过程所组成。要考虑整个体系与各组成部分，以及各个组成部分之间的关系。要用焦点导向的方法，设计、实施和改进质量管理体系，以便实现全面优化。

组织通过规定输入、输出、活动、资源、测量指标和组成体系的过程控制点，识别影响过程输出的因素，对一系列活动和资源进行管理，就能有效和有效率地实施质量管理体系。

建立实施质量管理体系的工作内容一般包括：①确定顾客期望；②建立质量目标和方针；③确定实现目标的过程和职责；④确定必须提供的资源；⑤规定测量过程有效性的方法；⑥实施测量确定过程的有效性；⑦确定防止不合格并清除产生原因的措施；⑧建立和应用改进质量管理体系的过程。

（5）改进

任何类型的改变都为组织提供了宝贵的机会。基于对持续提高组织能力的理解，组织提倡为更好而做改变。面临经营环境的变化，若组织要在为顾客提供价值上取得持续成功，就必须维护好企业文化和价值观。这些文化和价值观注重组织的成长，积极倡导基于学习能力、自主和敏捷性的改进和创新。

（6）基于证据的决策

根据证据对组织的活动进行管理。以证据为依据的管理是通过识别关键指标、测量和监视、分析测量和监视数据，以及根据结果分析进行决策来实现的。

（7）关系管理

在价值网络里开展合作，提升组织为顾客提供价值的能力。没有一个组织能靠单打独斗向顾客提供价值使他们满意。组织只有全面了解对为顾客提供价值来说非常重要的供应网络，与组成这一网络的合作伙伴和供应商保持恰当的关系才能持续成功。

## 2. 企业质量管理体系文件构成

组织的质量管理体系应包括标准所要求的形成文件的信息以及组织确定的为确保质量管理体系有效运行所需的形成文件的信息。质量管理标准所要求的质量管理体系文件一般由下列内容构成，这些文件的详略程度无统一规定，以适合于企业使用，使过程受控为准则。

（1）质量方针和质量目标。质量方针和质量目标一般都以简明的文字来表述，是企业质量管理的方向目标，是反映用户及社会对工程质量的要求及企业相应的质量水平和服务承诺，也是企业质量经营理念的反映。

（2）质量手册。质量手册是规定企业组织质量管理体系的文件，质量手册对企业质量体系做系统、完整和概要的描述。其内容一般包括：企业的质量方针、质量目标，组织机构及质量职责，体系要素或基本控制程序，质量手册的评审、修改和控制的管理办法。

质量手册作为企业质量管理系统的纲领性文件应具备指令性、系统性、协调性、先进性、可行性和可检查性。

（3）程序性文件。各种生产、工作和管理的程序文件是质量手册的支持性文件，是企业各职能部门为落实质量手册要求而规定的细则，企业为落实质量管理工作而建立的各项管理标准、规章制度都属于程序文件范畴。各企业程序文件的内容及详略可视企业情况而定。一般有以下六个方面的程序为通用性管理程序，各类企业都应在程序文件中制定：

① 文件控制程序；

② 质量记录管理程序；

③ 内部审核程序；

④ 不合格品控制程序；

⑤ 纠正措施控制程序；

⑥ 预防措施控制程序。

除以上六个程序以外，涉及产品质量形成过程各环节控制的程序文件，如生产过程、服务过程、管理过程、监督过程等管理程序文件，可视企业质量控制的需要而制定，不做统一规定。

为确保过程的有效运行和控制，在程序文件的指导下，尚可按管理需要编制相关文件，如作业指导书、具体工程的质量计划等。

（4）质量记录。质量记录是产品质量水平和质量体系中各项质量活动进行及结果的客观反映，对质量体系程序文件所规定的运行过程及控制测量检查的内容如实加以记录，用以证明产品质量达到合同要求及质量保证的满足程度。如在控制体系中出现偏差，则质量记录不仅需反映偏差情况，而且应反映出针对不足之处所采取的纠正措施及纠正效果。

质量记录应完整地反映质量活动实施、验证和评审的情况，并记载关键活动的过程参数，具有可追溯性的特点。质量记录以规定的形式和程序进行，并有实施、验证、审核等签署意见。

不同组织的质量管理体系文件的多少与详略程度可以不同，取决于：组织的规模、活动类型、过程、产品和服务；过程及其相互作用的复杂程度；人员的能力。

### 3. 企业质量管理体系的建立和运行

（1）企业质量管理体系的建立

① 企业质量管理体系的建立，是在确定市场及顾客需求的前提下，按照八项质量管理原则制定企业的质量方针、质量目标、质量手册、程序文件及质量记录等体系文件，并将质量目标分解落实到相关层次、相关岗位的职能和职责中，形成企业质量管理体系的执行系统。

② 企业质量管理体系的建立还包含组织企业不同层次的员工进行培训，使体系的工作内容和执行要求为员工所了解，为形成全员参与的企业质量管理体系的运行创造条件。

③ 企业质量管理体系的建立需识别并提供实现质量目标和持续改进所需的资源，包括人员、基础设施、环境、信息等。

（2）企业质量管理体系的运行

① 企业质量管理体系的运行是在生产及服务的全过程，按质量管理体系文件所制定的程序、标准、工作要求及目标分解的岗位职责进行运作。

② 在企业质量管理体系运行的过程中，按各类体系文件的要求，监视、测量和分析过程的有效性和效率，做好文件规定的质量记录，持续收集、记录并分析过程的数据和信息，全面反映产品质量和过程符合要求，并具有可追溯的效能。

③ 按文件规定的办法进行质量管理评审和考核。对过程运行的评审考核工作，应针对发现的主要问题，采取必要的改进措施，使这些过程达到所策划的结果并实现对过程的持续改进。

④ 落实质量体系的内部审核程序，有组织有计划地开展内部质量审核活动，其主要目的是：

- 评价质量管理程序的执行情况及适用性；

- 揭露过程中存在的问题，为质量改进提供依据；

- 检查质量体系运行的信息；

- 向外部审核单位提供体系有效的证据。

为确保系统内部审核的效果，企业领导应发挥决策领导作用，制定审核政策和计划，组织内审人员队伍，落实内审条件，并对审核发现的问题采取纠正措施，提供人、财、物等方面的支持。

### 4. 企业质量管理体系的认证与监督

《建筑法》规定，国家对从事建筑活动的单位推行质量体系认证制度。

（1）企业质量管理体系认证的意义。质量认证制度是由公正的第三方认证机构对企业的产品及质量体系做出正确可靠的评价，从而使社会对企业的产品建立信心。第三方质量认证制度自 20 世纪 80 年代以来已得到世界各国的普遍重视，它对供方、需方、社会和国家的利益具有以下重要意义：

① 提高供方企业的质量信誉；

② 促进企业完善质量体系；

③ 增强国际市场竞争能力；

④ 减少社会重复检验和检查费用；

⑤ 有利于保护消费者利益；

⑥ 有利于法规的实施。

（2）企业质量管理体系认证的程序。

① 申请和受理。具有法人资格，并已按 GB/T 19000—2015 族标准或其他国际公认的质量体系规范建立了文件化的质量管理体系，并在生产经营全过程贯彻执行的企业可提出申请。申请单位须按要求填写申请书。认证机构经审查符合要求后接受申请，如不符合要求则不接受申请，接受或不接受均予发出书面通知书。

② 审核。认证机构派出审核组对申请方质量管理体系进行检查和评定，包括文件审查、现场审核，并提出审核报告。

③ 审批与注册发证。认证机构对审核组提出的审核报告进行全面审查，对符合标准者予以批准并注册，发给认证证书（内容包括证书号、注册企业名称地址、认证和质量管理体系覆盖产品的范围、评价依据及质量保证模式标准及说明、发证机构、签发人和签发日期）。

（3）获准认证后的维持与监督管理。企业质量管理体系获准认证的有效期为 3 年。获准认证后，企业应通过经常性的内部审核，维持质量管理体系的有效性，并接受认证机构对企业质量管理体系实施监督管理。

获准认证后的质量管理体系，维持与监督管理内容如下。

① 企业通报。认证合格的企业质量管理体系在运行中出现较大变化时，需向认证机构通报。认证机构接到通报后，视情况采取必要的监督检查措施。

② 监督检查。认证机构对认证合格单位质量管理体系维持情况进行监督性现场检查，包括定期和不定期的监督检查。定期检查通常是每年一次，不定期检查视需要临时安排。

③ 认证注销。注销是企业的自愿行为。在企业质量管理体系发生变化或证书有效期届满未提出重新申请等情况下，认证持证者提出注销的，认证机构予以注销，收回该体系认证证书。

④ 认证暂停。认证暂停是认证机构对获证企业质量管理体系发生不符合认证要求情况时采取的警告措施。认证暂停期间，企业不得使用质量管理体系认证证书做宣传。企业在规定期间采取纠正措施满足规定条件后，认证机构撤销认证暂停；否则将撤销认证注册，收回合

格证书。

⑤ 认证撤销。当获证企业发生质量管理体系存在严重不符合规定，或在认证暂停的规定期限未予整改，或发生其他构成撤销体系认证资格情况时，认证机构做出撤销认证的决定。企业不服可提出申诉。撤销认证的企业一年后可重新提出认证申请。

⑥ 复评。认证合格有效期满前，如企业愿继续延长，可向认证机构提出复评申请。

⑦ 重新换证。在认证证书有效期内，出现体系认证标准变更、体系认证范围变更、体系认证证书持有者变更，可按规定重新换证。

# 3.3 建筑工程项目质量控制

建筑工程项目的施工质量控制，有两个方面的含义：一是指项目施工单位的施工质量控制，包括施工总承包、分包单位，综合的和专业的施工质量控制；二是指广义的施工阶段项目质量控制，即除了施工单位的施工质量控制外，还包括建设单位、设计单位、监理单位以及政府质量监督机构，在施工阶段对项目施工质量所实施的监督管理和控制职能。

因此，项目管理者应全面理解施工质量控制的内涵，掌握项目施工阶段质量控制的目标、依据与基本环节，以及施工质量计划的编制和施工生产要素、施工准备工作和施工作业过程的质量控制方法。

## 3.3.1　施工质量控制的依据与基本环节

### 1. 施工质量的基本要求

工程项目施工是实现项目设计意图形成工程实体的阶段，是最终形成项目质量和实现项目使用价值的阶段。项目施工质量控制是整个工程项目质量控制的关键和重点。

施工质量要达到的最基本要求是：通过施工形成的项目工程实体质量经检查验收合格。

项目施工质量验收合格应符合下列要求：

（1）符合《建筑工程施工质量验收统一标准》（GB 50300—2013）和相关专业验收规范的规定；

（2）符合工程勘察、设计文件的要求；

（3）符合施工承包合同的约定。

上述要求（1）是国家法律、法规的要求。国家建设行政主管部门为了加强建筑工程质量管理，规范建筑工程施工质量的验收，保证工程质量，制订了相应的标准和规范。这些标准、规范是主要从技术的角度，为保证房屋建筑各专业工程的安全性、可靠性、耐久性而提出的一般性要求。

要求（2）是勘察、设计对施工提出的要求。工程勘察、设计单位针对本工程的水文地质条件，根据建设单位的要求，从技术和经济结合的角度，为满足工程的使用功能和安全性、经济性、与环境的协调性等要求，以图纸、文件的形式对施工提出要求，是针对每个工程项目的个性化要求。

要求（3）是施工承包合同约定的要求。施工承包合同的约定具体体现了建设单位的要求和施工单位的承诺，合同的约定全面体现了对施工形成的工程实体的适用性、安全性、耐久性、可靠性、经济性和与环境的协调性等六个方面质量特性的要求。

为了达到上述要求，项目的建设单位、勘察单位、设计单位、施工单位、工程监理单位应切实履行法定的质量责任和义务，在整个施工阶段对影响项目质量的各项因素实行有效的控制，以保证项目实施过程的工作质量来保证项目工程实体的质量。

"合格"是对项目质量的最基本要求，国家鼓励采用先进的科学技术和管理方法，提高建设工程质量。全国和地方（部门）的建设主管部门或行业协会设立了"中国建筑工程鲁班奖（国家优质工程）"以及"长城杯奖""白玉兰奖"、以"某某杯"命名的各种优质工程奖等，都是为了鼓励项目参建单位创造更好的工程质量。

2. 施工质量控制的依据

（1）共同性依据指适用于施工质量管理有关的、通用的、具有普遍指导意义和必须遵守的基本法规，主要包括：国家和政府有关部门颁布的与工程质量管理有关的法律法规性文件，如《建筑法》《中华人民共和国招标投标法》和《建设工程质量管理条例》等。

（2）专业技术性依据指针对不同的行业、不同质量控制对象制定的专业技术规范文件，包括规范、规程、标准、规定等，如：工程建设项目质量检验评定标准，有关建筑材料、半成品和构配件质量方面的专门技术法规性文件，有关材料验收、包装和标志等方面的技术标准和规定，施工工艺质量等方面的技术法规性文件，有关新工艺、新技术、新材料、新设备的质量规定和鉴定意见等。

（3）项目专用性依据指本项目的工程建设合同、勘察设计文件、设计交底及图纸会审记录、设计修改和技术变更通知，以及相关会议记录和工程联系单等。

3. 施工质量控制的基本环节

施工质量控制应贯彻全面、全员、全过程质量管理的思想，运用动态控制原理，进行质量的事前控制、事中控制和事后控制。

（1）事前质量控制，即在正式施工前进行的事前主动质量控制，通过编制施工质量计划，明确质量目标，制订施工方案，设置质量管理点，落实质量责任，分析可能导致质量目标偏离的各种影响因素，针对这些影响因素制定有效的预防措施，防患于未然。

事前质量预控必须充分发挥组织的技和管理面的整体优势，把长期形成的先进技术、管理方法和经验智慧，创造性地应用于工程项目。

事前质量预控要求针对质量控制对象的控制目标、活动条件、影响因素进行周密分析，找出薄弱环节，制定有效的控制措施和对策。

（2）事中质量控制指在施工质量形成过程中，对影响施工质量的各种因素进行全面的动态控制。事中质量控制也称作业活动过程质量控制，包括质量活动主体的自我控制和他人监控的控制方式。自我控制是第一位的，即作业者在作业过程对自己质量活动行为的约束和技术能力的发挥，以完成符合预定质量目标的作业任务；他人监控是对作业者的质量活动过程和结果，由来自企业内部管理者和企业外部有关方面进行监督检查，如工程监理机构、政府质量监督部门等的监控。

施工质量的自控和监控是相辅相成的系统过程。自控主体的质量意识和能力是关键，是施工质量的决定因素；各监控主体所进行的施工质量监控是对自控行为的推动和约束。

因此，自控主体必须正确处理自控和监控的关系，在致力于施工质量自控的同时，还必须接受来自业主、监理等方面对其质量行为和结果所进行的监督管理，包括质量检查、评价和验收。自控主体不能因为监控主体的存在和监控职能的实施而减轻或免除其质量责任。

事中质量控制的目标是确保工序质量合格，杜绝质量事故发生；控制的关键是坚持质量标准；控制的重点是工序质量、工作质量和质量控制点的控制。

（3）事后质量控制也称为事后质量把关，以使不合格的工序或最终产品（包括单位工程或整个工程项目）不流入下道工序，不进入市场。事后控制包括对质量活动结果的评价、认定，对工序质量偏差的纠正，对不合格产品进行整改和处理。控制的重点是发现施工质量方面的缺陷，并通过分析提出施工质量改进的措施，保持质量处于受控状态。

以上三大环节不是互相孤立和截然分开的，它们共同构成有机的系统过程，实质上也就是质量管理 PDCA 循环的具体化，在每一次滚动循环中不断提高，达到质量管理和质量控制的持续改进。

## 3.3.2　施工质量计划的内容与编制方法

按照《质量管理体系　基础和术语》（GB/T 19000—2015/ISO 9000: 2015），质量计划是质量管理体系文件的组成内容。在合同环境下，质量计划是企业向顾客表明质量管理方针、目标及其具体实现的方法、手段和措施的文件，体现企业对质量责任的承诺和实施的具体步骤。

1. 施工质量计划的形式和内容

在建筑施工企业的质量管理体系中，以施工项目为对象的质量计划称为施工质量计划。

（1）施工质量计划的形式。目前，我国除了已经建立质量管理体系的施工企业直接采用施工质量计划的形式外，通常还采用在工程项目施工组织设计或施工项目管理实施规划中包含质量计划内容的形式，因此，现行的施工质量计划有三种形式：

① 工程项目施工质量计划；

② 工程项目施工组织设计（含施工质量计划）；

③ 施工项目管理实施规划（含施工质量计划）。

施工组织设计或施工项目管理实施规划之所以能发挥施工质量计划的作用，这是因为根据建筑生产的技术经济特点，每个工程项目都需要进行施工生产过程的组织与计划，包括施工质量、进度、成本、安全等目标的设定，实现目标的计划和控制措施的安排等。因此，施工质量计划所要求的内容，理所当然地被包含于施工组织设计或项目管理实施规划中，而且能够充分体现施工项目管理目标（质量、工期、成本、安全）的关联性、制约性和整体性，这也和全面质量管理的思想方法相一致。

（2）施工质量计划的基本内容。在已经建立质量管理体系的情况下，质量计划的内容必须全面体现和落实企业质量管理体系文件的要求（也可引用质量体系文件中的相关条文），编制程序、内容和编制依据符合有关规定，同时结合本工程的特点，在质量计划中编写专项管理要求。施工质量计划的基本内容一般应包括：

① 工程特点及施工条件（合同条件、法规条件和现场条件等）分析；

② 质量总目标及其分解目标；

③ 质量管理组织机构和职责，人员及资源配置计划；

④ 确定施工工艺与操作方法的技术方案和施工组织方案；

⑤ 施工材料、设备等物资的质量管理及控制措施；

⑥ 施工质量检验、检测、试验工作的计划安排及其实施方法与检测标准；

⑦ 施工质量控制点及其跟踪控制的方式与要求；

⑧ 质量记录的要求等。

2. 施工质量计划的编制与审批

建设工程项目施工任务的组织，无论业主方采用平行发包还是总分包方式，都将涉及多方参与主体的质量责任。也就是说，建筑产品的直接生产过程，是在协同方式下进行的，因此，在工程项目质量控制系统中，要按照谁实施、谁负责的原则，明确施工质量控制的主体构成及其各自的控制范围。

（1）施工质量计划的编制主体。施工质量计划应由自控主体即施工承包企业进行编制。在平行发包方式下，各承包单位应分别编制施工质量计划；在总分包模式下，施工总承包单位应编制总承包工程范围的施工质量计划，各分包单位编制相应分包范围的施工质量计划，作为施工总承包方质量计划的深化和组成部分。施工总承包方有责任对各分包方施工质量计划的编制进行指导和审核，并承担相应施工质量的连带责任。

（2）施工质量计划涵盖的范围。施工质量计划涵盖的范围，按整个工程项目质量控制的要求，应与建筑安装工程施工任务的实施范围相一致，以此保证整个项目建筑安装工程的施工质量总体受控；对具体施工任务承包单位而言，施工质量计划涵盖的范围，应能满足其履行工程承包合同质量责任的要求。项目的施工质量计划，应在施工程序、控制组织、控制措施、控制方式等方面，形成一个有机的质量计划系统，确保实现项目质量总目标和各分解目标的控制能力。

（3）施工质量计划的审批。施工单位的项目施工质量计划或施工组织设计文件编成后，应按照工程施工管理程序进行审批，包括施工企业内部的审批和项目监理机构的审查。

① 企业内部的审批。施工单位的项目施工质量计划或施工组织设计的编制与内部审批，应根据企业质量管理程序性文件规定的权限和流程进行。通常是由项目经理部主持编制，报企业组织管理层批准。

施工质量计划或施工组织设计文件的内部审批过程，是施工企业自主技术决策和管理决策的过程，也是发挥企业职能部门与施工项目管理团队的智慧和经验的过程。

② 项目监理机构的审查。实施工程监理的施工项目，按照我国建设工程监理规范的规定，施工承包单位必须填写《施工组织设计（方案）报审表》并附施工组织设计（方案），报送项目监理机构审查。规范规定项目监理机构"在工程开工前，总监理工程师应组织专业监理工程师审查承包单位报送的施工组织设计（方案）报审表，提出意见，并经总监理工程师审核、签认后报建设单位"。

③ 审批关系的处理原则。正确执行施工质量计划的审批程序，是正确理解工程质量目标和要求，保证施工部署、技术工艺方案和组织管理措施的合理性、先进性和经济性的重要环节，也是进行施工质量事前预控的重要方法。因此，在执行审批程序时，必须正确处理施工企业内部审批和监理机构审批的关系，其基本原则如下所述。

• 充分发挥质量自控主体和监控主体的共同作用，在坚持项目质量标准和质量控制能力的前提下，正确处理承包人利益和项目利益的关系，施工企业内部的审批首先应从履行工程承包合同的角度，审查实现合同质量目标的合理性和可行性，以项目质量计划向发包方提供可信任的依据。

- 施工质量计划在审批过程中，对监理机构审查所提出的建议、希望、要求等意见是否采纳以及采纳的程度，应由负责质量计划编制的施工单位自主决策。在满足合同和相关法规要求的情况下，确定质量计划的调整、修改和优化，并对相应执行结果承担责任。
- 经过按规定程序审查批准的施工质量计划，在实施过程中如因条件变化需要对某些重要决定进行修改时，其修改内容仍应按照相应程序经过审批后执行。

3. 施工质量控制点的设置与管理

施工质量控制点的设置是施工质量计划的重要组成内容。施工质量控制点是施工质量控制的重点对象。

（1）质量控制点的设置。质量控制点应选择那些技术要求高、施工难度大、对工程质量影响大或是发生质量问题时危害大的对象进行设置。一般选择下列部位或环节作为质量控制点：

① 对工程质量形成过程产生直接影响的关键部位、工序、环节及隐蔽工程；

② 施工过程中的薄弱环节，或者质量不稳定的工序、部位或对象；

③ 对下道工序有较大影响的上道工序；

④ 采用新技术、新工艺、新材料的部位或环节；

⑤ 施工质量无把握的、施工条件困难的或技术难度大的工序或环节；

⑥ 用户反馈指出的和过去有过返工的不良工序。

一般建筑工程质量控制点的设置可参考表 3-1。

表 3-1　　　　　　　　　　　　质量控制点的设置

| 分 项 工 程 | 质 量 控 制 点 |
|---|---|
| 工程测量定位 | 标准轴线桩、水平桩、龙门板、定位轴线、标高 |
| 地基、基础（含设备基础） | 基坑（槽）尺寸、标高、土质、地基承载力，基础垫层标高，基础位置、尺寸、标高，预埋件、预留洞孔的位置、标高、规格、数量，基础杯口弹线 |
| 砌体 | 砌体轴线，皮数杆，砂浆配合比，预留洞孔、预埋件的位置、数量，砌块排列 |
| 模板 | 位置、标高、尺寸，预留洞孔位置、尺寸，预埋件的位置，模板的承载力、刚度和稳定性，模板内部清理及润湿情况 |
| 钢筋混凝土 | 水泥品种、强度等级，砂石质量，混凝土配合比，外加剂比例，混凝土振捣，钢筋品种、规格、尺寸、搭接长度，钢筋焊接、机械连接，预留洞、孔及预埋件规格、位置、尺寸、数量，预制构件吊装或出厂（脱模）强度，吊装位置、标高、支撑长度、焊缝长度 |
| 吊装 | 吊装设备的起重能力、吊具、索具、地锚 |
| 钢结构 | 翻样图、放大样 |
| 焊接 | 焊接条件、焊接工艺 |
| 装修 | 视具体情况而定 |

（2）质量控制点的重点控制对象。质量控制点的选择要准确，还要根据对重要质量特性进行重点控制的要求，选择质量控制点的重点部位、重点工序和重点的质量因素作为质量控制点的重点控制对象，进行重点预控和监控，从而有效地控制和保证施工质量。质量控制点的重点控制对象主要包括以下几个方面。

① 人的行为：某些操作或工序，应以人为重点控制对象，如高空、高温、水下、易燃易爆、

重型构件吊装作业以及操作要求高的工序和技术难度大的工序等，都应从人的生理、心理和技术能力等方面进行控制。

② 材料的质量与性能：这是直接影响工程质量的重要因素，在某些工程中应作为控制的重点。如钢结构工程中使用的高强度螺栓、某些特殊焊接使用的焊条，都应重点控制其材质与性能；又如水泥的质量是直接影响混凝土工程质量的关键因素，施工中就应对进场的水泥质量进行重点控制，必须检查核对其出厂合格证，并按要求进行强度和安定性的复验等。

③ 施工方法与关键操作：某些直接影响工程质量的关键操作应作为控制的重点，如预应力钢筋的张拉工艺操作过程及张拉力的控制，是可靠地建立预应力值和保证预应力构件质量的关键过程。同时，那些易对工程质量产生重大影响的施工方法，也应列为控制的重点，如大模板施工中模板的稳定和组装问题、液压滑模施工时支撑杆稳定问题、升板法施工中提升量的控制问题等。

④ 施工技术参数：如混凝土的外加剂掺量、水灰比，回填土的含水量，砌体的砂浆饱满度，防水混凝土的抗渗等级，建筑物沉降与基坑边坡稳定监测数据，大体积混凝土内外温差及混凝土冬期施工受冻临界强度等技术参数都是应重点控制的质量参数与指标。

⑤ 技术间歇：有些工序之间必须留有必要的技术间歇时间，如砌筑与抹灰之间，应在墙体砌筑后留 6～10 天时间，让墙体充分沉陷、稳定、干燥，然后再抹灰，抹灰层干燥后，才能喷白、刷浆；混凝土浇筑与模板拆除之间，应保证混凝土有一定的硬化时间，达到规定拆模强度后方可拆除等。

⑥ 施工顺序：某些工序之间必须严格控制施工顺序，如对冷拉的钢筋应当先焊接后冷拉，否则会失去冷强；屋架的安装固定应采取对角同时施焊方法，否则会由于焊接应力导致校正好的屋架发生倾斜。

⑦ 易发生或常见的质量通病：如混凝土工程的蜂窝、麻面、空洞，墙、地面、屋面工程渗水、漏水、空鼓、起砂、裂缝等，都与工序操作有关，均应事先研究对策，提出预防措施。

⑧ 新技术、新材料及新工艺的应用：由于缺乏经验，施工时应将其作为重点进行控制。

⑨ 产品质量不稳定和不合格率较高的工序应列为重点，认真分析，严格控制。

⑩ 特殊地基或特种结构：对于湿陷性黄土、膨胀土、红黏土等特殊土地基的处理，以及大跨度结构、高耸结构等技术难度较大的施工环节和重要部位，均应予以特别的重视。

（3）质量控制点的管理。设定了质量控制点，质量控制的目标及工作重点就更加明晰。首先，要做好施工质量控制点的事前质量预控工作，包括：明确质量控制的目标与控制参数；编制作业指导书和质量控制措施；确定质量检查检验方式及抽样的数量与方法；明确检查结果的判断标准及质量记录与信息反馈要求等。

其次，要向施工作业班组进行认真交底，使每一个控制点上的作业人员明白施工作业规程及质量检验评定标准，掌握施工操作要领；在施工过程中，相关技术管理和质量控制人员要在现场进行重点指导和检查验收。

同时，还要做好施工质量控制点的动态设置和动态跟踪管理。所谓动态设置，是指在工程开工前、设计交底和图纸会审时，可确定项目的一批质量控制点，随着工程的展开、施工条件的变化，随时或定期进行控制点的调整和更新。动态跟踪是应用动态控制原理，落实专人负责跟踪和记录控制点质量控制的状态和效果，并及时向项目管理组织的高层管理者反馈质量控制信息，保持施工质量控制点的受控状态。

### 3.3.3　施工生产要素的质量控制

施工生产要素是施工质量形成的物质基础，其质量的含义包括：作为劳动主体的施工人员，即直接参与施工的管理者、作业者的素质及其组织效果；作为劳动对象的建筑材料、半成品、工程用品、设备等的质量；作为劳动方法的施工工艺及技术措施的水平；作为劳动手段的施工机械、设备、工具、模具等的技术性能；以及施工环境——现场水文、地质、气象等自然环境，通风、照明、安全等作业环境以及协调配合的管理环境。

**1．施工人员的质量控制**

施工人员的质量包括参与工程施工各类人员的施工技能、文化素养、生理体能、心理行为等方面的个体素质，以及经过合理组织和激励发挥个体潜能综合形成的群体素质。因此，企业应通过择优录用、加强思想教育及技能方面的教育培训，合理组织，严格考核，并辅以必要的激励机制，使企业员工的潜在能力得到充分发挥和最好的组合，使施工人员在质量控制系统中发挥主体自控作用。

施工企业必须坚持执业资格注册制度和作业人员持证上岗制度；对所选派的施工项目领导者、组织者进行教育和培训，使其质量意识和组织管理能力能满足施工质量控制的要求；对所属施工队伍进行全员培训，加强质量意识教育和技术训练，提高每个作业者的质量活动能力和自控能力；对分包单位进行严格的资质考核和施工人员的资格考核，其资质、资格必须符合相关法规的规定，与其分包的工程相适应。

**2．材料设备的质量控制**

原材料、半成品及工程设备是工程实体的构成部分，其质量是项目工程实体质量的基础。加强原材料、半成品及工程设备的质量控制，不仅是提高工程质量的必要条件，也是实现工程项目投资目标和进度目标的前提。

对原材料、半成品及工程设备进行质量控制的主要内容：控制材料设备的性能、标准、技术参数与设计文件的相符性；控制材料、设备各项技术性能指标、检验测试指标与标准规范要求的相符性；控制材料、设备进场验收程序的正确性及质量文件资料的完备性；控制优先采用节能低碳的新型建筑材料和设备，禁止使用国家明令禁用或淘汰的建筑材料和设备等。

施工单位应在施工过程中贯彻执行企业质量程序文件中关于材料和设备封样、采购、进场检验、抽样检测及质保资料提交等方面明确规定的一系列控制标准。

**3．工艺方案的质量控制**

先进合理的施工工艺是直接影响工程质量、工程进度及工程造价的关键因素。合理可靠的施工工艺也直接影响到工程施工安全。因此在工程项目质量控制系统中，制订和采用技术先进、经济合理、安全可靠的施工技术工艺方案，是工程质量控制的重要环节。对施工工艺方案的质量控制主要包括以下内容：

（1）深入正确地分析工程特征、技术关键及环境条件等资料，明确质量目标、验收标准、控制的重点和难点；

（2）制订合理有效的有针对性的施工技术方案和组织方案，前者包括施工工艺、施工方法，后者包括施工区段划分、施工流向及劳动组织等；

（3）合理选用施工机械设备和设置施工临时设施，合理布置施工总平面图和各阶段施工平面图；

（4）选用和设计保证质量和安全的模具、脚手架等施工设备；

（5）编制工程所采用的新材料、新技术、新工艺的专项技术方案和质量管理方案；

（6）针对工程具体情况，分析气象、地质等环境因素对施工的影响，制定应对措施。

### 4. 施工机械的质量控制

施工机械是指施工过程中使用的各类机械设备，包括起重运输设备、人货两用电梯、加工机械、操作工具、测量仪器、计量器具以及专用工具和施工安全设施等。施工机械设备是所有施工方案和工法得以实施的重要物质基础，合理选择和正确使用施工机械设备是保证施工质量的重要措施。

（1）对施工所用的机械设备，应根据工程需要从设备选型、主要性能参数及使用操作要求等方面加以控制，符合安全、适用、经济、可靠和节能、环保等方面的要求。

（2）对施工中使用的模具、脚手架等施工设备，除可按适用的标准定塑选用之外，一般需按设计及施工要求进行专项设计，对其设计方案和制作质量的控制及验收应作为重点进行控制。

（3）按现行施工管理制度要求，工程所用的施工机械、模板、脚手架，特别是危险性较大的现场安装的起重机械设备，不仅要对其设计安装方案进行审批，而且安装完毕交付使用前必须经专业管理部门的验收，合格后方可使用。同时，在使用过程中尚须落实相应的管理制度，以确保其安全、正常的使用。

### 5. 施工环境因素的控制

环境的因素主要包括施工现场自然环境因素、施工质量管理环境因素和施工作业环境因素。环境因素对工程质量的影响，具有复杂多变和不确定性的特点，具有明显的风险特性。要减少其对施工质量的不利影响，主要是采取预测预防的风险控制方法。

（1）对施工现场自然环境因素的控制。对地质、水文等方面的影响因素，应根据设计要求，分析工程岩土地质资料，预测不利因素，并会同设计等方面制定相应的措施，采取如基坑降水、排水、加固围护等技术控制方案。

对天气气象方面的影响因素，应在施工方案中制定专项紧急预案，明确在不利条件时的施工措施，落实人员、器材等方面的准备，加强施工过程中的监控与预警。

（2）对施工质量管理环境因素的控制。施工质量管理环境因素主要指施工单位质量保证体系、质量管理制度和各参建施工单位之间的协调等因素。要根据工程承发包的合同结构，理顺管理关系，建立统一的现场施工组织系统和质量管理的综合运行机制，确保质量保证体系处于良好的状态，创造良好的质量管理环境和氛围，使施工顺利进行，保证施工质量。

（3）对施工作业环境因素的控制。施工作业环境因素主要是指施工现场的给水排水条件，各种能源介质供应，施工照明、通风、安全防护设施，施工场地空间条件和通道，以及交通运输和道路条件等因素。

要认真实施经过审批的施工组织设计和施工方案，落实保证措施，严格执行相关管理制度和施工纪律，保证上述环境条件良好，使施工顺利进行以及施工质量得到保证。

## 3.3.4  施工准备的质量控制

### 1. 施工技术准备工作的质量控制

施工技术准备是指在正式开展施工作业活动前进行的技术准备工作。这类工作内容繁多，主要在室内进行，例如：熟悉施工图纸，组织设计交底和图纸审查；进行工程项目检查验收的项目划分和编号；审核相关质量文件，细化施工技术方案和施工人员、机具的配置方案，编制施工作业技术指导书，绘制各种施工详图（如测量放线图、大样图及配筋、配板、配线图表等），进行必要的技术交底和技术培训。如果施工准备工作出错，必然影响施工进度和作业质量，甚至直接导致质量事故的发生。

技术准备工作的质量控制，包括对上述技术准备工作成果的复核审查，检查这些成果是否符合设计图纸和施工技术标准的要求；依据经过审批的质量计划审查、完善施工质量控制措施；针对质量控制点，明确质量控制的重点对象和控制方法；尽可能地提高上述工作成果对施工质量的保证程度等。

**2. 现场施工准备工作的质量控制**

（1）计量控制。计量控制是施工质量控制的一项重要基础工作。施工过程中的计量，包括施工生产时的投料计量、施工测量、监测计量以及对项目、产品或过程的测试、检验、分析计量等。开工前要建立和完善施工现场计量管理的规章制度；明确计量控制责任者和配置必要的计量人员；严格按规定对计量器具进行维修和校验；统一计量单位，组织量值传递，保证量值统一，从而保证施工过程中计量的准确。

（2）测量控制。工程测量放线是建设工程产品由设计转化为实物的第一步。施工测量质量的好坏，直接决定工程的定位和标高是否正确，并且制约施工过程有关工序的质量。因此，施工单位在开工前应编制测量控制方案，经项目技术负责人批准后实施。要对建设单位提供的原始坐标点、基准线和水准点等测量控制点进行复核，并将复测结果上报监理工程师审核，批准后施工单位才能建立施工测量控制网，进行工程定位和标高基准的控制。

（3）施工平面图控制。建设单位应按照合同约定并充分考虑施工的实际需要，事先划定并提供施工用地和现场临时设施用地的范围，协调平衡和审查批准各施工单位的施工平面设计。施工单位要严格按照批准的施工平面布置图，科学合理地使用施工场地，正确安装设置施工机械设备和其他临时设施，维护现场施工道路畅通无阻和通信设施完好，合理控制材料的进场与堆放，保持良好的防洪排水能力，保证充分的给水和供电。建设（监理）单位应会同施工单位制定严格的施工场地管理制度、施工纪律和相应的奖惩措施，严禁乱占场地和擅自断水、断电、断路，及时制止和处理各种违纪行为，并做好施工现场的质量检查记录。

**3. 工程质量检查验收的项目划分**

一个建设工程项目从施工准备开始到竣工交付使用，要经过若干工序、工种的配合施工。施工质量的优劣，取决于各个施工工序、工种的管理水平和操作质量。因此，为了便于控制、检查、评定和监督每个工序和工种的工作质量，就要把整个项目逐级划分为若干个子项目，并分级进行编号，在施工过程中据此来进行质量控制和检查验收。这是进行施工质量控制的一项重要准备工作，应在项目施工开始之前进行。项目划分越合理、明细，越有利于分清质量责任，便于施工人员进行质量自控和检查监督人员检查验收，也有利于质量记录等资料的填写、整理和归档。

根据《建筑工程施工质量验收统一标准》（GB 50300—2013）的规定，建筑工程质量验收应逐级划分为单位（子单位）工程、分部（子分部）工程、分项工程和检验批。

（1）单位工程的划分应按下列原则确定：

① 具备独立施工条件并能形成独立使用功能的建筑物及构筑物为一个单位工程；

② 建筑规模较大的单位工程，可将其能形成独立使用功能的部分划为一个子单位工程。

（2）分部工程的划分应按下列原则确定：

① 分部工程的划分应按专业性质、建筑部位确定，例如，一般的建筑工程可划分为地基与基础、主体结构、建筑装饰装修、建筑屋面、建筑给水排水及采暖、建筑电气、智能建筑、通风与空调、电梯、建筑节能工程等分部工程；

② 当分部工程较大或较复杂时，可按材料种类、施工特点、施工程序、专业系统及类别等划分为若干子分部工程。

（3）分项工程应按主要工种、材料、施工工艺、设备类别等进行划分。

（4）分项工程可由一个或若干个检验批组成，检验批可根据施工及质量控制和专业验收需要按楼层、施工段、变形缝等进行划分。

（5）室外工程可根据专业类别和工程规模划分单位（子单位）工程。一般室外单位工程可划分为室外建筑环境工程和室外安装工程。

## 3.3.5　施工过程的质量控制

施工过程的质量控制，是在工程项目质量实际形成过程中的事中质量控制。

建设工程项目施工是由一系列相互关联、相互制约的作业过程（工序）构成，因此施工质量控制，必须对全部作业过程，即各道工序的作业质量持续进行控制。从项目管理的立场看，工序作业质量的控制，首先是质量生产者即作业者的自控，在施工生产要素合格的条件下，作业者能力及其发挥的状况是决定作业质量的关键。其次，施工过程的质量控制是来自作业者外部的各种作业质量检查、验收和对质量行为的监督，也是不可缺少的设防和把关的管理措施。

1. 工序施工质量控制

工序是人、材料、机械设备、施工方法和环境因素对工程质量综合起作用的过程，所以对施工过程的质量控制，必须以工序作业质量控制为基础和核心。因此，工序的质量控制是施工阶段质量控制的重点。只有严格控制工序质量，才能确保施工项目的实体质量。《建筑工程施工质量验收统一标准》（GB 50300—2013）规定：各施工工序应按施工技术标准进行质量控制，每道施工工序完成后，经施工单位自检符合规定后，才能进行下道工序施工。各专业工种之间的相关工序应进行交接检验，并应记录。对于监理单位提出检查要求的重要工序，应经监理工程师检查认可，才能进行下道工序施工。

工序施工质量控制主要包括工序施工条件质量控制和工序施工效果质量控制。

（1）工序施工条件控制。工序施工条件是指从事工序活动的各生产要素质量及生产环境条件。工序施工条件控制就是控制工序活动的各种投入要素质量和环境条件质量。控制的手段主要有检查、测试、试验、跟踪监督等。控制的依据主要是设计质量标准、材料质量标准、机械设备技术性能标准、施工工艺标准以及操作规程等。

（2）工序施工效果控制。工序施工效果主要反映工序产品的质量特征和特性指标。对工序施工效果的控制就是控制工序产品的质量特征和特性指标能否达到设计质量标准以及施工质量验收标准的要求。工序施工效果控制属于事后质量控制，其控制的主要途径是：实测获取数据、统计分析所获取的数据、判断认定质量等级和纠正质量偏差。

按有关施工验收规范规定，下列工序质量必须进行现场质量检测，合格后才能进行下道工序。

① 地基基础工程。

- 地基及复合地基承载力检测。对灰土地基、砂和砂石地基、土工合成材料地基、粉煤灰地基、强夯地基、注浆地基、预压地基，其竣工后的结果（地基强度或承载力）必须达到设计要求的标准。检验数量，每单位工程不应少于 3 点，1000m² 以上工程，每 100m² 至少应有 1 点，3000m² 以上工程，每 300m² 至少应有 1 点。每一独立基础下至少应有 1 点，基槽每 20 延米应有 1 点。

对水泥土搅拌桩复合地基、高压喷射注浆桩复合地基、砂桩地基、振冲桩复合地基、土和灰土挤密桩复合地基、水泥粉煤灰碎石桩复合地基及夯实水泥土复合地基，其承载力检验，数量为总数的 0.5%～1%，但不应小于 3 处。有单桩强度检验要求时，数量为总数的 0.5%～1%，但不应少于 3 根。

- 工程桩的承载力检测。对于地基基础设计等级为甲级或地质条件复杂，成桩质量可靠性低的灌注桩，应采用静载荷试验的方法进行检验，检验桩数不应少于总数的 1%，且不应少于 3 根，当总桩数少于 50 根时，不应少于 2 根。

设计等级为甲级、乙级的桩基或地质条件复杂，桩施工质量可靠性低，本地区采用的新桩型或新工艺的桩基应进行桩的承载力检测。检测数量在同一条件下不应少于 3 根，且不宜少于总桩数的 1%。

- 桩身质量检验。对设计等级为甲级或地质条件复杂，成桩质量可靠性低的灌注桩，抽检数量不应少于总数的 30%，且不应少于 20 根；其他桩基工程的抽检数量不应少于总数的 20%，且不应少于 10 根；对混凝土预制桩及地下水位以上且终孔后经过核验的灌注桩，检验数量不应少于总桩数的 10%，且不得少于 10 根。每个柱子承台下不得少于 1 根。

② 主体结构工程。

- 混凝土、砂浆、砌体强度现场检测。检测同一强度等级同条件养护的试块强度，以此检测结果代表工程实体的结构强度。

混凝土：按统计方法评定混凝土强度的基本条件是，同一强度等级的同条件养护试件的留置数量不宜少于 10 组，按非统计方法评定混凝土强度时，留置数量不应少于 3 组。

砂浆抽检数量：每一检验批且不超过 250m³ 砌体的各种类型及强度等级的砌筑砂浆，每台搅拌机应至少抽检一次。

砌体：普通砖 15 万块、多孔砖 5 万块、灰砂砖及粉灰砖 10 万块各为一检验批，抽检数量为一组。

- 钢筋保护层厚度检测。钢筋保护层厚度检测的结构部位，应由监理（建设）、施工等各方根据结构构件的重要性共同选定。

对梁类、板类构件，应各抽取构件数量的 2%且不少于 5 个构件进行检验。

- 混凝土预制构件结构性能检测。对成批生产的构件，应按同一工艺正常生产的不超过 1000 件且不超过 3 个月的同类型产品为一批。在每批中应随机抽取一个构件作为试件进行检验。

③ 建筑幕墙工程。

- 铝塑复合板的剥离强度检测。
- 石材的弯曲强度和室内用花岗石的放射性检测。
- 玻璃幕墙用结构胶的邵氏硬度、标准条件拉伸黏结强度、相容性试验；石材用结构胶结强度及石材用密封胶的污染性检测。

- 建筑幕墙的气密性、水密性、风压变形性能、层间变位性能检测。
- 硅酮结构胶相容性检测。

④ 钢结构及管道工程。

- 钢结构及钢管焊接质量无损检测:对有无损检验要求的焊缝,竣工图上应标明焊缝编号、无损检验方法、局部无损检验焊缝的位置、底片编号、热处理焊缝位置及编号、焊缝补焊位置及施焊焊工代号;焊缝施焊记录及检查、检验记录应符合相关标准的规定。
- 钢结构、钢管防腐及防火涂装检测。
- 钢结构节点、机械连接用紧固标准件及高强度螺栓力学性能检测。

2. 施工作业质量的自控

(1)施工作业质量自控的意义。施工作业质量的自控,从经营的层面上说,强调的是作为建筑产品生产者和经营者的施工企业,应全面履行企业的质量责任,向顾客提供质量合格的工程产品;从生产的过程来说,强调的是施工作业者的岗位质量责任,向后道工序提供合格的作业成果(中间产品)。因此,施工方是施工阶段质量自控主体。施工方不能因为监控主体的存在和监控责任的实施而减轻或免除其质量责任。我国《建筑法》和《建设工程质量管理条例》规定:建筑施工企业对工程的施工质量负责;建筑施工企业必须按照工程设计要求、施工技术标准和合同的约定,对建筑材料、建筑构配件和设备进行检验,不合格的不得使用。

施工方作为工程施工质量的自控主体,既要遵循本企业质量管理体系的要求,也要根据其在所承建的工程项目质量控制系统中的地位和责任,通过具体项目质量计划的编制与实施,有效地实现施工质量的自控目标。

(2)施工作业质量自控的程序。施工作业质量的自控过程是由施工作业组织的成员进行的,其基本的控制程序包括:作业技术交底、作业活动的实施和作业质量的自检自查、互检互查以及专职管理人员的质量检查等。

① 施工作业技术的交底。技术交底是施工组织设计和施工方案的具体化,施工作业技术交底的内容必须具有可行性和可操作性。

从项目的施工组织设计到分部分项工程的作业计划,在实施之前都必须逐级进行交底,其目的是使管理者的计划和决策意图为实施人员所理解。施工作业交底是最基层的技术和管理交底活动,施工总承包方和工程监理机构都要对施工作业交底进行监督。作业交底的内容包括作业范围、施工依据、作业程序、技术标准和要领、质量目标以及其他与安全、进度、成本、环境等目标管理有关的要求和注意事项。

② 施工作业活动的实施。施工作业活动是由一系列工序所组成的。为了保证工序质量的受控,首先要对作业条件进行再确认,即按照作业计划检查作业准备状态是否落实到位,其中包括对施工程序和作业工艺顺序的检查确认,在此基础上,严格按作业计划的程序、步骤和质量要求展开工序作业活动。

③ 施工作业质量的检验。施工作业的质量检查是贯穿整个施工过程的最基本的质量控制活动,包括施工单位内部的工序作业质量自检、互检、专检和交接检查,以及现场监理机构的旁站检查、平行检验等。施工作业质量检查是施工质量验收的基础,已完检验批及分部分项工程的施工质量,必须在施工单位完成质量自检并确认合格之后,才能报请现场监理机构进行检查验收。

前道工序作业质量经验收合格后,才可进入下道工序施工。未经验收合格的工序,不得进入下道工序施工。

（3）施工作业质量自控的要求。工序作业质量是直接形成工程质量的基础，为达到对工序作业质量控制的效果，在加强工序管理和质量目标控制方面应坚持以下要求。

① 预防为主。严格按照施工质量计划的要求，进行各分部分项施工作业的部署。同时，根据施工作业的内容、范围和特点，制订施工作业计划，明确作业质量目标和作业技术要领，认真进行作业技术交底，落实各项作业技术组织措施。

② 重点控制。在施工作业计划中，一方面要认真贯彻实施施工质量计划中的质量控制点的控制措施，同时，要根据作业活动的实际需要，进一步建立工序作业控制点，深化工序作业的重点控制。

③ 坚持标准。工序作业人员在工序作业过程应严格进行质量自检，通过自检不断改善作业，并创造条件开展作业质量互检，通过互检加强技术与经验的交流。对已完工序作业产品，即检验批或分部分项工程，应严格坚持质量标准。对不合格的施工作业质量，不得进行验收签证，必须按照规定的程序进行处理。

《建筑工程施工质量验收统一标准》（GB 50300—2013）及配套使用的专业质量验收规范，是施工作业质量自控的合格标准。有条件的施工企业或项目经理部应结合自己的条件编制高于国家标准的企业内控标准或工程项目内控标准，或采用施工承包合同明确规定的更高标准，列入质量计划中，努力提升工程质量水平。

④ 记录完整。施工图纸、质量计划、作业指导书、材料质保书、检验试验及检测报告、质量验收记录等，是形成可追溯性的质量保证依据，也是工程竣工验收所不可缺少的质量控制资料。

因此，对工序作业质量，应有计划、有步骤地按照施工管理规范的要求进行填写记载，做到及时、准确、完整、有效，并具有可追溯性。

（4）施工作业质量自控的制度。根据实践经验的总结，施工作业质量自控的有效制度有：

① 质量自检制度；
② 质量例会制度；
③ 质量会诊制度；
④ 质量样板制度；
⑤ 质量挂牌制度；
⑥ 每月质量讲评制度等。

**3. 施工作业质量的监控**

（1）施工作业质量的监控主体

为了保证项目质量，建设单位、监理单位、设计单位及政府的工程质量监督部门，在施工阶段依据法律法规和工程施工承包合同，对施工单位的质量行为和项目实体质量实施监督控制。

设计单位应当就审查合格的施工图纸设计文件向施工单位做出详细说明；应当参与建设工程质量事故分析，并对因设计造成的质量事故，提出相应的技术处理方案。

建设单位在领取施工许可证或者开工报告前，应当按照国家有关规定办理工程质量监督手续。

作为监控主体之一的项目监理机构，在施工作业实施过程中，根据其监理规划与实施细则，采取现场旁站、巡视、平行检验等形式，对施工作业质量进行监督检查，如发现工程施工不符合工程设计要求、施工技术标准和合同约定的，有权要求建筑施工企业改正。

监理机构应进行检查而没有检查或没有按规定进行检查的，给建设单位造成损失时应承担赔偿责任。

必须强调，施工质量的自控主体和监控主体，在施工全过程相互依存、各尽其责，共同推动着施工质量控制过程的展开和最终实现工程项目的质量总目标。

（2）现场质量检查

现场质量检查是施工作业质量的监控的主要手段。

- 开工前的检查，主要检查是否具备开工条件，开工后是否能够保持连续正常施工，能否保证工程质量。

- 工序交接检查，对于重要的工序或对工程质量有重大影响的工序，应严格执行"三检"制度（即自检、互检、专检），未经监理工程师（或建设单位技术负责人）检查认可，不得进行下道工序施工。

- 隐蔽工程的检查，施工中凡是隐蔽工程必须检查认证后方可进行隐蔽掩盖。

- 停工后复工的检查，因客观因素停工或处理质量事故等停工后复工时，经检查认可后方能复工。

- 分项、分部工程完工后的检查，应经检查认可，并签署验收记录后，才能进行下一工程项目的施工。

- 成品保护的检查，检查成品有无保护措施以及保护措施是否有效可靠。

（3）现场质量检查的方法

① 目测法，即凭借感官进行检查，也称观感质量检验，其手段可概括为"看、摸、敲、照"四个字。

- 看，就是根据质量标准要求进行外观检查，例如，清水墙面是否洁净，喷涂的密实度和颜色是否良好、均匀，工人的操作是否正常，内墙抹灰的大面及口角是否平直，混凝土外观是否符合要求等。

- 摸，就是通过触摸手感进行检查、鉴别，例如油漆的光滑度，浆活是否牢固、不掉粉等。

- 敲，就是运用敲击工具进行音感检查，例如，对地面工程、装饰工程中的水磨石、面砖、石材饰面等，均应进行敲击检查。

- 照，就是通过人工光源或反射光照射，检查难以看到或光线较暗的部位，例如，管道井、电梯井等内部管线、设备安装质量，装饰吊顶内连接及设备安装质量等。

② 实测法，就是通过实测数据与施工规范、质量标准的要求及允许偏差值进行对照，以此判断质量是否符合要求，其手段可概括为"靠、量、吊、套"四个字。

- 靠，就是用直尺、塞尺检查诸如墙面、地面、路面等的平整度。

- 量，就是指用测量工具和计量仪表等检查断面尺寸、轴线、标高、湿度、温度等的偏差，例如，大理石板拼缝尺寸，摊铺沥青拌合料的温度，混凝土坍落度的检测等。

- 吊，就是利用托线板以及线坠吊线检查垂直度，例如，砌体垂直度检查、门窗的安装等。

- 套，是以方尺套方，辅以塞尺检查，例如，对阴阳角的方正、踢脚线的垂直度、预制构件的方正、门窗口及构件的对角线检查等。

③ 试验法，是指通过必要的试验手段对质量进行判断的检查方法，主要包括如下内容。

- 理化试验。工程中常用的理化试验包括物理力学性能方面的检验和化学成分及化学性能的测定等两个方面。物理力学性能的检验，包括各种力学指标的测定，如抗拉强度、抗压强度、抗弯强度、抗折强度、冲击韧性、硬度、承载力等，以及各种物理性能方面的测定，如密度、含水量、凝结时间、安定性及抗渗、耐磨、耐热性能等。化学成分及化学性质的测定，如钢筋中的磷、硫含量，混凝土中粗骨料中的活性氧化硅成分，以及耐酸、耐碱、抗腐蚀性等。此外，根据规定有时还需进行现场试验，例如，对桩或地基的静载试验、下水管道的通水试验、压力管道的耐压试验、防水层的蓄水或淋水试验等。

* 无损检测。利用专门的仪器仪表从表面探测结构物、材料、设备的内部组织结构或损伤情况。常利用专门的仪器仪表从表面探测结构物、材料、设备的内部组织结构或损伤情况。常用的无损检测方法有超声波探伤、X 射线探伤、γ 射线探伤等。

（4）技术核定与见证取样送检

① 技术核定。在建设工程项目施工过程中，因施工方对施工图纸的某些要求不甚明白，或图纸内部存在某些矛盾，或工程材料调整与代用，改变建筑节点构造、管线位置或走向等，需要通过设计单位明确或确认的，施工方必须以技术核定单的方式向监理工程师提出，报送设计单位核准确认。

② 见证取样送检。为了保证建设工程质量，我国规定对工程所使用的主要材料、半成品、构配件以及施工过程留置的试块、试件等应实行现场见证取样送检。见证人员由建设单位及工程监理机构中有相关专业知识的人员担任；送检的试验室应具备经国家或地方工程检验检测主管部门核准的相关资质；见证取样送检必须严格按执行规定的程序进行，包括取样见证并记录、样本编号、填单、封箱、送试验室、核对、交接、试验检测、报告等。

检测机构应当建立档案管理制度。检测合同、委托单、原始记录、检测报告应当按年度统一编号。编号应当连续，不得随意抽撤、涂改。

4. 隐蔽工程验收与成品质量保护

（1）隐蔽工程验收。凡被后续施工所覆盖的施工内容，如地基基础工程、钢筋工程、预埋管线等均属隐蔽工程。加强隐蔽工程质量验收，是施工质量控制的重要环节。其程序要求施工方首先应完成自检并合格，然后填写专用的《隐蔽工程验收单》。验收单所列的验收内容应与已完的隐蔽工程实物相一致，并事先通知监理机构及有关方面，按约定时间进行验收。验收合格的隐蔽工程由各方共同签署验收记录；验收不合格的隐蔽工程，应按验收整改意见进行整改后重新验收。严格隐蔽工程验收的程序和记录，对于预防工程质量隐患，提供可追溯质量记录具有重要作用。

（2）施工成品质量保护。建设工程项目已完施工的成品保护，目的是避免已完施工成品受到来自后续施工以及其他方面的污染或损坏。已完施工的成品保护问题和相应措施，在工程施工组织设计与计划阶段就应该从施工顺序上进行考虑，防止施工顺序不当或交叉作业造成相互干扰、污染和损坏；成品形成后可采取防护、覆盖、封闭、包裹等相应措施进行保护。

## 3.3.6　施工质量与设计质量的协调

建设工程项目施工是按照工程设计图纸（施工图）进行的，施工质量离不开设计质量，优良的施工质量要靠优良的设计质量和周到的设计现场服务来保证。

1. 项目设计质量的控制

要保证施工质量，首先要控制设计质量。项目设计质量的控制，主要是从满足项目建设需求入手，包括国家相关法律法规、强制性标准和合同规定的明确需求以及潜在需求，以使用功能和安全可靠性为核心，进行下列设计质量的综合控制。

（1）项目功能性质量控制。功能性质量控制的目的，是保证建设工程项目使用功能的符合性，其内容包括项目内部的平面空间组织、生产工艺流程组织，如满足使用功能的建筑面积分配以及宽度、高度、净空、通风、保暖、日照等物理指标和节能、环保、低碳等方面的符合性要求。

（2）项目可靠性质量控制。主要是指建设工程项目建成后，在规定的使用年限和正常的使用条件下，保证使用安全和建筑物、构筑物及其设备系统性能稳定、可靠。

（3）项目观感性质量控制。对于建筑工程项目，主要是指建筑物的总体格调、外部形体及内部空间观感效果，整体环境的适宜性、协调性，文化内涵的韵味及其魅力等的体现；道路、桥梁等基础设施工程同样也有其独特的构型格调、观感效果及其环境适宜的要求。

（4）项目经济性质量控制。建设工程项目设计经济性质量，是指不同设计方案的选择对建设投资的影响。设计经济性质量控制的目的，在于强调设计过程的多方案比较，通过价值工程、优化设计，不断提高建设工程项目的性价比。在满足项目投资目标要求的条件下，做到经济高效，防止浪费。

（5）项目施工可行性质量控制。任何设计意图都要通过施工来实现，设计意图不能脱离现实的施工技术和装备水平，否则再好的设计意图也无法实现。设计一定要充分考虑施工的可行性，并尽量做到方便施工，施工才能顺利进行，保证项目施工质量。

**2. 施工与设计的协调**

从项目施工质量控制的角度来说，项目建设单位、施工单位和监理单位，都要注重施工与设计的相互协调。这个协调工作主要包括以下几个方面。

（1）设计联络。项目建设单位、施工单位和监理单位应组织施工单位到设计单位进行设计联络，其任务主要是：

① 了解设计意图、设计内容和特殊技术要求，分析其中的施工重点和难点，以便有针对性地编制施工组织设计，及早做好施工准备；对于以现有的施工技术和装备水平实施有困难的设计，要及时提出意见，协商修改设计，或者探讨通过技术攻关提高技术装备水平来实施的可能性，同时向设计单位介绍和推荐先进的施工新技术、新工艺和工法，争取通过适当的设计，使这些新技术、新工艺和工法在施工中得到应用；

② 了解设计进度，根据项目进度控制总目标、施工工艺顺序和施工进度安排，提出设计出图的时间和顺序要求，对设计和施工进度进行协调，使施工得以连续顺利进行；

③ 从施工质量控制的角度，提出合理化建议，优化设计，为保证和提高施工质量创造更好的条件。

（2）设计交底和图纸会审。建设单位和监理单位应组织设计单位向所有的施工实施单位进行详细的设计交底，使实施单位充分理解设计意图，了解设计内容和技术要求，明确质量控制的重点和难点；同时认真地进行图纸会审，深入发现和解决各专业设计之间可能存在的矛盾，消除施工图的差错。

（3）设计现场服务和技术核定。建设单位和监理单位应要求设计单位派出得力的设计人员到施工现场进行设计服务，解决施工中发现和提出的与设计有关的问题，及时做好相关设计核定工作。

（4）设计变更。在施工期间无论是建设单位、设计单位或施工单位提出，需要进行局部设计变更的内容，都必须按照规定的程序，先将变更意图或请求报送监理工程师审查，经设计单位审核认可并签发《设计变更通知书》后，再由监理工程师下达《变更指令》。

# 3.4 建筑工程项目质量验收

建设工程项目的质量验收，主要是指工程施工质量的验收。施工质量验收应按照《建筑工程施工质量验收统一标准》（GB 50300—2013）进行。该标准是建筑工程各专业工程施工质量验收规范编制的统一准则，各专业工程施工质量验收规范应与该标准配合使用。根据上述施工质量验收统一标准，所谓"验收"，是指建筑工程在施工单位自行质量检查评定的基础上，参与建设活动的有关单位共同对检验批、分项、分部、单位工程的质量进行抽样复验，根据相关标准以书面形式对工程质量达到合格与否做出确认。正确地进行工程项目质量的检查评定和验收，是施工质量控制的重要环节。施工质量验收包括施工过程的质量验收及工程项目竣工质量验收两个部分。

## 3.4.1 施工过程的质量验收

工程项目质量验收，应将项目划分为单位（子单位）工程、分部（子分部）工程、分项工程和检验批进行验收。施工过程质量验收主要是指检验批和分项、分部工程的质量验收。

1. 施工过程质量验收的内容

《建筑工程施工质量验收统一标准》（GB 50300—2013）与各个专业工程施工质量验收规范，明确规定了各分项工程的施工质量的基本要求，规定了分项工程检验批量的抽查办法和抽查数量，规定了检验批主控项目、一般项目的检查内容和允许偏差，规定了对主控项目、一般项目的检验方法，规定了各分部工程验收的方法和需要的技术资料等，同时对涉及人民生命财产安全、人身健康、环境保护和公共利益的内容以强制性条文做出规定，要求必须坚决、严格遵照执行。

建筑工程质量验收的基本规则：

① 验收均应在施工单位自检合格的基础上进行；

② 参加工程施工质量验收的各方人员应具备相应的资格；

③ 检验批的质量应按主控项目和一般项目验收；

④ 对涉及结构安全、节能、环境保护和主要使用功能的试块、试件及材料，应在进场时或施工中按规定进行见证检验。

检验批和分项工程是质量验收的基本单元。分部工程是在所含全部分项工程验收的基础上进行验收的，在施工过程中随完工随验收，并留下完整的质量验收记录和资料。单位工程作为具有独立使用功能的完整的建筑产品，进行竣工质量验收。

施工过程的质量验收包括以下验收环节，通过验收后留下完整的质量验收记录和资料，为工程项目竣工质量验收提供依据。

（1）检验批质量验收。所谓检验批是指按同一的生产条件或按规定的方式汇总起来供检验用的，由一定数量样本组成的检验体。检验批可根据施工及质量控制和专业验收需要按楼层、施工段、变形缝等进行划分。检验批是工程验收的最小单位，是分项工程乃至整个建筑工程质量验收的基础。

检验批应由专业监理工程师组织施工单位项目专业质量检查员、专业工长等进行验收。

检验批质量验收合格应符合下列规定：

① 主控项目的质量经抽样检验均应合格；

② 一般项目的质量经抽样检验合格；

③ 具有完整的施工操作依据、质量验收记录。

主控项目是指建筑工程中对安全、节能、环境保护和主要使用功能起决定性作用的检验项目。主控项目的验收必须从严要求，不允许有不符合要求的检验结果，主控项目的检查具有否决权。除主控项目以外的检验项目称为一般项目。

（2）分项工程质量验收。分项工程的质量验收在检验批验收的基础上进行。一般情况下，两者具有相同或相近的性质，只是批量的大小不同而已。分项工程可由一个或若干检验批组成。

分项工程应由专业监理工程师组织施工单位项目专业技术负责人等进行验收。

分项工程质量验收合格应符合下列规定：

① 分项工程所含的检验批均应符合合格质量的规定；

② 分项工程所含的检验批的质量验收记录应完整。

（3）分部工程质量验收。分部工程的验收在其所含各分项工程验收的基础上进行。

分部工程应由总监理工程师组织施工单位项目负责人和项目技术负责人等进行验收。勘察、设计单位项目负责人和施工单位技术、质量部门负责人应参加地基与基础分部工程的验收。设计单位项目负责人和施工单位技术、质量部门负责人应参加主体结构、节能分部工程的验收。

分部（子分部）工程质量验收合格应符合下列规定：

① 分部（子分部）工程所含分项工程的质量均应验收合格；

② 质量控制资料应完整；

③ 有关安全、节能、环境保护和主要使用功能的抽样检测结果应符合相应规定；

④ 观感质量验收应符合要求。

必须注意的是，由于分部工程所含的各分项工程性质不同，因此它并不是在所含分项验收基础上的简单相加，即所含分项验收合格且质量控制资料完整，只是分部工程质量验收的基本条件，还必须在此基础上对涉及安全和使用功能的地基基础、主体结构、有关安全、节能、环境保护及重要使用功能的分部工程进行见证取样试验或抽样检测；而且还需要对其观感质量进行验收，并综合给出质量评价，对于评价为"差"的检查点应通过返修处理等进行补救。

2. 施工过程质量验收不合格的处理

施工过程的质量验收是以检验批的施工质量为基本验收单元。检验批质量不合格可能是由于使用的材料不合格，或施工作业质量不合格，或质量控制资料不完整等原因所致，其处理方法有：

（1）在检验批验收时，发现存在严重缺陷的应推倒重做，有一般的缺陷可通过返修或更换器具、设备消除缺陷后重新进行验收；

（2）个别检验批发现某些项目或指标（如试块强度等）不满足要求难以确定是否验收时，应请有资质的法定检测单位检测鉴定，当鉴定结果能够达到设计要求时，应予以验收；

（3）当检测鉴定达不到设计要求，但经原设计单位核算仍能满足结构安全和使用功能的检验批，可予以验收；

（4）严重质量缺陷或超过检验批范围内的缺陷，经法定检测单位检测鉴定以后，认为不能满足最低限度的安全储备和使用功能，则必须进行加固处理，虽然改变外形尺寸，但能满足安全使用要求，可按技术处理方案和协商文件进行验收，责任方应承担经济责任；

（5）通过返修或加固处理后仍不能满足安全使用要求的分部工程严禁验收。

## 3.4.2　竣工质量验收

项目竣工质量验收是施工质量控制的最后一个环节，是对施工过程质量控制成果的全面检验，是从终端把关方面进行质量控制。未经验收或验收不合格的工程，不得交付使用。

**1．竣工质量验收的依据**

工程项目竣工质量验收的依据有：

（1）国家相关法律法规和建设主管部门颁布的管理条例和办法；

（2）工程施工质量验收统一标准；

（3）专业工程施工质量验收规范；

（4）批准的设计文件、施工图纸及说明书；

（5）工程施工承包合同；

（6）其他相关文件。

**2．竣工质量验收的要求**

建筑工程施工质量应按下列要求进行验收：

（1）建筑工程施工质量应符合本标准和相关专业验收规范的规定；

（2）建筑工程施工应符合工程勘察、设计文件的要求；

（3）参加工程施工质量验收的各方人员应具备规定的资格；

（4）工程质量的验收均应在施工单位自行检查评定的基础上进行；

（5）隐蔽工程在隐蔽前应由施工单位通知有关单位进行验收，并应形成验收文件；

（6）涉及结构安全的试块、试件以及有关材料，应按规定进行见证取样检测；

（7）检验批的质量应按主控项目和一般项目验收；

（8）对涉及结构安全、节能、环境保护和使用功能的重要分部工程应进行抽样检测；

（9）承担见证取样检测及有关结构安全检测的单位应具有相应资质；

（10）工程的观感质量应由验收人员通过现场检查，并应共同确认。

**3．竣工质量验收的标准**

单位工程是工程项目竣工质量验收的基本对象。单位（子单位）工程质量验收合格应符合下列规定：

（1）所含分部工程的质量均应验收合格；

（2）质量控制资料应完整；

（3）所含分部工程中有关安全、节能、环境保护和主要使用功能的检验资料应完整；

（4）主要使用功能的抽查结果应符合相关专业验收规范的规定；

（5）观感质量应符合要求。

### 4. 竣工质量验收的程序

建设工程项目竣工验收,可分为分包工程验收、竣工预验收和单位工程验收三个环节进行。整个验收过程涉及建设单位、勘察单位、设计单位、监理单位及施工总分包各方的工作,必须按照工程项目质量控制系统的职能分工,以建设单位为核心进行竣工验收的组织协调。

(1)分包工程验收。单位工程中的分包工程完工后,分包单位应对所承包的工程项目进行自检,并应按标准规定的程序进行验收。验收时,总包单位应派人参加。分包单位应将所分包工程的质量控制资料整理完整,并移交给总包单位。

(2)竣工预验收。单位工程完工后,施工单位应组织有关人员进行自检。总监理工程师应组织各专业监理工程师对工程质量进行竣工预验收。存在施工质量问题时,应由施工单位整改。整改完毕后,由施工单位向建设单位提交工程竣工报告,申请工程竣工验收。

(3)单位工程验收。建设单位收到工程竣工报告后,应由建设单位项目负责人组织监理、施工、设计、勘察等单位项目负责人进行单位工程验收。

### 5. 竣工验收备案

我国实行建设工程竣工验收备案制度。新建、扩建和改建的各类房屋建筑工程和市政基础设施工程的竣工验收,均应按《建设工程质量管理条例》规定进行备案。

(1)建设单位应当自建设工程竣工验收合格之日起 15 日内,将建设工程竣工验收报告和规划、公安消防、环保等部门出具的认可文件或准许使用文件,报建设行政主管部门或者其他相关部门备案。

(2)备案部门在收到备案文件资料后的 15 日内,对文件资料进行审查,符合要求的工程,在验收备案表上加盖“竣工验收备案专用章”,并将一份退建设单位存档。如审查中发现建设单位在竣工验收过程中,有违反国家有关建设工程质量管理规定行为的,责令停止使用,重新组织竣工验收。

(3)建设单位有下列行为之一的,责令改正,处以工程合同价款百分之二以上百分之四以下的罚款;造成损失的依法承担赔偿责任:

① 未组织竣工验收,擅自交付使用的;

② 验收不合格,擅自交付使用的;

③ 对不合格的建设工程按照合格工程验收的。

# 3.5

# 建筑工程项目质量改进和质量事故的处理

## 3.5.1 工程质量问题和质量事故的分类

### 1. 工程质量不合格

(1)质量不合格和质量缺陷

根据我国标准《质量管理体系 基础和术语》(GB/T 19000—2015/ISO 9000:2015)的规

定，凡工程产品没有满足某个规定的要求，就称之为质量不合格；而未满足某个与预期或规定用途有关的要求，称为质量缺陷。

（2）质量问题和质量事故。凡是工程质量不合格，影响使用功能或工程结构安全，造成永久质量缺陷或存在重大质量隐患，甚至直接导致工程倒塌或人身伤亡，必须进行返修、加固或报废处理，按照由此造成直接经济损失的大小分为质量问题和质量事故。

2. 工程质量事故

根据住房和城乡建设部《关于做好房屋建筑和市政基础设施工程质量事故报告和调查处理工作的通知》（建质 [2010]111 号），工程质量事故是指由于建设、勘察、设计、施工、监理等单位违反工程质量有关法律法规和工程建设标准，使工程产生结构安全、重要使用功能等方面的质量缺陷，造成人身伤亡或者重大经济损失的事故。

工程质量事故具有成因复杂、后果严重、种类繁多、往往与安全事故共生的特点。建设工程质量事故的分类有多种方法，不同专业工程类别对工程质量事故的等级划分也不尽相同。

（1）按事故造成损失的程度分级。上述建质[2010] 111 号文根据工程质量事故造成的人员伤亡或者直接经济损失，将工程质量事故分为四个等级：

① 特别重大事故，是指造成 30 人以上死亡，或者 100 人以上重伤，或者 1 亿元以上直接经济损失的事故；

② 重大事故，是指造成 10 人以上 30 人以下死亡，或者 50 人以上 100 人以下重伤，或者 5000 万元以上 1 亿元以下直接经济损失的事故；

③ 较大事故，是指造成 3 人以上 10 人以下死亡，或者 10 人以上 50 人以下重伤，或者 1000 万元以上 5000 万元以下直接经济损失的事故；

④ 一般事故，是指造成 3 人以下死亡，或者 10 人以下重伤，或者 100 万元以上 1000 万元以下直接经济损失的事故。

该等级划分所称的"以上"包括本数，所称的"以下"不包括本数。

（2）按事故责任分类。

① 指导责任事故：指由于工程实施指导或领导失误而造成的质量事故。例如，由于工程负责人片面追求施工进度，放松或不按质量标准进行控制和检验，降低施工质量标准等。

② 操作责任事故：指在施工过程中，由于实施操作者不按规程和标准实施操作，而造成的质量事故。例如，浇筑混凝土时随意加水，或振捣疏漏造成混凝土质量事故等。

③ 自然灾害事故：指由于突发的严重自然灾害等不可抗力造成的质量事故。例如，地震、台风、暴雨、雷电、洪水等对工程造成破坏甚至倒塌。这类事故虽然不是人为责任直接造成，但灾害事故造成的损失程度也往往与人们是否在事前采取了有效的预防措施有关，相关责任人员也可能负有一定责任。

## 3.5.2 施工质量事故的预防

建立健全施工质量管理体系，加强施工质量控制，就是为了预防施工质量问题和质量事故，在保证工程质量合格的基础上，不断提高工程质量。所以，施工质量控制的所有措施和方法，都是预防施工质量事故的措施。具体来说，施工质量事故的预防，应运用风险管理的理论和方法，从寻找和分析可能导致施工质量事故发生的原因入手，抓住影响施工质量的各种因素和施工质量形成过程的各个环节，采取针对性的预防控制措施。

**1. 施工质量事故发生的原因**

施工质量事故发生的原因大致有如下四类。

（1）技术原因。技术原因指引发质量事故是由于在项目勘察、设计、施工中技术上的失误。例如，地质勘察过于疏略，对水文地质情况判断错误，致使地基基础设计采用不正确的方案或结构设计方案不正确，计算失误，构造设计不符合规范要求；施工管理及实际操作人员的技术素质差，采用了不合适的施工方法或施工工艺等。这些技术上的失误是造成质量事故的常见原因。

（2）管理原因。管理原因指引发的质量事故是由于管理上的不完善或失误。例如，施工单位或监理单位的质量管理体系不完善，质量管理措施落实不力，施工管理混乱，不遵守相关规范，违章作业，检验制度不严密，质量控制不严格，检测仪器设备管理不善而失准，以及材料质量检验不严等原因引起质量事故。

（3）社会、经济原因。社会、经济原因指引发的质量事故是由于社会上存在的不正之风及经济上的原因，滋长了建设中的违法违规行为，而导致出现质量事故。例如，违反基本建设程序，无立项、无报建、无开工许可、无招投标、无资质、无监理、无验收的"七无"工程，边勘察、边设计、边施工的"三边"工程，屡见不鲜，几乎所有的重大施工质量事故都能从这个方面找到原因；某些施工企业盲目追求利润而不顾工程质量，在投标报价中随意压低标价，中标后则依靠违法的手段或修改方案追加工程款，甚至偷工减料等，这些因素都会导致发生重大工程质量事故。

（4）人为事故和自然灾害原因。人为事故和自然灾害原因指造成质量事故是由于人为的设备事故、安全事故，导致连带发生质量事故，以及严重的自然灾害等不可抗力造成质量事故。

**2. 施工质量事故预防的具体措施**

（1）严格按照基本建设程序办事。首先要做好项目可行性论证，不可未经深入的调查分析和严格论证就盲目拍板定案；要彻底搞清工程地质水文条件方可开工；杜绝无证设计、无图施工；禁止任意修改设计和不按图纸施工；工程竣工不进行试车运转、不经验收不得交付使用。

（2）认真做好工程地质勘察。地质勘察时要适当布置钻孔位置和设定钻孔深度。钻孔间距过大，不能全面反映地基实际情况；钻孔深度不够，难以查清地下软土层、滑坡、墓穴、孔洞等有害地质构造。地质勘察报告必须详细、准确，防止因根据不符合实际情况的地质资料而采用错误的基础方案，导致地基不均匀沉降、失稳，使上部结构及墙体开裂、破坏、倒塌。

（3）科学地加固处理好地基。对软弱土、冲填土、杂填土、湿陷性黄土、膨胀土、岩层出露、岩溶、土洞等不均匀地基要进行科学的加固处理。要根据不同地基的工程特性，按照地基处理与上部结构相结合使其共同工作的原则，从地基处理与设计措施、结构措施、防水措施、施工措施等方面综合考虑治理。

（4）进行必要的设计审查复核。要请具有合格专业资质的审图机构对施工图进行审查复核，防止因设计考虑不周、结构构造不合理、设计计算错误、沉降缝及伸缩缝设置不当、悬挑结构未通过抗倾覆验算等原因，导致质量事故的发生。

（5）严格把好建筑材料及制品的质量关。要从采购订货、进场验收、质量复验、存储和使用等几个环节，严格控制建筑材料及制品的质量，防止不合格或是变质、损坏的材料和制品用到工程上。

（6）对施工人员进行必要的技术培训。要通过技术培训使施工人员掌握基本的建筑结构和建筑材料知识，懂得遵守施工验收规范对保证工程质量的重要性，从而在施工中自觉遵守操作规程，不蛮干，不违章操作，不偷工减料。

（7）依法进行施工组织管理。施工管理人员要认真学习、严格遵守国家相关政策法规和施工技术标准，依法进行施工组织管理；施工人员首先要熟悉图纸，对工程的难点和关键工序、关键部位应编制专项施工方案并严格执行；施工作业必须按照图纸和施工验收规范、操作规程进行；施工技术措施要正确，施工顺序不可搞错，脚手架和楼面不可超载堆放构件和材料；要严格按照制度进行质量检查和验收。

（8）做好应对不利施工条件和各种灾害的预案。要根据当地气象资料的分析和预测，事先针对可能出现的风、雨、高温、严寒、雷电等不利施工条件，制定相应的施工技术措施。还要对不可预见的人为事故和严重自然灾害做好应急预案，并有相应的人力、物力储备。

（9）加强施工安全与环境管理。许多施工安全和环境事故都会连带发生质量事故，加强施工安全与环境管理，也是预防施工质量事故的重要措施。

## 3.5.3　施工质量问题和质量事故的处理

### 1. 施工质量事故处理的依据

（1）质量事故的实况资料包括质量事故发生的时间、地点；质量事故状况的描述；质量事故发展变化的情况；有关质量事故的观测记录、事故现场状态的照片或录像；事故调查组调查研究所获得的第一手资料。

（2）有关合同及合同文件包括工程承包合同、设计委托合同、设备与器材购销合同、监理合同及分包合同等。

（3）有关的技术文件和档案主要是有关的设计文件（如施工图纸和技术说明）、与施工有关的技术文件、档案和资料（如施工方案、施工计划、施工记录、施工日志、有关建筑材料的质量证明资料、现场制备材料的质量证明资料、质量事故发生后对事故状况的观测记录、试验记录或试验报告等）。

（4）相关的建设法规主要有《建筑法》《建设工程质量管理条例》和《关于做好房屋建筑和市政基础设施工程质量事故报告和调查处理工作的通知》（建质[2010]111号）等与工程质量及质量事故处理有关的法规，以及勘察、设计、施工、监理等单位资质管理和从业者资格管理方面的法规，建筑市场管理方面的法规，以及相关技术标准、规范、规程和管理办法等。

### 2. 施工质量事故报告和调查处理程序

施工质量事故报告和调查处理的一般程序如图 3-2 所示。

（1）事故报告。工程质量事故发生后，事故现场有关人员应当立即向工程建设单位负责报告；工程建设单

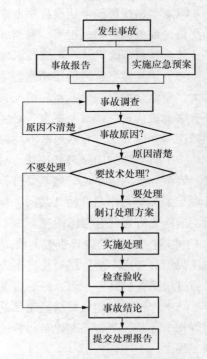

图 3-2　施工质量事故处理的一般程序

位负责人接到报告后，应于 1 小时内向事故发生地县级以上人民政府住房和城乡建设主管部门及有关部门报告；同时应按照应急预案采取相应措施。情况紧急时，事故现场有关人员可直接向事故发生地县级以上人民政府住房和城乡建设主管部门报告。

事故报告应包括下列内容：

① 事故发生的时间、地点、工程项目名称、工程各参建单位名称；

② 事故发生的简要经过、伤亡人数和初步估计的直接经济损失；

③ 事故原因的初步判断；

④ 事故发生后采取的措施及事故控制情况；

⑤ 事故报告单位、联系人及联系方式；

⑥ 其他应当报告的情况。

（2）事故调查。事故调查要按规定区分事故的大小，分别由相应级别的人民政府直接或授权委托有关部门组织事故调查组进行调查。未造成人员伤亡的一般事故，县级人民政府也可以委托事故发生单位组织事故调查组进行调查。事故调查应力求及时、客观、全面，以便为事故的分析与处理提供正确的依据。调查结果要整理撰写成事故调查报告，其主要内容应包括：

① 事故项目及各参建单位概况；

② 事故发生经过和事故救援情况；

③ 事故造成的人员伤亡和直接经济损失；

④ 事故项目有关质量检测报告和技术分析报告；

⑤ 事故发生的原因和事故性质；

⑥ 事故责任的认定和事故责任者的处理建议；

⑦ 事故防范和整改措施。

（3）事故的原因分析。原因分析要建立在事故情况调查的基础上，避免情况不明就主观推断事故的原因。特别是对涉及勘察、设计、施工、材料和管理等方面的质量事故，事故的原因往往错综复杂，因此，必须对调查所得到的数据、资料进行仔细分析，依据国家有关法律法规和工程建设标准分析事故的直接原因和间接原因，必要时组织对事故项目进行检测鉴定和专家技术论证，去伪存真，找出造成事故的主要原因。

（4）制订事故处理的技术方案。事故的处理要建立在原因分析的基础上，要广泛地听取专家及有关方面的意见，经科学论证，决定事故是否要进行技术处理和怎样处理。在制订事故处理的技术方案时，应做到安全可靠，技术可行，不留隐患，经济合理，具有可操作性，满足项目的安全和使用功能要求。

（5）事故处理。事故处理的内容包括：事故的技术处理，按经过论证的技术方案进行处理，解决事故造成的质量缺陷问题；事故的责任处罚，依据有关人民政府对事故调查报告的批复和有关法律法规的规定，对事故相关责任者实施行政处罚，负有事故责任的人员涉嫌犯罪的，依法追究刑事责任。

（6）事故处理的鉴定验收。质量事故的技术处理是否达到预期的目的，是否依然存在隐患，应当通过检查鉴定和验收做出确认。事故处理的质量检查鉴定，应严格按施工验收规范和相关质量标准的规定进行，必要时还应通过实际量测、试验和仪器检测等方法获取必要的数据，以便准确地对事故处理的结果做出鉴定，形成鉴定结论。

（7）提交事故处理报告。事故处理后，必须尽快提交完整的事故处理报告，其内容包括：

事故调查的原始资料、测试的数据；事故原因分析和论证结果；事故处理的依据；事故处理的技术方案及措施；实施技术处理过程中有关的数据、记录、资料；检查验收记录；对事故相关责任者的处罚情况和事故处理的结论等。

**3．施工质量事故处理的基本要求**

（1）质量事故的处理应达到安全可靠、不留隐患、满足生产和使用要求、施工方便、经济合理的目的。

（2）消除造成事故的原因，注意综合治理，防止事故再次发生。

（3）正确确定技术处理的范围和正确选择处理的时间和方法。

（4）切实做好事故处理的检查验收工作，认真落实防范措施。

（5）确保事故处理期间的安全。

**4．施工质量缺陷处理的基本方法**

（1）返修处理。当项目的某些部分的质量虽未达到规范、标准或设计规定的要求，存在一定的缺陷，但经过采取整修等措施后可以达到要求的质量标准，又不影响使用功能或外观的要求时，可采取返修处理的方法。例如，某些混凝土结构表面出现蜂窝、麻面，或者混凝土结构局部出现损伤，如结构受撞击、局部未振实、冻害、火灾、酸类腐蚀、碱骨料反应等，当这些缺陷或损伤仅仅在结构的表面或局部，不影响其使用和外观，可进行返修处理。再比如对混凝土结构出现裂缝，经分析研究后如果不影响结构的安全和使用功能时，也可采取返修处理。当裂缝宽度不大于 0.2mm 时，可采用表面密封法；当裂缝宽度大于 0.3mm 时，采用嵌缝密闭法；当裂缝较深时，则应采取灌浆修补的方法。

（2）加固处理。加固处理主要是针对危及结构承载力的质量缺陷的处理。通过加固处理，使建筑结构恢复或提高承载力，重新满足结构安全性与可靠性的要求，使结构能继续使用或改作其他用途。对混凝土结构常用的加固方法主要有：增大截面加固法、外包角钢加固法、粘钢加固法、增设支点加固法、增设剪力墙加固法、预应力加固法等。

（3）返工处理。当工程质量缺陷经过返修、加固处理后仍不能满足规定的质量标准要求，或不具备补救可能性，则必须采取重新制作、重新施工的返工处理措施。例如，某防洪堤坝填筑压实后，其压实土的干密度未达到规定值，经核算将影响土体的稳定且不满足抗渗能力的要求，须挖除不合格土，重新填筑，重新施工；某公路桥梁工程预应力按规定张拉系数为 1.3，而实际仅为 0.8，属严重的质量缺陷，也无法修补，只能重新制作。再比如某高层住宅施工中，有几层的混凝土结构误用了安定性不合格的水泥，无法采用其他补救办法，不得不爆破拆除重新浇筑。

（4）限制使用。当工程质量缺陷按修补方法处理后无法保证达到规定的使用要求和安全要求，而又无法返工处理的情况下，不得已时可做出诸如结构卸荷或减荷以及限制使用的决定。

（5）不做处理。某些工程质量问题虽然达不到规定的要求或标准，但其情况不严重，对结构安全或使用功能影响很小，经过分析、论证、法定检测单位鉴定和设计单位等认可后可不做专门处理。一般可不做专门处理的情况有以下几种。

① 不影响结构安全和使用功能的。例如，有的工业建筑物出现放线定位的偏差，且严重超过规范标准规定，若要纠正会造成重大经济损失，但经过分析、论证其偏差不影响生产工艺和正常使用，在外观上也无明显影响，可不做处理。又如，某些部位的混凝土表面的裂缝，经检查分析，属于表面养护不够的干缩微裂，不影响安全和外观，也可不做处理。

② 后道工序可以弥补的质量缺陷。例如，混凝土结构表面的轻微麻面，可通过后续的抹灰、刮涂、喷涂等弥补，也可不做处理。再比如，混凝土现浇楼面的平整度偏差达到 10mm，但由于后续垫层和面层的施工可以弥补，所以也可不做处理。

③ 法定检测单位鉴定合格的。例如，某检验批混凝土试块强度值不满足规范要求，强度不足，但经法定检测单位对混凝土实体强度进行实际检测后，其实际强度达到规范允许和设计要求值时，可不做处理。对经检测未达到要求值，但相差不多，经分析论证，只要使用前经再次检测达到设计强度，也可不做处理，但应严格控制施工荷载。

④ 出现的质量缺陷，经检测鉴定达不到设计要求，但经原设计单位核算，仍能满足结构安全和使用功能的。例如，某一结构构件截面尺寸不足，或材料强度不足，影响结构承载力，但按实际情况进行复核验算后仍能满足设计要求的承载力时，可不进行专门处理。这种做法实际上是挖掘设计潜力或降低设计的安全系数，应谨慎处理。

（6）报废处理。出现质量事故的项目，通过分析或实践，采取上述处理方法后仍不能满足规定的质量要求或标准，则必须予以报废处理。

# 3.6 质量控制的统计分析方法

统计质量管理是 20 世纪 30 年代发展起来的科学管理理论与方法，它把数理统计方法应用于产品生产过程的抽样检验，通过研究样本质量特性数据的分布规律，分析和推断生产过程质量的总体状况，改变了传统的事后把关的质量控制方式，为工业生产的事前质量控制和过程质量控制，提供了有效的科学手段。它的作用和贡献使之成为质量管理历史上一个阶段性的标志，至今仍是质量管理不可缺少的工具。可以说，没有数理统计方法就没有现代工业质量管理。建筑业虽然是现场型的单件性建筑产品生产，数理统计方法直接在现场施工过程工序质量检验中的应用，受到客观条件的某些限制，但在进场材料的抽样检验、试块试件的检测试验等方面，仍然有广泛的应用。尤其是人们应用数理统计原理所创立的分层法、因果分析法、直方图法、排列图法、管理图法、分布图法、检查表法等定量和定性方法，对施工现场质量管理都有实际的应用价值。本章主要介绍分层法、因果分析图法、排列图法、直方图法的应用。

## 3.6.1　分层法的应用

### 1. 分层法的基本原理

由于项目质量的影响因素众多，对工程质量状况的调查和质量问题的分析，必须分门别类地进行，以便准确有效地找出问题及其原因所在，这就是分层法的基本思想。

例如，一个焊工班组有 A、B、C 三位工人实施焊接作业，共抽检 60 个焊接点，发现有 18 个点不合格，占 30%。究竟问题出在谁身上？根据分层调查的统计数据表 3-2 可知，主要是作业工人 C 的焊接质量影响了总体的质量水平。

表 3-2                                        分层调查的统计数据表

| 作业工人 | 抽检点数 | 不合格点数 | 个体不合格率 | 占不合格点总数百分率 |
|---|---|---|---|---|
| A | 20 | 2 | 10% | 11% |
| B | 20 | 4 | 20% | 22% |
| C | 20 | 12 | 60% | 67% |
| 合计 | 60 | 18 | — | 100% |

### 2. 分层法的实际应用

应用分层法的关键是调查分析的类别和层划分，根据管理需要和统计目的，通常可按照以下分层方法取得原始数据：

（1）按施工时间分，如月、日、上午、下午、白天、晚间、季节；

（2）按地区部位分，如区域、城市、乡村、楼层、外墙、内墙；

（3）按产品材料分，如产地、厂商、规格、品种；

（4）按检测方法分，如方法、仪器、测定人、取样方式；

（5）按作业组织分，如工法、班组、工长、工人、分包商；

（6）按工程类型分，如住宅、办公楼、道路、桥梁、隧道；

（7）按合同结构分，如总承包、专业分包、劳务分包。

经过第一次分层调查和分析，找出主要问题的所在以后，还可以针对这个问题再次分层进行调查分析，一直到分析结果满足管理需要为止。层次类别划分越明确，越细致，就越能够准确有效地找出问题及其原因所在。

## 3.6.2  因果分析图法的应用

### 1. 因果分析图法的基本原理

因果分析图法，也称为质量特性要因分析法，其基本原理是对每一个质量特性或问题，采用如图 3-3 所示的方法，逐层深入排查可能原因，然后确定其中最主要原因，进行有的放矢的处置和管理。

### 2. 因果分析图法的应用示例

图 3-3 表示混凝土强度不合格的原因分析，其中，把混凝土施工的生产要素，即人、机械、材料、施工方法和施工环境作为第一层面的因素进行分析；然后对第一层面的各个因素，再进行第二层面的可能原因的深入分析。依此类推，直至把所有可能的原因，分层次地一一罗列出来。

### 3. 因果分析图法应用时的注意事项

（1）一个质量特性或一个质量问题使用一张图分析。

（2）通常采用 QC 小组活动的方式进行，集思广益，共同分析。

（3）必要时可以邀请小组以外的有关人员参与，广泛听取意见。

（4）分析时要充分发表意见，层层深入，排除所有可能的原因。

（5）在充分分析的基础上，由各参与人员采用投票或其他方式，从中选择 1～5 项多数人达成共识的最主要原因。

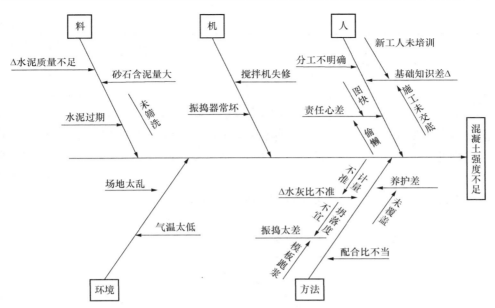

图 3-3  混凝土强度不合格因果分析图

## 3.6.3  排列图法的应用

### 1. 排列图法的适用范围

在质量管理过程中，通过抽样检查或检验试验所得到的关于质量问题、偏差、缺陷、不合格等方面的统计数据，以及造成质量问题的原因分析统计数据，均可采用排列图方法进行状况描述，它具有直观、主次分明的特点。

### 2. 排列图法的应用示例

表 3-3 表示对某项模板施工精度进行抽样检查，得到 150 个不合格点数的统计数据。然后按照质量特性不合格点数（频数）由大到小的顺序，重新整理为表 3-4，并分别计算出累计频数和累计频率。

表 3-3 某项模板施工精度的抽样检查数据

| 序号 | 检查项目 | 不合格点数 | 序号 | 检查项目 | 不合格点数 |
|---|---|---|---|---|---|
| 1 | 轴线位置 | 1 | 5 | 平面水平度 | 15 |
| 2 | 垂直度 | 8 | 6 | 表面平整度 | 75 |
| 3 | 标高 | 4 | 7 | 预埋设施中心位置 | 1 |
| 4 | 截面尺寸 | 45 | 8 | 预留孔洞中心位置 | 1 |

表 3-4 重新整理后的抽样检查数据

| 序　号 | 项　目 | 频　数 | 频率（%） | 累计频率（%） |
|---|---|---|---|---|
| 1 | 表面平整度 | 75 | 50.0 | 50.0 |
| 2 | 截面尺寸 | 45 | 30.0 | 80.0 |
| 3 | 平面水平度 | 15 | 10.0 | 90.0 |
| 4 | 垂直度 | 8 | 5.3 | 95.3 |

续表

| 序　号 | 项　目 | 频　数 | 频　率（%） | 累计频率（%） |
|---|---|---|---|---|
| 5 | 标高 | 4 | 2.7 | 98.0 |
| 6 | 其他 | 3 | 2.0 | 100.0 |
| 合计 | | 150 | 100 | |

根据表 3-6 的统计数据画出排列图，如图 3-4 所示，并将其中累计频率 0～80%定为 A 类问题，即主要问题，进行重点管理；将累计频率在 80%～90%区间的问题定为 B 类问题，即次要问题，作为次重点管理；将其余累计频率在 90%～100%区间的问题定为 C 类问题，即一般问题，按照常规适当加强管理。以上方法称为 ABC 分类管理法。

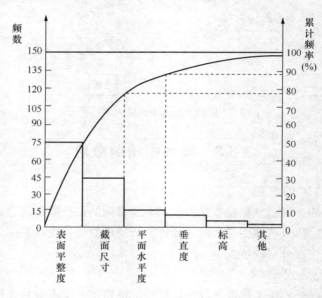

图 3-4　构件尺寸不合格点排列图

## 3.6.4　直方图法的应用

1．直方图法的主要用途

（1）整理统计数据，了解统计数据的分布特征，即数据分布的集中或离散状况，从中掌握质量能力状态。

（2）观察分析生产过程质量是否处于正常、稳定和受控状态以及质量水平是否保持在公差允许的范围内。

2．直方图法的应用示例

首先是收集当前生产过程质量特性抽检的数据，然后制作直方图进行观察分析，判断生产过程的质量状况和能力。表 3-5 为某工程 10 组试块的抗压强度数据 50 个，从这些数据很难直接判断其质量状况是否正常、稳定和受控情况，如将其数据整理后绘制成直方图，就可以根据正态分布的特点进行分析判断，如图 3-5 所示。

表 3-5 　　　　　　　　　　 数据整理表 　　　　　　　　 单位：N/mm²

| 序号 | 抗压强度 | | | | | 最大值 | 最小值 |
|---|---|---|---|---|---|---|---|
| 1 | 39.8 | 37.7 | 33.8 | 31.5 | 36.1 | 39.8 | 31.5 |
| 2 | 37.2 | 38.0 | 33.1 | 39.0 | 36.0 | 39.0 | 33.1 |
| 3 | 35.8 | 35.2 | 31.8 | 37.1 | 34.0 | 37.1 | 31.8 |
| 4 | 39.9 | 34.3 | 33.2 | 40.4 | 41.2 | 41.2 | 33.2 |
| 5 | 39.2 | 35.4 | 34.4 | 38.1 | 40.3 | 40.3 | 34.4 |
| 6 | 42.3 | 37.5 | 35.5 | 39.3 | 37.3 | 42.3 | 35.5 |
| 7 | 35.9 | 42.4 | 41.8 | 36.3 | 36.2 | 42.4 | 35.9 |
| 8 | 46.2 | 37.6 | 38.3 | 39.7 | 38.0 | 46.2 | 37.6 |
| 9 | 36.4 | 38.3 | 43.4 | 38.2 | 38.0 | 43.4 | 36.4 |
| 10 | 44.4 | 42.0 | 37.9 | 38.4 | 39.5 | 44.4 | 37.9 |

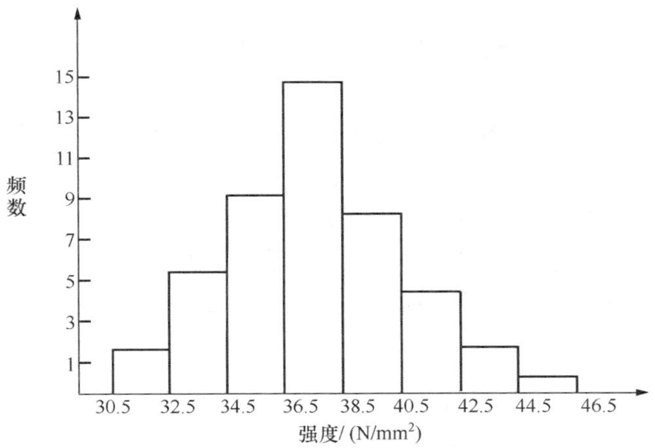

图 3-5　混凝土强度分布直方图

### 3. 直方图的观察分析

（1）通过分布形状观察分析

① 所谓形状观察分析是指将绘制好的直方图形状与正态分布图的形状进行比较分析，一看形状是否相似，二看分布区间的宽窄。直方图的分布形状及分布区间宽窄是由质量特性统计数据的平均值和标准偏差所决定的。

② 正常直方图呈正态分布，其形状特征是中间高、两边低、成对称，如图 3-6（a）所示。正常直方图反映生产过程质量处于正常、稳定状态。数理统计研究证明，当随机抽样方案合理且样本数量足够大时，在生产能力处于正常、稳定状态，质量特性检测数据趋于正态分布。

③ 异常直方图呈偏态分布，常见的异常直方图有折齿型、缓坡型、孤岛型、双峰型、峭壁型，如图 3-6（b）～图 3-6（f）所示，出现异常的原因可能是生产过程存在影响质量的系统因素，或收集整理数据制作直方图的方法不当所致，要具体分析。

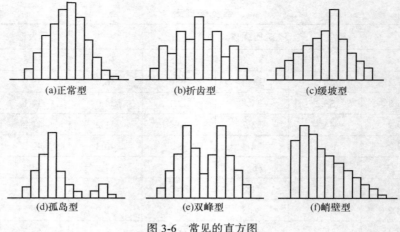

图 3-6　常见的直方图

（2）通过分布位置观察分析

① 所谓位置观察分析是指将直方图的分布位置与质量控制标准的上下限范围进行比较分析，如图 3-7 所示。

② 生产过程的质量正常、稳定和受控，还必须在公差标准上、下界限范围内达到质量合格的要求。只有这样正常、稳定和受控才是经济合理的受控状态，如图 3-7（a）所示。

③ 图 3-7（b）所示的质量特性数据分布偏下限，易出现不合格，在管理上必须提高总体能力。

④ 图 3-7（c）所示的质量特性数据的分布宽度边界达到质量标准的上下界限，其质量能力处于临界状态，易出现不合格，必须分析原因，采取措施。

⑤ 图 3-7（d）所示的质量特性数据的分布居中且边界与质量标准的上下界限有较大的距离，说明其质量能力偏大，不经济。

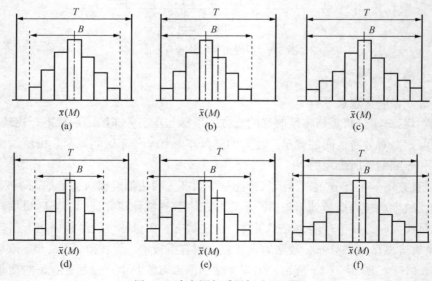

图 3-7　直方图与质量标准上下限

⑥ 图 3-7（e）和图 3-7（f）所示的数据分布均已出现超出质量标准的上下界限，这些数据

说明生产过程存在质量不合格，需要分析原因，采取措施进行纠偏。

# 本章小结

质量的定义是一组固有特性满足要求的程度。建设工程项目质量是指通过项目实施形成的工程实体的质量，是反映建筑工程满足相关标准规定或合同约定的要求，包括其在安全、使用功能及其在耐久性能、环境保护等方面所有明显和隐含能力的特性总和。其质量特性主要体现在适用性、安全性、耐久性、可靠性、经济性及与环境的协调性等六个方面。

建设工程项目的建设单位、勘察单位、设计单位、施工单位、工程监理单位都要依法对建设工程质量负责。

建设工程项目质量的影响因素，主要是指在项目质量目标策划、决策和实现过程中影响质量形成的各种客观因素和主观因素，包括人的因素、机械因素、材料因素、方法因素和环境因素（简称人、机、料、法、环）等。

我国从20世纪80年代开始引进和推广全面质量管理，其基本原理就是强调在企业或组织最高管理者的质量方针指引下，实行全面、全过程和全员参与的质量管理。在长期的生产实践和理论研究中形成的PDCA循环，是建立质量管理体系和进行质量管理的基本方法。

建筑施工企业质量管理体系是企业为实施质量管理而建立的管理体系，通过第三方质量认证机构的认证，为该企业的工程承包经营和质量管理奠定基础。质量管理七项原则是ISO 9000族标准的编制基础，是世界各国质量管理成功经验的科学总结，其中不少内容与我国全面质量管理的经验吻合。

建设工程项目的施工质量控制，一是指项目施工单位的施工质量控制，包括施工总承包、分包单位，综合的和专业的施工质量控制；二是指除了施工单位的施工质量控制外，还包括建设单位、设计单位、监理单位以及政府质量监督机构，在施工阶段对项目施工质量所实施的监督管理和控制职能。

工程项目质量验收，应将项目划分为单位（子单位）工程、分部（子分部）工程、分项工程和检验批进行验收。施工过程质量验收主要是指检验批和分项、分部工程的质量验收。

工程质量事故是指由于建设、勘察、设计、施工、监理等单位违反工程质量有关法律法规和工程建设标准，使工程产生结构安全、重要使用功能等方面的质量缺陷，造成人身伤亡或者重大经济损失的事故。

统计质量管理是20世纪30年代发展起来的科学管理理论与方法，它把数理统计方法应用于产品生产过程的抽样检验，通过研究样本质量特性数据的分布规律，分析和推断生产过程质量的总体状况，改变了传统的事后把关的质量控制方式，为工业生产的事前质量控制和过程质量控制，提供了有效的科学手段。

# 习题与思考

3-1 何谓质量和工程项目质量，其质量特性主要体现在哪些方面？

3-2 参与工程建设的各方的质量责任和义务有哪些?

3-3 建设工程项目质量的影响因素有哪些?

3-4 项目质量风险如何识别?

3-5 质量风险应对策略有哪些?

3-6 何谓全面质量管理?

3-7 何谓 PDCA 循环,共分几个步骤?

3-8 项目质量控制体系的性质有哪些,有何特点?

3-9 质量管理七项原则有哪些?

3-10 项目施工质量验收合格应符合哪些要求?

3-11 施工质量控制的基本环节有哪些?

3-12 何谓施工质量控制点,应如何设置?

3-13 现场质量检查的方法有哪些?

3-14 何谓隐蔽工程,应如何验收?

3-15 建筑工程质量验收的基本规则有哪些?

3-16 项目竣工质量验收的程序如何?

3-17 何谓工程质量事故,其等级如何划分?

3-18 何谓统计质量管理,常用的统计质量管理方法有哪些?

# 第4章

# 建筑工程项目进度管理

## 【学习目标】

通过本章的学习，学生应掌握建设工程项目进度控制的基本概念和内涵，建设工程项目进度计划的编制，建设工程项目进度检查与调整，建设工程项目施工进度控制等基本知识，了解施工进度的目的、任务等内容。

建设工程项目管理有多种类型，代表不同利益方的项目管理（业主方和项目参与各方）都有进度控制的任务，但是，其控制的目标和时间范畴并不相同。

建设工程项目是在动态条件下实施的，因此进度控制也就必须是一个动态的管理过程。它包括：

（1）进度目标的分析和论证，其目的是论证进度目标是否合理，进度目标是否可能实现。如果经过科学的论证，目标不可能实现，则必须调整目标；

（2）在收集资料和调查研究的基础上编制进度计划；

（3）进度计划的跟踪检查与调整；它包括定期跟踪检查所编制进度计划的执行情况，若其执行有偏差，则采取纠偏措施，并视必要调整进度计划。

# 4.1 施工项目进度管理概述

## 4.1.1 项目进度控制的目的

进度控制的目的是通过控制以实现工程的进度目标。如只重视进度计划的编制，而不重视进度计划必要的调整，则进度无法得到控制。为了实现进度目标，进度控制的过程也就是随着项目的进展，进度计划不断调整的过程。

施工方是工程实施的一个重要参与方，许许多多的工程项目，特别是大型重点建设工程项目，工期要求十分紧迫，施工方的工程进度压力非常大。数百天的连续施工，一天两班制施工，甚至24小时连续施工时有发生。不是正常有序地施工，而盲目赶工，难免会导致施工质量问题和施工安全问题的出现，并且会引起施工成本的增加。因此，施工进度控制不仅关系施工进度目标能否实现，它还直接关系到工程的质量和成本。在工程施工实践中，必须树立和坚持一个最基本的工程管理原则，即在确保工程质量的前提下，控制工程的进度。

为了有效地控制施工进度，尽可能摆脱因进度压力而造成工程组织的被动，施工方有关管理人员应深化理解：

（1）整个建设工程项目的进度目标如何确定；

（2）有哪些影响整个建设工程项目进度目标实现的主要因素；

（3）如何正确处理工程进度和工程质量的关系；

（4）施工方在整个建设工程项目进度目标实现中的地位和作用；

（5）影响施工进度目标实现的主要因素；

（6）施工进度控制的基本理论、方法、措施和手段等。

## 4.1.2 项目进度控制的任务

业主方进度控制的任务是控制整个项目实施阶段的进度，包括控制设计准备阶段的工作进度、设计工作进度、施工进度、物资采购工作进度，以及项目动用前准备阶段的工作进度。

设计方进度控制的任务是依据设计任务委托合同对设计工作进度的要求控制设计工作进度，这是设计方履行合同的义务。另外，设计方应尽可能使设计工作的进度与招标、施工和物资采购等工作进度相协调。在国际上，设计进度计划主要是各设计阶段的设计图纸（包括有关的说明）的出图计划，在出图计划中标明每张图纸的名称、图纸规格、负责人和出图日期。出图计划是设计方进度控制的依据，也是业主方控制设计进度的依据。

施工方进度控制的任务是依据施工任务委托合同对施工进度的要求控制施工进度，这是施工方履行合同的义务。在进度计划编制方面，施工方应视项目的特点和施工进度控制的需要，编制深度不同的控制性、指导性和实施性施工的进度计划，以及按不同计划周期（年度、季度、月度和旬）的施工计划等。

供货方进度控制的任务是依据供货合同对供货的要求控制供货进度，这是供货方履行合同的义务。供货进度计划应包括供货的所有环节，如采购、加工制造、运输等。

1. 建设工程项目进度计划系统的内涵

建设工程项目进度计划系统是由多个相互关联的进度计划组成的系统，它是项目进度控制的依据。由于各种进度计划编制所需要的必要资料是在项目进展过程中逐步形成的，因此项目进度计划系统的建立和完善也有一个过程，它是逐步形成的。图4-1所示为一个建设工程项目进度计划系统的示例，这个计划系统有4个计划层次。

2. 不同类型的建设工程项目进度计划系统

根据项目进度控制不同的需要和不同的用途，业主方和项目各参与方可以构建多个不同的建设工程项目进度计划系统，如：

（1）由多个相互关联的不同计划深度的进度计划组成的计划系统；

（2）由多个相互关联的不同计划功能的进度计划组成的计划系统；

（3）由多个相互关联的不同项目参与方的进度计划组成的计划系统；

（4）由多个相互关联的不同计划周期的进度计划组成的计划系统等。

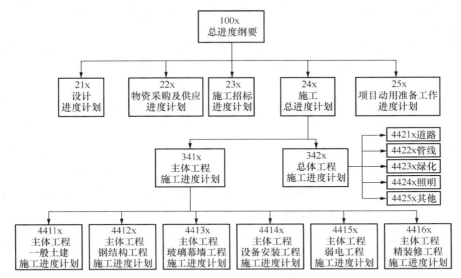

图 4-1　建设工程项目进度计划系统的示例

图 4-1 所示的建设工程项目进度计划系统示例的第二平面是多个相互关联的不同项目参与方的进度计划组成的计划系统；其第三和第四平面是多个相互关联的不同计划深度的进度计划组成的计划系统。

由不同深度的计划构成进度计划系统，包括：

（1）总进度规划（计划）；

（2）项目子系统进度规划（计划）；

（3）项目子系统中的单项工程进度计划等。

由不同功能的计划构成进度计划系统，包括：

（1）控制性进度规划（计划）；

（2）指导性进度规划（计划）；

（3）实施性（操作性）进度计划等。

由不同项目参与方的计划构成进度计划系统，包括：

（1）业主方编制的整个项目实施的进度计划；

（2）设计进度计划；

（3）施工和设备安装进度计划；

（4）采购和供货进度计划等。

由不同周期的计划构成进度计划系统，包括：

（1）5 年建设进度计划；

（2）年度、季度、月度和旬计划等。

## 3．建设工程项目进度计划系统中的内部关系

在建设工程项目进度计划系统中各进度计划或各子系统进度计划编制和调整时必须注意其

相互间的联系和协调，如：

（1）总进度规划（计划）、项目子系统进度规划（计划）与项目子系统中的单项工程进度计划之间的联系和协调；

（2）控制性进度规划（计划）、指导性进度规划（计划）与实施性（操作性）进度计划之间的联系和协调；

（3）业主方编制的整个项目实施的进度计划、设计方编制的进度计划、施工和设备安装方编制的进度计划与采购和供货方编制的进度计划之间的联系和协调等。

### 4.1.3　计算机辅助建设工程项目进度控制

国外有很多用于进度计划编制的商业软件，自20世纪70年代末和80年代初开始，我国也开始研制进度计划的软件，这些软件都是在工程网络计划原理的基础上编制的。应用这些软件可以实现计算机辅助建设工程项目进度计划的编制和调整，以确定工程网络计划的时间参数。

计算机辅助工程网络计划编制的意义如下：

（1）解决当工程网络计划计算量大，而手工计算难以承担的困难；

（2）确保工程网络计划计算的准确性；

（3）有利于工程网络计划及时调整；

（4）有利于编制资源需求计划等。

正如前述，进度控制是一个动态编制和调整计划的过程，初始的进度计划和在项目实施过程中不断调整的计划，以及与进度控制有关的信息应尽可能对项目各参与方透明，以便各方为实现项目的进度目标协同工作。为使业主方各工作部门和项目各参与方方便快捷地获取进度信息，可利用项目信息门户作为基于互联网的信息处理平台辅助进度控制。

## 4.2 建筑工程项目进度计划编制

### 4.2.1　横道图进度计划的编制方法

横道图是一种最简单、运用最广泛的传统的进度计划方法，尽管有许多新的计划技术，横道图在建设领域中的应用仍非常普遍。

通常横道图的表头为工作及其简要说明，项目进展表示在时间表格上，如图4-2所示。按照所表示工作的详细程度，时间单位可以为小时、天、周、月等。这些时间单位经常用日历表示，此时可表示非工作时间，如停工时间、公众假日、假期等。根据此横道图使用者的要求，工作可按照时间先后、责任、项目对象、同类资源等进行排序。

横道图也可将工作简要说明直接放在横道上。横道图可将最重要的逻辑关系标注在内，但是，如果将所有逻辑关系均标注在图上，则横道图简洁性的最大优点将丧失。

横道图用于小型项目或大型项目的子项目上，或用于计算资源需要量和概要预示进度，也可用于其他计划技术的表示结果。

横道图计划表中的进度线（横道）与时间坐标相对应，这种表达方式较直观，易看懂计划编制的意图。但是，横道图进度计划法也存在一些问题，如：

（1）工序（工作）之间的逻辑关系可以设法表达，但不易表达清楚；

（2）适用于手工编制计划；

（3）没有通过严谨的进度计划时间参数计算，不能确定计划的关键工作、关键路线与时差；

| | 工作名称 | 持续时间 | 开始时间 | 完成时间 | 紧前工作 |
|---|---|---|---|---|---|
| 1 | 基础完 | 0天 | 1993-12-28 | 1993-12-28 | |
| 2 | 预制柱 | 35天 | 1993-12-28 | 1994-2-14 | 1 |
| 3 | 预制屋架 | 20天 | 1993-12-28 | 1994-1-24 | 1 |
| 4 | 预制楼梯 | 15天 | 1993-12-28 | 1994-1-17 | 1 |
| 5 | 吊装 | 30天 | 1994-2-15 | 1994-3-28 | 2, 3, 4 |
| 6 | 砌砖墙 | 20天 | 1994-3-29 | 1994-4-25 | 5 |
| 7 | 屋面找平 | 5天 | 1994-3-29 | 1994-4-4 | 5 |
| 8 | 钢窗安装 | 4天 | 1994-4-19 | 1994-4-22 | 6SS+15d |
| 9 | 二毡三油一砂 | 5天 | 1994-4-5 | 1994-4-11 | 7 |
| 10 | 外粉刷 | 20天 | 1994-4-25 | 1994-5-20 | 8 |
| 11 | 内粉刷 | 30天 | 1994-4-25 | 1994-6-3 | 8, 9 |
| 12 | 油漆、玻璃 | 5天 | 1994-6-26 | 1994-6-10 | 10, 11 |
| 13 | 竣工 | 0天 | 1994-6-10 | 1994-6-10 | 12 |

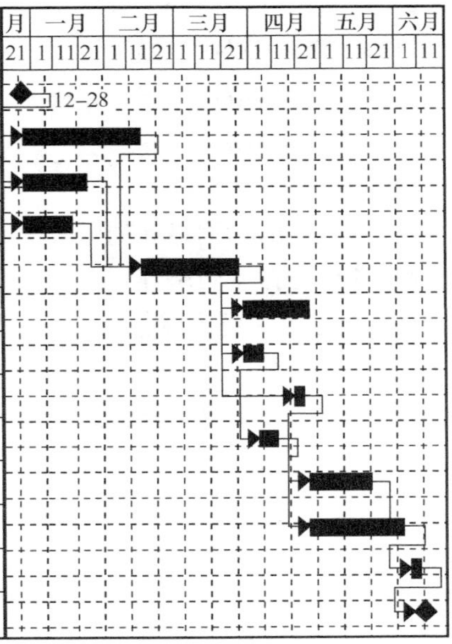

图 4-2　横道图

（4）计划调整只能用手工方式进行，其工作量较大；

（5）难以适应大的进度计划系统。

## 4.2.2　工程网络计划的编制方法

网络图是由箭线和节点组成，用来表示工作流程的有向、有序网状图形。网络计划是在网络图上加注工作的时间参数等而编成的进度计划。网络计划技术是用网络计划对任务的工作进度进行安排和控制，以保证实现预定目标的科学的计划管理技术。

国际上，工程网络计划有许多名称，如 CPM、PERT、CPA、MPM 等。工程网络计划的类型有如下几种不同的划分方法。

工程网络计划按工作持续时间的特点划分为：

（1）肯定型问题的网络计划；

（2）非肯定型问题的网络计划；

（3）随机网络计划等。

工程网络计划按工作和事件在网络图中的表示方法划分为：

（1）事件网络，以节点表示事件的网络计划；

（2）工作网络：

① 以箭线表示工作的网络计划（我国《工程网络计划技术规程》（JGJ/T 121—2015）称为双代号网络计划）；

② 以节点表示工作的网络计划（我国《工程网络计划技术规程》（JGJ/T 121—2015）称为单代号网络计划）。

工程网络计划按计划平面的个数划分为：

（1）单平面网络计划；

（2）多平面网络计划（多阶网络计划，分级网络计划）。

美国较多使用双代号网络计划，欧洲则较多使用单代号搭接网络计划。

我国《工程网络计划技术规程》（JGJ/T 121—2015）推荐的常用的工程网络计划类型包括：

（1）双代号网络计划；

（2）单代号网络计划；

（3）双代号时标网络计划；

（4）单代号搭接网络计划。

## 1. 双代号网络计划

（1）基本概念

双代号网络图是以箭线及其两端节点的编号表示工作的网络图，如图 4-3 所示。

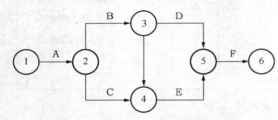

图 4-3　双代号网络图

① 箭线（工作）。箭线（工作）泛指一项需要消耗人力、物力和时间的具体活动过程，也称工序、活动、作业。

双代号网络图中，每一条箭线表示一项工作。箭线的箭尾节点 $i$ 表示该工作的开始，箭线的箭头节点 $j$ 表示该工作的完成。工作名称可标注在箭线的上方，完成该项工作所需要的持续时间可标注在箭线的下方，如图 4-4 所示。由于一项工作需用一条箭线和其箭尾与箭头处两个圆圈中的号码来表示，故称为双代号网络计划。

在双代号网络图中，任意一条实箭线都要占用时间，并多数要消耗资源。在建设工程中，一条箭线表示项目中的一个施工过程，它可以是一道工序、一个分项工程、一个分部工程或一个单位工程，其粗细程度和工作范围的划分根据计划任务的需要确定。

在双代号网络图中，为了正确地表达图中工作之间的逻辑关系，往往需要应用虚箭线。虚箭线是实际工作中并不存在的一项虚设工作，故它们既不占用时间，也不消耗资源，一般起着工作之间的联系、区分和断路三个作用：

a. 联系作用是指应用虚箭线正确表达工作之间相互依存的关系；

b. 区分作用是指双代号网络图中每一项工作都必须用一条箭线和两个代号表示，若两项工作的代号相同时，应使用虚工作加以区分，如图 4-5 所示；

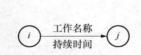

图 4-4　双代号网络图工作的表示方法

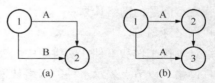

图 4-5　虚箭线的区分作用

c. 断路作用是用虚箭线断掉多余联系，即在网络图中把无联系的工作连接上时，应加上虚工作将其断开。

在无时间坐标的网络图中，箭线的长度原则上可以任意画，其占用的时间以下方标注的时间参数为准。箭线可以为直线、折线或斜线，但其行进方向均应从左向右。在有时间坐标的网络图中，箭线的长度必须根据完成该工作所需持续时间的长短按比例绘制。

在双代号网络图中，通常将工作用 $i-j$ 工作表示。紧排在本工作之前的工作称为紧前工作，紧排在本工作之后的工作称为紧后工作，与之平行进行的工作称为平行工作。

② 节点（又称结点、事件）。节点是网络图中箭线之间的连接点。在时间上节点表示指向某节点的工作全部完成后该节点后面的工作才能开始的瞬间，它反映前后工作的交接点。网络图中有三个类型的节点。

a. 起点节点，即网络图的第一个节点，它只有外向箭线（由节点向外指的箭线），一般表示一项任务或一个项目的开始。

b. 终点节点，即网络图的最后一个节点，它只有内向箭线（指向节点的箭线），一般表示一项任务或一个项目的完成。

c. 中间节点，即网络图中既有内向箭线，又有外向箭线的节点。

双代号网络图中，节点应用圆圈表示，并在圆圈内标注编号。一项工作应当只有唯一的一条箭线和相应的一对节点，且要求箭尾节点的编号小于其箭头节点的编号，即 $j<i$。

网络图节点的编号顺序应从小到大，可不连续，但不允许重复。

③ 线路。网络图中从起始节点开始，沿箭头方向顺序通过一系列箭线与节点，最后达到终点节点的通路称为线路。在一个网络图中可能有很多条线路，线路中各项工作持续时间之和就是该线路的长度，即线路所需要的时间。一般网络图有多条线路，可依次用该线路上的节点代号来记述，例如网络图 4-3 中的线路有三条线路：①-②-③-⑤-⑥、①-②-④-⑤-⑥、①-②-③-④-⑤-⑥。

在各条线路中，有一条或几条线路的总时间最长，称为关键路线，一般用双线或粗线标注。其他线路长度均小于关键线路，称为非关键线路。

④ 逻辑关系。网络图中工作之间相互制约或相互依赖的关系称为逻辑关系，它包括工艺关系和组织关系，在网络均应表现为工作之间的先后顺序。

a. 工艺关系。生产性工作之间由工艺过程决定的，非生产性工作之间由工作程序决定的先后顺序称为工艺关系。

b. 组织关系。工作之间由于组织安排需要或资源（人力、材料、机械设备和资金等）调配需要而确定的先后顺序关系称为组织关系。

网络图必须正确地表达整个工程或任务的工艺流程和各工作开展的先后顺序，以及它们之间相互依赖和相互制约的逻辑关系。因此，绘制网络图时必须遵循一定的基本规则和要求。

（2）绘图规则

① 双代号网络图必须正确表达已确定的逻辑关系。网络图中常见的各种工作逻辑关系的表示方法见表 4-1。

表 4-1　　　　　　　　　　网络图中常见的各种工作逻辑关系的表示方法

| 序号 | 工作之间的逻辑关系 | 网络图中表示方法 | 说　明 |
|---|---|---|---|
| 1 | 有 A、B 两项工作按照依次施工方式进行 | | B 工作依赖着 A 工作，A 工作约束着 B 工作的开始 |
| 2 | 有 A、B、C 三项工作同时开始工作 | | A、B、C 三项工作称为平行工作 |
| 3 | 有 A、B、C 三项工作同时结束 | | A、B、C 三项工作称为平行工作 |
| 4 | 有 A、B、C 三项工作，只有在 A 完成后，B、C 才能开始 | | A 工作制约着 B、C 工作的开始，B、C 为平行工作 |
| 5 | 有 A、B、C 三项工作，C 工作只有在 A、B 完成后，C、D 才能开始 | | C 工作依赖着 A、B 工作，A、B 为平行工作 |
| 6 | 有 A、B、C、D 四项工作，只有当 A、B 完成后，C、D 才能开始 | | 通过中间节点 $j$ 正确地表达了 A、B、C、D 之间的关系 |
| 7 | 有 A、B、C、D 四项工作，A 完成后，C 才能开始；A、B 完成后 D 才能开始 | | D 与 A 之间引入了逻辑连接（虚工作），只有这样才能正确表达它们之间的约束关系 |
| 8 | 有 A、B、C、D、E 五项工作，A、B 完成后 C 开始；B、D 完成后 E 开始 | | 虚工作 $ij$ 反映出 C 工作受到 B 工作的约束，虚工作 $ik$ 反映出 E 工作受到 B 工作的约束 |
| 9 | 有 A、B、C、D、E 五项工作，A、B、C 完成后 D 才能开始；B、C 完成后 E 才能开始 | | 这是前面序号 1、5 情况通过虚工作连接起来，虚工作表示 D 工作受到 B、C 工作制约 |
| 10 | A、B 两项工作分三个施工段，流水施工 | | 每个工种工程建立专业工作队，在每个施工段上进行流水作业，不同工种之间用逻辑搭接关系表示 |

②　双代号网络图中，不允许出现循环回路。所谓循环回路是指从网络图中的某一个节点出发，顺着箭线方向又回到了原来出发点的线路，如图 4-6（a）所示。

③　双代号网络图中，在节点之间不能出现带双向箭头或无箭头的连线，如图 4-6（b）所示。

④　双代号网络图中，不能出现没有箭头节点或没有箭尾节点的箭线，如图 4-7 所示。

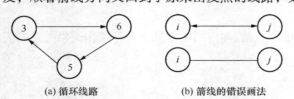

(a) 循环线路　　　　(b) 箭线的错误画法

图 4-6　循环线路和箭线的错误画法

图 4-7 没有箭头和箭尾节点的箭线

⑤ 当双代号网络图的某些节点有多条外向箭线或多条内向箭线时，为使图形简洁，可使用母线法绘制（但应满足一项工作用一条箭线和相应的一对节点表示），如图 4-8 所示。

⑥ 绘制网络图时，箭线不宜交叉。当交叉不可避免时，可用过桥法或指向法，如图 4-9 所示。

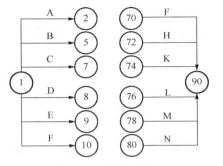

图 4-8 母线法绘图

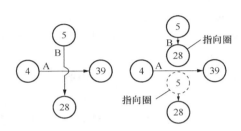

图 4-9 箭线交叉的表示方法

⑦ 双代网络图中应只有一个起点节点和一个终点节点（多目标网络计划除外），而其他所有节点均应是中间节点。

⑧ 双代号网络图应条理清楚，布局合理。例如，网络图中的工作箭线不宜画成任意方向或曲线形状，尽可能用水平线或斜线；关键线路、关键工作尽可能安排在图面中心位置，其他工作分散在两边；避免倒回箭头等。

（3）双代号网络图时间参数的计算

双代号网络计划时间参数计算的目的在于通过计算各项工作的时间参数，确定网络计划的关键工作、关键线路和计算工期，为网络计划的优化、调整和执行提供明确的时间参数。双代号网络计划时间参数的计算方法很多，一般常用的有：按工作计算法和按节点计算法进行计算；在计算方式上又有分析计算法、表上计算法、图上计算法、矩阵计算法和电算法等。本节只介绍按工作计算法在图上进行计算的方法（图上计算法）。

① 时间参数的概念及其符号。

a. 工作持续时间（$D_{i-j}$）。工作持续时间是对一项工作规定的从开始到完成的时间。在双代号网络计划中，工作 $i-j$ 的持续时间用 $D_{i-j}$ 表示。

b. 工期（$T$）。工期泛指完成任务所需要的时间，一般有以下三种。

● 计算工期。根据网络计划时间参数计算出来的工期，用 $T_c$ 表示。

● 要求工期。任务委托人所要求的工期，用 $T_r$ 表示。

● 计划工期。在要求工期和计算工期的基础上综合考虑需要和可能而确定的工期，用 $T_p$ 表示。网络计划的计划工期 $T_p$ 应按下列情况分别确定：

当已规定了要求工期 $T_r$ 时，

$$T_p \leq T_r \tag{4-1}$$

当未规定要求工期时，可令计划工期等于计算工期，

$$T_p = T_c \qquad (4\text{-}2)$$

c. 网络计划中工作的六个时间参数。

• 最早开始时间（$ES_{i-j}$）。最早开始时间是指在各紧前工作全部完成后，本工作有可能开始的最早时刻。工作 $i$–$j$ 的最早开始时间用 $ES_{i-j}$ 表示。

• 最早完成时间（$EF_{i-j}$）。最早完成时间是指在各紧前工作全部完成后，本工作有可能完成的最早时刻。工作 $i$–$j$ 的最早完成时间用 $EF_{i-j}$ 表示。

• 最迟开始时间（$LS_{i-j}$）。最迟开始时间是指在不影响整个任务按期完成的前提下，工作必须开始的最迟时刻。工作 $i$–$j$ 的最迟开始时间用 $LS_{i-j}$ 表示。

• 最迟完成时间（$LF_{i-j}$）。最迟完成时间是指在不影响整个任务按期完成的前提下，工作必须完成的最迟时刻。工作 $i$–$j$ 的最迟完成时间用 $LF_{i-j}$ 表示。

• 总时差（$TF_{i-j}$）。总时差是指在不影响总工期的前提下，本工作可以利用的机动时间。工作 $i$–$j$ 的总时差用 $TF_{i-j}$ 表示。

• 自由时差（$FF_{i-j}$）。自由时差是指在不影响其紧后工作最早开始的前提下，本工作可以利用的机动时间。工作 $i$–$j$ 的自由时差用 $FF_{i-j}$ 表示。

按工作计算法计算网络计划中各时间参数，其计算结果应标注在箭线之上，如图 4-10 所示。

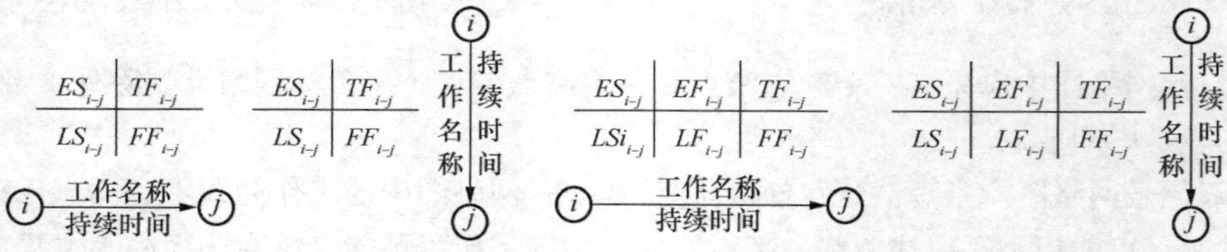

（a）四时间参数标注法　　　　　　　　　　（b）六时间参数标注法

图 4-10　双代号网络计划按工序法计算时间参数标注形式

② 双代号网络计划时间参数计算。按工作计算法在网络图上计算六个工作时间参数，必须在清楚计算顺序和计算步骤的基础上，列出必要的公式，以加深对时间参数计算的理解。时间参数的计算步骤如下。

a. 最早开始时间和最早完成时间的计算。综上所述，工作最早时间参数受到紧前工作的约束，故其计算顺序应从起点节点开始，顺着箭线方向依次逐项计算。

以网络计划的起点节点为开始结点的工作的最早开始时间为零。如网络计划起点节点的编号为 1，则：

$$ES_{i-j} = 0(i = 1) \qquad (4\text{-}3)$$

顺着箭线方向依次计算各个工作的最早完成时间和最早开始时间。

当工作只有一个紧前工作时，最早完成时间等于最早开始时间加上其持续时间：

$$EF_{i-j} = ES_{i-j} + D_{i-j} \qquad (4\text{-}4)$$

当工作有多个紧前工作时，最早开始时间等于各紧前工作的最早完成时间 $EF_{h-i}$ 的最大值：

$$ES_{i-j} = \max[EF_{h-i}] \qquad (4\text{-}5)$$

或 $$ES_{i-j} = \max[ES_{h-i} + D_{h-i}] \qquad (4\text{-}6)$$

b. 确定计算工期 $T_c$。计算工期等于以网络计划的终点节点为箭头节点的各个工作的最早

完成时间的最大值。当网络计划终点节点的编号为 $n$ 时，计算工期：

$$T_c = \max[EF_{i-n}] \qquad (4\text{-}7)$$

当无要求工期的限制时，取计划工期等于计算工期，即取 $T_p = T_c$。

c. 最迟开始时间和最迟完成时间的计算。工作最迟时间参数受到紧后工作的约束，故其计算顺序应从终点节点起，逆着箭线方向依次逐项计算。

以网络计划的终点节点（$j = n$）为箭头节点的工作的最迟完成时间等于计划工期 $T_p$，即：

$$LF_{i-n} = T_p \qquad (4\text{-}8)$$

逆着箭线方向依次计算各个工作的最迟开始时间和最迟完成时间。

当工作只有一个紧后工作时，最迟开始时间等于最迟完成时间减去其持续时间：

$$LS_{i-j} = LF_{i-j} - D_{i-j} \qquad (4\text{-}9)$$

当工作有多个紧后工作时，最迟完成时间等于各紧后工作的最迟开始时间 $LS_{j-k}$ 的最小值：

$$LF_{i-j} = \min[LS_{j-k}] \qquad (4\text{-}10)$$

或

$$LF_{i-j} = \min[LF_{j-k} - D_{j-k}] \qquad (4\text{-}11)$$

d. 计算工作总时差。总时差等于其最迟开始时间减去最早开始时间，或等于最迟完成时间减去最早完成时间：

$$TF_{i-j} = LS_{i-j} - ES_{i-j} \qquad (4\text{-}12)$$

$$TF_{i-j} = LF_{i-j} - EF_{i-j} \qquad (4\text{-}13)$$

e. 计算工作自由时差。当工作 $i\text{-}j$ 有紧后工作 $j\text{-}k$ 时，其自由时差应为：

$$FF_{i-j} = ES_{j-k} - EF_{i-j} \qquad (4\text{-}14)$$

或

$$FF_{i-j} = ES_{j-k} - ES_{i-j} - D_{i-j} \qquad (4\text{-}15)$$

以网络计划的终点节点（$j = n$）为箭头节点的工作，其自由时差 $FF_{i-n}$ 应按网络计划的计划工期 $T_p$ 确定，即：

$$FF_{i-n} = T_p - EF_{i-n} \qquad (4\text{-}16)$$

（4）关键工作和关键线路的确定

① 关键工作。总时差最小的工作是关键工作。

② 关键线路。自始至终全部由关键工作组成的线路为关键线路，或线路上总的工作持续时间最长的线路为关键线路。网络图上的关键线路可用双线或粗线标注。

【例 4-1】已知网络计划的资料见表 4-2，试绘制双代号网络计划；若计划工期等于计算工期，试计算各项工作的六个时间参数并确定关键线路，标注在网络计划上。

表 4-2　　　　　　　　　　　　　　网络计划资料表

| 工作名称 | A | B | C | D | E | F | H | G |
|---|---|---|---|---|---|---|---|---|
| 紧前工作 | / | / | B | B | A、C | A、C | D、F | D、E、F |
| 持续时间/天 | 4 | 2 | 3 | 3 | 5 | 6 | 5 | 3 |

【解】（1）根据表 4-2 中网络计划的有关资料，按照网络图的绘图规则，绘制双代号网络图，如图 4-11 所示。

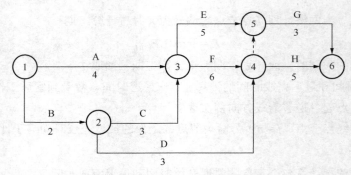

图 4-11　双代号网络计算实例原图

（2）计算各项工作的时间参数，并将计算结果标注在箭线上方相应的位置。

① 计算各项工作的最早开始时间和最早完成时间。

从起点节点（①节点）开始顺着箭线方向依次逐项计算到终点节点（⑥节点）。

a. 以网络计划起点节点为开始节点的各工作的最早开始时间为零：

$$ES_{1-2} = ES_{1-3} = 0$$

b. 计算各项工作的最早开始和最早完成时间：

$$EF_{1-2} = ES_{1-2} + D_{1-2} = 0 + 2 = 2$$
$$EF_{1-3} = ES_{1-3} + D_{1-3} = 0 + 4 = 4$$
$$ES_{2-3} = ES_{2-4} = EF_{1-2} = 2$$
$$EF_{2-3} = ES_{2-3} + D_{2-3} = 2 + 3 = 5$$
$$EF_{2-4} = ES_{2-4} + D_{2-4} = 2 + 3 = 5$$
$$EF_{3-4} = ES_{3-5} = \max[EF_{1-3}, EF_{2-3}] = \max[4, 5] = 5$$
$$EF_{3-4} = ES_{3-4} + D_{3-4} = 5 + 6 = 11$$
$$EF_{3-5} = ES_{3-5} + D_{3-5} = 5 + 5 = 10$$
$$ES_{4-6} = ES_{4-5} = \max[EF_{3-4}, EF_{2-4}] = \max[11, 5] = 11$$
$$EF_{4-6} = ES_{4-6} + D_{4-6} = 11 + 5 = 16$$
$$EF_{4-5} = 11 + 0 = 11$$
$$ES_{5-6} = \max[EF_{3-5}, EF_{4-5}] = \max[10, 11] = 11$$
$$EF_{5-6} = 11 + 3 = 14$$

将以上计算结果标注在图 4-12 中的相应位置。

② 确定计算工期 $T_c$ 及计划工期 $T_p$。

计算工期：　　　　　　　　$T_c = \max[EF_{5-6}, EF_{4-6}] = \max[14, 16] = 16$

已知计划工期等于计算工期，即：

计划工期：　　　　　　　　$T_p = T_c = 16$

③ 计算各项工作的最迟开始时间和最迟完成时间。

从终点节点（⑥节点）开始逆着箭线方向依次逐项计算到起点节点（①节点）。

a. 以网络计划终点节点为箭头节点的工作的最迟完成时间等于计划工期：

$$LF_{4-6} = LF_{5-6} = 16$$

b. 计算各项工作的最迟开始和最迟完成时间：

$$LS_{4-6} = LF_{4-6} - D_{4-6} = 16 - 5 = 11$$
$$LS_{5-6} = LF_{5-6} - D_{5-6} = 16 - 3 = 13$$
$$LF_{3-5} = LF_{4-5} = LS_{5-6} = 13$$
$$LS_{3-5} = LF_{3-5} - D_{3-5} = 13 - 5 = 8$$
$$LS_{4-5} = LF_{4-5} - D_{4-5} = 13 - 0 = 13$$
$$LF_{2-4} = LF_{3-4} = \min[LS_{4-5}, \ LS_{4-6}] = \min[13, \ 11] = 11$$
$$LS_{2-4} = LF_{2-4} - D_{2-4} = 11 - 3 = 8$$
$$LS_{3-4} = LF_{3-4} - D_{3-4} = 11 - 6 = 5$$
$$LF_{1-3} = LF_{2-3} = \min[LS_{3-4}, \ LS_{3-5}] = \min[5, \ 8] = 5$$
$$LS_{1-3} = LF_{1-3} - D_{1-3} = 5 - 4 = 1$$
$$LS_{2-3} = LF_{2-3} - D_{2-3} = 5 - 3 = 2$$
$$LF_{1-2} = \min[LS_{2-3}, \ LS_{2-4}] = \min[2, \ 8] = 2$$
$$LS_{1-2} = LF_{1-2} - D_{1-2} = 2 - 2 = 0$$

④ 计算各项工作的总时差：$TF_{i-j}$。

可以用工作的最迟开始时间减去最早开始时间或用工作的最迟完成时间减去最早完成时间：

$$TF_{1-2} = LS_{1-2} - ES_{1-2} = 0 - 0 = 0$$
或
$$TF_{1-2} = LF_{1-2} - EF_{1-2} = 2 - 2 = 0$$
$$TF_{1-3} = LS_{1-3} - ES_{1-3} = 1 - 0 = 1$$
$$TF_{2-3} = LS_{2-3} - ES_{2-3} = 2 - 2 = 0$$
$$TF_{2-4} = LS_{2-4} - ES_{2-4} = 8 - 2 = 6$$
$$TF_{3-4} = LS_{3-4} - ES_{3-4} = 5 - 5 = 0$$
$$TF_{3-5} = LS_{3-5} - ES_{3-5} = 8 - 5 = 3$$
$$TF_{4-6} = LS_{4-6} - ES_{4-6} = 11 - 11 = 0$$
$$TF_{5-6} = LS_{5-6} - ES_{5-6} = 13 - 11 = 2$$

将以上计算结果标注在图 4-12 中的相应位置。

⑤ 计算各项工作的自由时差：$TF_{i-j}$。

等于紧后工作的最早开始时间减去本工作的最早完成时间：

$$FF_{1-2} = ES_{2-3} - EF_{1-2} = 2 - 2 = 0$$
$$FF_{1-3} = ES_{3-4} - EF_{1-3} = 5 - 4 = 1$$
$$FF_{2-3} = ES_{3-5} - EF_{2-3} = 5 - 5 = 0$$
$$FF_{2-4} = ES_{4-6} - EF_{2-4} = 11 - 5 = 6$$
$$FF_{3-4} = ES_{4-6} - EF_{3-4} = 11 - 11 = 0$$
$$FF_{3-5} = ES_{5-6} - EF_{3-5} = 11 - 10 = 1$$
$$FF_{4-6} = T_{\mathrm{p}} - EF_{4-6} = 16 - 16 = 0$$
$$FF_{5-6} = T_{\mathrm{p}} - EF_{5-6} = 16 - 14 = 2$$

将以上计算结果标注在图 4-12 中的相应位置。

（3）确定关键工作及关键线路。

在图 4-12 中，最小的总时差是 0，所以，凡是总时差为 0 的工作均为关键工作。该例中的关键工作是：①－②，②－③，③－④，④－⑥（或关键工作是：B、C、F、H）。

在图4-12中，自始至终全由关键工作组成的关键线路是：①－②－③－④－⑥，关键线路用双箭线进行标注。

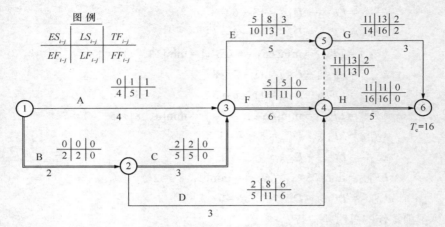

图4-12　双代号网络计算实例

## 2．双代号时标网络计划

（1）双代号时标网络计划的特点

双代号时标网络计划是以水平时间坐标为尺度编制的双代号网络计划，其主要特点有：

①　时标网络计划兼有网络计划与横道计划的优点，它能够清楚地表明计划的时间进程，使用方便；

②　时标网络计划能在图上直接显示出各项工作的开始与完成时间，工作的自由时差及关键线路；

③　在时标网络计划中可以统计每一个单位时间对资源的需要量，以便进行资源优化和调整；

④　由于箭线受到时间坐标的限制，当情况发生变化时，对网络计划的修改比较麻烦，往往要重新绘图。但在使用计算机以后，这一问题已较容易解决。

（2）双代号时标网络计划的一般规定

①　时间坐标的时间单位应根据需要在编制网络计划之前确定，可为：季、月、周、天等；

②　时标网络计划应以实箭线表示工作，以虚箭线表示虚工作，以波形线表示工作的自由时差；

③　时标网络计划中所有符号在时间坐标上的水平投影位置，都必须与其时间参数相对应，节点中心必须对准相应的时标位置；

④　虚工作必须以垂直方向的虚箭线表示，有自由时差时加波形线表示。

（3）时标网络计划的编制

时标网络计划宜按各个工作的最早开始时间编制。在编制时标网络计划之前，应先按已确定的时间单位绘制出时标计划表，见表4-3。

表 4-3 时标计划表

| 日历 | | | | | | | | | | | | | | | | |
|---|---|---|---|---|---|---|---|---|---|---|---|---|---|---|---|---|
| （时间单位） | 1 | 2 | 3 | 4 | 5 | 6 | 7 | 8 | 9 | 10 | 11 | 12 | 13 | 14 | 15 | 16 |
| 网络计划 | | | | | | | | | | | | | | | | |
| （时间单位） | | | | | | | | | | | | | | | | |

双代号时标网络计划的编制方法有两种：

① 间接法绘制。先绘制出标时网络计划，计算各工作的最早时间参数，再根据最早时间参数在时标计划表上确定节点位置，连线完成，某些工作箭线长度不足以到达该工作的完成节点时，用波形线补足；

② 直接法绘制。根据网络计划中工作之间的逻辑关系及各工作的持续时间，直接在时标计划表上绘制时标网络计划。绘制步骤如下：

• 将起点节点定位在时标表的起始刻度线上；

• 按工作持续时间在时标计划表上绘制起点节点的外向箭线；

• 其他工作的开始节点必须在其所有紧前工作都绘出以后，定位在这些紧前工作最早完成时间最大值的时间刻度上，某些工作的箭线长度不足以到达该节点时，用波形线补足，箭头画在波形线与节点连接处；

• 用上述方法从左至右依次确定其他节点位置，直至网络计划终点节点定位，绘图完成。

【例 4-2】已知网络计划的资料见表 4-4，试绘制双代号时标网络计划。

表 4-4 网络计划资料表

| 工作名称 | A | B | C | D | E | F | G | H | J |
|---|---|---|---|---|---|---|---|---|---|
| 紧前工作 | / | / | / | A | A、B | D | C、E | C | D、G |
| 持续时间/天 | 3 | 4 | 7 | 5 | 2 | 5 | 3 | 5 | 4 |

【解】①将网络计划的起点节点定位在时标表的起始刻度线位置上，起点节点的编号为 1，如图 4-13 所示。

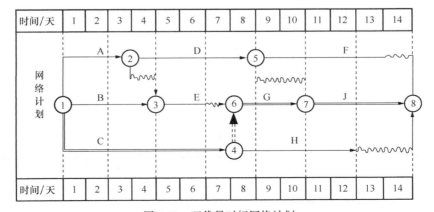

图 4-13 双代号时标网络计划

② 画节点①的外向箭线，即按各工作的持续时间，画出无紧前工作的 A、B、C 工作，并确定节点②、③、④的位置，如图 4-13 所示。

③ 依次画出节点②、③、④的外向箭线工作 D、E、H，并确定节点⑤、⑥的位置。节点⑥的位置定位在其两条内向箭线的最早完成时间的最大值处，即定位在时标值 7 的位置，工作 E 的箭线长度达不到⑥节点，则用波形线补足，如图 4-13 所示。

④ 按上述步骤，直到画出全部工作，确定出终点节点⑧的位置，时标网络计划绘制完毕，如图 4-13 所示。

（4）关键线路和计算工期的确定

① 时标网络计划关键线路的确定，应自终点节点逆箭线方向朝起点节点逐次进行判定：从终点到起点不出现波形线的线路即为关键线路。图 4-13 中，关键线路是：①－④－⑥－⑦－⑧，用双箭线表示。

② 时标网络计划的计算工期，应是终点节点与起点节点所在位置之差。图 4-13 中，计算工期 $T_c = 14 - 0 = 14$（天）。

（5）网络计划时间参数的确定

在时标网络计划中，六个工作时间参数的确定步骤如下。

① 最早时间参数的确定。按最早开始时间绘制时标网络计划，最早时间参数可以从图 4-13 上直接确定。

a. 最早开始时间 $ES_{i-j}$。每条实箭线左端箭尾节点（$i$ 节点）中心所对应的时标值，即为该工作的最早开始时间。

b. 最早完成时间 $EF_{i-j}$。如箭线右端无波形线，则该箭线右端节点（$j$ 节点）中心所对应的时标值为该工作的最早完成时间；如箭线右端有波形线，则实箭线右端末所对应的时标值即为该工作的最早完成时间。

由图 4-13 可知：$ES_{1-3} = 0$，$EF_{1-3} = 4$；$ES_{3-6} = 4$，$EF_{3-6} = 6$。以此类推确定。

② 自由时差的确定。时标网络计划中各工作的自由时差值应为表示该工作的箭线中波形线部分在坐标轴上的水平投影长度。

由图 4-13 可知：工作 E、H、F 的自由时差分别为：$FF_{3-6} = 1$；$FF_{4-8} = 2$；$FF_{5-8} = 1$。

③ 总时差的确定。时标网络计划中工作总时差的计算应自右向左进行，且符合下列规定。

a. 以终点节点（$j = n$）为箭头节点的工作总时差 $TF_{i-n}$ 应按网络计划的计划工期 $T_p$ 计算确定，即：

$$TF_{i-n} = T_p - EF_{i-n} \tag{4-17}$$

由图 4-13 可知，工作 F、J、H 的总时差分别为：

$$TF_{5-8} = T_p - EF_{5-8} = 14 - 13 = 1$$
$$TF_{7-8} = T_p - EF_{7-8} = 14 - 14 = 0$$
$$TF_{4-8} = T_p - EF_{4-8} = 14 - 12 = 2$$

b. 其他工作总时差等于其紧后工作 $j-k$ 总时差的最小值与本工作自由时差之和，即：

$$TF_{i-j} = \min[TF_{j-k}] + FF_{i-j} \tag{4-18}$$

各项工作总时差计算如下：

$$TF_{6-7} = TF_{7-8} + FF_{6-7} = 0 + 0 = 0$$

$$TF_{3-6} = TF_{6-7} + FF_{3-6} = 0 + 1 = 1$$

$$TF_{2-5} = \min[TF_{5-7}, \ TF_{5-8}] + FF_{2-5} = \min[2, \ 1] + 0 = 1 + 0 = 1$$

$$TF_{1-4} = \min[TF_{4-6}, \ TF_{4-8}] + FF_{1-4} = \min[0, \ 2] + 0 = 0 + 0 = 0$$

$$TF_{1-3} = TF_{3-6} + FF_{1-3} = 1 + 0 = 1$$

$$TF_{1-2} = \min[TF_{2-3}, \ TF_{2-5}] + FF_{1-2} = \min[2, \ 1] + 0 = 1 + 0 = 1$$

④ 最迟时间参数的确定。时标网络计划中工作的最迟开始时间和最迟完成时间可按下式计算：

$$LS_{i-j} = ES_{i-j} + TF_{i-j} \tag{4-19}$$

$$LF_{i-j} = EF_{i-j} + TF_{i-j} \tag{4-20}$$

如图 4-13 所示，工作最迟开始时间和最迟完成时间为：

$$LS_{1-2} = ES_{1-2} + TF_{1-2} = 0 + 1 = 1$$

$$LF_{1-2} = EF_{1-2} + TF_{1-2} = 3 + 1 = 4$$

$$LS_{1-3} = ES_{1-3} + TF_{1-3} = 0 + 1 = 1$$

$$LF_{1-3} = EF_{1-3} + TF_{1-3} = 4 + 1 = 5$$

由此类推，可计算出各项工作的最迟开始时间和最迟完成时间。由于所有工作的最早开始时间、最早完成时间和总时差均为已知，故计算容易，此处不再一一列举。

# 4.3 建筑工程项目施工进度检查与调整

在计划执行过程中，由于组织、管理、经济、技术、资源、环境和自然条件等因素的影响，往往会造成实际进度与计划进度产生偏差，如果偏差不能及时纠正，必将影响进度目标的实现。因此，在计划执行过程中采取相应措施来进行管理，对保证计划目标的顺利实现具有重要意义。

进度计划执行中的管理工作主要有以下几个方面：

（1）检查并掌握实际进展情况；

（2）分析产生进度偏差的主要原因；

（3）确定相应的纠偏措施或调整方法。

## 1. 进度计划的检查

（1）进度计划的检查方法

① 计划执行中的跟踪检查。在网络计划的执行过程中，必须建立相应的检查制度，定时定期地对计划的实际执行情况进行跟踪检查，收集反映实际进度的有关数据。

② 收集数据的加工处理。收集反映实际进度的原始数据量大面广，必须对其进行整理、统计和分析，形成与计划进度具有可比性的数据，以便在网络图上进行记录。根据记录的结果可以分析判断进度的实际状况，及时发现进度偏差，为网络图的调整提供信息。

③ 实际进度检查记录的方式。当采用时标网络计划时，可采用实际进度前锋线记录计划实际执行状况，进行实际进度与计划进度的比较。

实际进度前锋线是在原时标网络计划上，自上而下从计划检查时刻的时标点出发，用点画线依此将各项工作实际进度达到的前锋点连接而成的折线。通过实际进度前锋线与原进度计划中各工作箭线交点的位置可以判断实际进度与计划进度的偏差。

例如，图 4-14 所示是一份时标网络计划用前锋线进行检查记录的实例。该图中有四条前锋线，分别记录了第 47、52、57、62 天的四次检查结果。

当采用无时标网络计划时，可在图上直接用文字、数字、适当符号或列表记录计划的实际执行状况，进行实际进度与计划进度的比较。

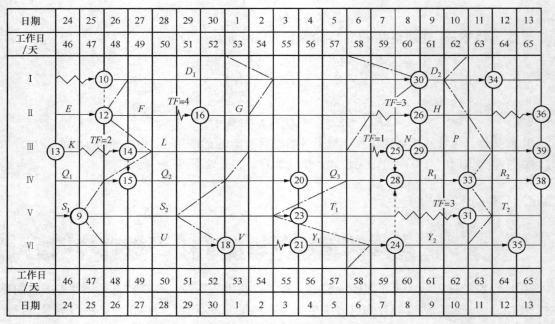

图 4-14 实际进度前锋线实例

（2）网络计划检查的主要内容

① 关键工作进度；

② 非关键工作的进度及时差利用情况；

③ 实际进度对各项工作之间逻辑关系的影响；

④ 资源状况；

⑤ 成本状况；

⑥ 存在的其他问题。

（3）对检查结果进行分析判断。通过对网络计划执行情况检查的结果进行分析判断，可为计划的调整提供依据。一般应进行如下分析判断：

① 对时标网络计划宜利用绘制的实际进度前锋线，分析计划的执行情况及其发展趋势，对未来的进度做出预测、判断，找出偏离计划目标的原因及可供挖掘的潜力所在；

② 对无时标网络计划宜按表 4-5 记录的情况对计划中未完成的工作进行分析判断。

表 4-5　　　　　　　　　　　　　　网络计划检查结果分析表

| 工作编号 | 工作名称 | 检查时尚需工作天数 | 按计划最迟完成尚有天数 | 总时差/天 | | 自由时差/天 | | 情况分析 |
|---|---|---|---|---|---|---|---|---|
| | | | | 原有 | 目前尚有 | 原有 | 目前尚有 | |
| | | | | | | | | |
| | | | | | | | | |
| | | | | | | | | |

**2. 进度计划的调整**

（1）网络计划调整的内容。

① 调整关键线路的长度。

② 调整非关键工作时差。

③ 增、减工作项目。

④ 调整逻辑关系。

⑤ 重新估计某些工作的持续时间。

⑥ 对资源的投入做相应调整。

（2）网络计划调整的方法。

① 调整关键线路的方法。当关键线路的实际进度比计划进度拖后时，应在尚未完成的关键工作中，选择资源强度小或费用低的工作缩短其持续时间，并重新计算未完成部分的时间参数，将其作为一个新计划实施。

当关键线路的实际进度比计划进度提前时，若不拟提前工期，应选用资源占用量大或者直接费用高的后续关键工作，适当延长其持续时间，以降低其资源强度或费用；当确定要提前完成计划时，应将计划尚未完成的部分作为一个新计划，重新确定关键工作的持续时间，按新计划实施。

② 非关键工作时差的调整方法。非关键工作时差的调整应在其时差的范围内进行，以便更充分地利用资源、降低成本或满足施工的需要。每一次调整后都必须重新计算时间参数，观察该调整对计划全局的影响。可采用以下几种调整方法：

a. 将工作在其最早开始时间与最迟完成时间范围内移动；

b. 延长工作的持续时间；

c. 缩短工作的持续时间。

③ 增、减工作项目时的调整方法。增、减工作项目时应符合下列规定：

a. 不打乱原网络计划总的逻辑关系，只对局部逻辑关系进行调整；

b. 在增减工作后应重新计算时间参数，分析对原网络计划的影响；当对工期有影响时，应采取调整措施，以保证计划工期不变。

④ 调整逻辑关系。逻辑关系的调整只有当实际情况要求改变施工方法或组织方法时才可进行。调整时应避免影响原定计划工期和其他工作的顺利进行。

⑤ 调整工作的持续时间。当发现某些工作的原持续时间估计有误或实现条件不充分时，应重新估算其持续时间，并重新计算时间参数，尽量使原计划工期不受影响。

⑥ 调整资源的投入。当资源供应发生异常时，应采用资源优化方法对计划进行调整，或采取应急措施，使其对工期的影响最小。

网络计划的调整，可以定期进行，亦可根据计划检查的结果在必要时进行。

## 4.4 建筑工程项目进度控制

建筑工程项目进度控制的措施包括组织措施、管理措施、经济措施和技术措施。

**1. 项目进度控制的组织措施**

组织措施是目标能否实现的决定性因素，为实现项目的进度目标，应充分重视健全项目管理的组织体系。在项目组织结构中应有专门的工作部门和符合进度控制岗位资格的专人负责进度控制工作。

进度控制的主要工作环节包括进度目标的分析和论证、编制进度计划、定期跟踪进度计划的执行情况、采取纠偏措施以及调整进度计划。这些工作任务和相应的管理职能应在项目管理组织设计的任务分工表和管理职能分工表中标示并落实。

应编制项目进度控制的工作流程，如：

（1）定义项目进度计划系统的组成；

（2）各类进度计划的编制程序、审批程序和计划调整程序等。

进度控制工作包含了大量的组织和协调工作，而会议是组织和协调的重要手段，应进行有关进度控制会议的组织设计，以明确：

（1）会议的类型；

（2）各类会议的主持人及参加单位和人员；

（3）各类会议的召开时间；

（4）各类会议文件的整理、分发和确认等。

**2. 项目进度控制的管理措施**

建设工程项目进度控制的管理措施涉及管理的思想、管理的方法、管理的手段、承发包模式、合同管理和风险管理等。在理顺组织的前提下，科学和严谨的管理显得十分重要。

建设工程项目进度控制在管理观念方面存在的主要问题：

（1）缺乏进度计划系统的观念——分别编制各种独立而互不联系的计划，形成不了计划系统；

（2）缺乏动态控制的观念——只重视计划的编制，而不重视及时地进行计划的动态调整；

（3）缺乏进度计划多方案比较和选优的观念——合理的进度计划应体现资源的合理使用、工作面的合理安排、有利于提高建设质量、有利于文明施工和有利于合理地缩短建设周期。

用工程网络计划的方法编制进度计划必须很严谨地分析和考虑工作之间的逻辑关系，通过工程网络的计算可发现关键工作和关键路线，也可知道非关键工作可使用的时差，工程网络计划的方法有利于实现进度控制的科学化。

承发包模式的选择直接关系到工程实施的组织和协调。为了实现进度目标，应选择合理的合同结构，以避免过多的合同交界面而影响工程的进展。工程物资的采购模式对进度也有直接的影响，对此应做比较分析。

为实现进度目标，不但应进行进度控制，还应注意分析影响工程进度的风险，并在分析的基础上采取风险管理措施，以减少进度失控的风险量。常见的影响工程进度的风险，如：

（1）组织风险；

（2）管理风险；

（3）合同风险；

（4）资源（人力、物力和财力）风险；

（5）技术风险等。

重视信息技术（包括相应的软件、局域网、互联网以及数据处理设备）在进度控制中的应用。虽然信息技术对进度控制而言只是一种管理手段，但它的应用有利于提高进度信息处理的效率，有利于提高进度信息的透明度，有利于促进进度信息的交流和项目各参与方的协同工作。

**3. 项目进度控制的经济措施**

建设工程项目进度控制的经济措施涉及资金需求计划、资金供应的条件和经济激励措施等。为确保进度目标的实现，应编制与进度计划相适应的资源需求计划（资源进度计划），包括资金需求计划和其他资源（人力和物力资源）需求计划，以反映工程实施的各时段所需要的资源。通过资源需求的分析，可发现所编制的进度计划实现的可能性，若资源条件不具备，则应调整进度计划。资金需求计划也是工程融资的重要依据。

资金供应条件包括可能的资金总供应量、资金来源（自有资金和外来资金）以及资金供应的时间。在工程预算中应考虑加快工程进度所需要的资金，其中包括为实现进度目标将要采取的经济激励措施所需要的费用。

**4. 项目进度控制的技术措施**

建设工程项目进度控制的技术措施涉及对实现进度目标有利的设计技术和施工技术的选用。不同的设计理念、设计技术路线、设计方案会对工程进度产生不同的影响，在设计工作的前期，特别是在设计方案评审和选用时，应对设计技术与工程进度的关系做分析比较。在工程进度受阻时，应分析是否存在设计技术的影响因素，为实现进度目标有无设计变更的可能性。

施工方案对工程进度有直接影响，在决策其选用时，不仅应分析技术的先进性和经济合理性，还应考虑其对进度的影响。在工程进度受阻时，应分析是否存在施工技术的影响因素，为实现进度目标有无改变施工技术、施工方法和施工机械的可能性。

## 本 章 小 结

建设工程项目进度计划系统是由多个相互关联的进度计划组成的系统，它是项目进度控制的依据。在建设工程项目进度计划系统中各进度计划或各子系统进度计划编制和调整时必须注意其相互间的联系和协调。

横道图是一种最简单，运用最广泛的传统的进度计划方法，尽管有许多新的计划技术，横道图在建设领域中的应用仍非常普遍。

网络图是由箭线和节点组成，用来表示工作流程的有向、有序网状图形。网络计划是在网络图上加注工作的时间参数等而编成的进度计划。网络计划技术是用网络计划对任务的工作进度进行安排和控制，以保证实现预定目标的科学的计划管理技术。

在计划执行过程中，由于组织、管理、经济、技术、资源、环境和自然条件等因素的影响，往往会造成实际进度与计划进度产生偏差。因此，在计划执行过程中采取相应措施来进行管理，对保证计划目标的顺利实现具有重要意义。

建筑工程项目进度控制的措施包括组织措施、管理措施、经济措施和技术措施。进度控制的主要工作环节包括进度目标的分析和论证、编制进度计划、定期跟踪进度计划的执行情况、采取纠偏措施以及调整进度计划等。

# 习题与思考

4-1 建筑工程项目进度控制的目的和任务是什么？

4-2 什么是网络图？什么是网络计划？什么是网络计划技术？

4-3 简述网络图的绘制原则。

4-4 什么叫总时差、自由时差？两者有什么区别？

4-5 什么是关键工程、关键线路？

4-6 什么叫工期优化、资源优化和费用优化？

4-7 什么是实际进度前锋线？网络计划调整的方法有哪些？

4-8 某三层办公楼墙面涂料饰面工程装修，各层上的施工工序时间见表 4-6。

表 4-6

| 施工段 \ 施工工序 | A<br>基层处理 | B<br>墙面刮胶 | C<br>乳胶漆饰面 |
|---|---|---|---|
| 第一层 | 4 | 3 | 2 |
| 第二层 | 3 | 3 | 1 |
| 第三层 | 3 | 4 | 3 |

求：（1）该工程施工计划的双代号网络图、关键线路及工期；

（2）工序及各施工段上的总时差及局部时差。

4-9 根据表 4-7 所示的逻辑关系及数据，绘制双代号网络图，并计算各工作的 $ES$、$EF$、$LS$、$LF$、$TF$、$FF$，用双线画出关键线路。

表 4-7

| 紧前工作 | — | — | — | A | A、B、C | C | D | D、E、F |
|---|---|---|---|---|---|---|---|---|
| 工　作 | A | B | C | D | E | F | G | H |
| 紧后工作 | D、E | E | E、F | G、H | H | H | — | — |
| 持续时间 | 8 | 9 | 8 | 10 | 12 | 9 | 13 | 10 |

4-10 某网络计划的资料见表 4-8，试绘制单代号网络计划，并在图中标出各项工作的六个时间参数，用双线标出关键线路，并计算工期。

表 4-8

| 工作 | A | B | C | D | E | F |
|------|-----|-----|-----|-----|-----|-----|
| 持续时间 | 12 | 10 | 5 | 7 | 6 | 4 |
| 紧前工作 | — | — | — | B | B | C、D |

4-11 根据表 4-9 所示的逻辑关系，分别绘制双代号网络图和单代号网络图。

表 4-9

| 紧前工作 | — | A | A | A | B、C | B、C、D | D | E、F、G |
|------|-----|-----|-----|-----|-----|-----|-----|-----|
| 工 作 | A | B | C | D | E | F | G | H |
| 紧后工作 | B、C、D | E、F | E、F | F、G | H | H | H | |

4-12 根据表 4-10 所示的逻辑关系，分别绘制双代号网络图和单代号网络图。

表 4-10

| 工 作 | A | B | C | D | E | F | G | H |
|------|-----|-----|-----|-----|-----|-----|-----|-----|
| 紧后工作 | B、C、D | E | E、F | F、G | H | H | H | — |

4-13 项目进度控制的组织措施有哪些？

4-14 项目进度控制的管理措施有哪些？

4-15 项目进度控制的经济措施有哪些？

4-16 项目进度控制的技术措施有哪些？

# 第5章

# 建筑工程项目成本管理

【学习目标】

通过本章的学习，学生应了解建筑工程项目成本管理的基本概念、成本的构成，掌握建筑工程项目成本计划的内容与制订、成本控制方法等，了解建筑工程项目成本分析方法与考核手段。

成本管理是指企业生产经营过程中各项成本核算、成本分析、成本决策和成本控制等一系列科学管理行为的总称。成本管理充分动员和组织企业全体人员，在保证产品质量的前提下，对企业生产经营过程的各个环节进行科学合理的管理，力求以最少生产耗费取得最大的生产成果。建筑工程项目施工成本管理应从工程投标报价开始，直至项目保证金返还为止，贯穿于项目实施的全过程。

# 5.1 建筑工程项目成本的构成

## 5.1.1 建筑工程成本管理的基本概念

1. 成本的概念

成本是指按一定的对象归集的费用总和。成本是以货币形式描述的产品在生产经营中或服务在提供中，各种物质资源和人力资源耗费的总和。成本中物质资源的耗费包括劳动资料的占用和劳动对象的消耗，劳动资料的占用通过提取折旧或摊销进入成本，而劳动对象则根据消耗量一次性进入成本。

2. 施工项目成本的概念

施工项目成本是指在建设工程项目的施工过程中所发生的全部生产费用的总和，包括：所消耗的原材料、辅助材料、构配件等费用；周转材料的摊销费或租赁费，施工机械的使用费或租赁费；支付给生产工人的工资、奖金、工资性质的津贴；以及进行施工组织与管理所发生的全部费用支出等。

### 3. 施工项目成本管理的概念

施工成本管理就是要在保证工期和质量满足要求的情况下，采取相应的管理措施，包括组织措施、经济措施、技术措施、合同措施，把成本控制在计划范围内，并进一步寻求最大程度的成本节约。施工成本管理的任务和环节主要包括：

（1）施工成本预测；

（2）施工成本计划；

（3）施工成本控制；

（4）施工成本核算；

（5）施工成本分析；

（6）施工成本考核。

## 5.1.2　施工项目成本的构成

施工项目成本从不同的角度有不同的分类。

按控制阶段可分为承包成本、计划成本和实际成本。承包成本是建筑业企业在施工图预算的基础上，考虑本企业的成本水平和竞争态势提出的投标报价中的成本；计划成本是项目经理部根据计划期的有关资料和降耗节约措施计算的成本；实际成本是施工项目在报告期内实际发生的各项生产费用的总和。三种成本的比较，可以反映出施工项目成本管理的水平和成效。

按成本项目的性态可分为固定成本和变动成本。固定成本是在一定期间和一定工程量范围内，其发生的成本额不受工程量增减的影响而相对固定的成本，如折旧费、大修理费、管理人员工资办公费等。变动成本是发生额随工程量的增减成正比例变动的成本，如直接用于工程的材料费、实行计件工资制的人工费等。

按成本归集途径可分为直接成本和间接成本。

### 1. 直接成本

直接成本是指施工过程中耗费的构成工程实体或有助于工程实体形成的各项费用支出，是可以直接计入工程对象的费用，包括人工费、材料费和施工机具使用费等。

（1）人工费。人工费是指直接从事建筑安装工程施工的生产工人开支的各项费用，包括工资、奖金、工资性质的津贴、生产工人辅助工资、职工福利费、生产工人劳动保护费等。

（2）材料费。材料费是指施工过程中耗用的构成工程实体的各种材料费用，包括原材料、辅助材料、构配件、零件、未成品的费用、周转材料的摊销费和租赁费等。

（3）机械使用费。机械使用费是指施工过程中使用机械所发生的费用，包括使用自有施工机械的费用、外租施工机械的租赁费、施工机械安装、拆卸和进出场费等。

（4）其他直接费。其他直接费是指除上述三项以外的直接用于施工过程的费用，包括材料二次搬运费、临时设施摊销费、生产工具使用费、检验试验费、工程定位复测费、工程点交费、场地清理费等。建筑安装工程费用项目组成还列有：冬雨季施工增加费、夜间施工增加费、仪器仪表使用费、特殊工程培训费、特殊地区施工增加费等。

### 2. 间接成本

间接成本是指项目经理部为施工准备、组织和管理施工生产所发生的，与成本核算对象相关联的全部施工间接支出。包括：

（1）工作人员薪金。工作人员薪金指现场项目管理人员的工资、资金、工资性质的津贴等。

（2）劳动保护费。劳动保护费指现场管理人员按规定标准发放的劳动保护用品的购置费和修理费、防暑降温费、在有碍身体健康环境中施工的保健费用等。

（3）职工福利费指按现场项目管理人员工资总额的 14% 提取的福利费。

（4）办公费指现场管理办公用的文具、纸张、账表、印刷、邮电、书报、会议、水、电、烧水和集体取暖用煤等费用。

（5）差旅交通费指职工因公出差期间的旅费、住勤补助费、市内交通费和误餐补助费、职工探亲路费、劳动力招募费、职工离退休及职工退职一次性路费、工伤人员就医路费、工地转移费以及现场管理使用的交通工具的油料、燃料、养路费和牌照费等。

（6）固定资产使用费指现场管理及试验部门使用的属于固定资产的设备、仪器等折旧、大修理、维修费和租赁费等。

（7）工具用具使用费指现场管理使用的不属于固定资产的工具、器具、家具交通工具和检验、试验、测验、消防用具等的购置、维修和摊销费等。

（8）保险费指施工管理用财产、车辆保险及高空、井下、海上作业特殊工种安全保险等。

（9）工程保修费指工程施工交付使用后在规定的保修期内的修理费用。

（10）工程排污费指施工现场按规定交纳的排污费用。

（11）其他费用按项目管理的要求，凡发生于项目的可控费用，均应下沉到项目核算，不受层次限制，必须落实项目经济责任制，所以还包括费用项目。

（12）工会经费指按现场管理人员的工资总额的 2% 计提工会经费。

（13）教育经费指按现场管理人员的工资总额的 1.5% 提取使用的职工教育经费。

（14）业务活动经费指按"小额、合理、必需"原则使用的业务活动经费。

（15）税金指应由项目负担的房产税、车船使用税、土地使用税、印花税等。

（16）劳保统筹费指按工资总额一定比例交纳的劳保统筹基金。

（17）利息支出指项目在银行开户的存贷款利息收支净额。

（18）其他财务费用指汇兑净损失、调剂外汇手续费、银行手续费用。

## 5.1.3　施工成本管理的基础工作

施工成本管理的基础工作是多方面的，成本管理责任体系的建立是其中最根本最重要的基础工作，涉及成本管理的一系列组织制度、工作程序、业务标准和责任制度的建立。除此以外，应从以下各方面为施工成本管理创造良好的基础条件。

（1）统一组织内部工程项目成本计划的内容和格式。其内容应能反映施工成本的划分、各成本项目的编码及名称、计量单位、单位工程量计划成本及合计金额等。这些成本计划的内容和格式应由各个企业按照自己的管理习惯和需要进行设计。

（2）建立企业内部施工定额并保持其适应性、有效性和相对的先进性，为施工成本计划的编制提供支持。

（3）建立生产资料市场价格信息的收集网络和必要的派出询价网点，做好市场行情预测，保证采购价格信息的及时性和准确性。同时，建立企业的分包商、供应商评审注册名录，发展稳定、良好的供方关系，为编制施工成本计划与采购工作提供支持。

（4）建立已完项目的成本资料、报告报表等的归集、整理、保管和使用管理制度。

（5）科学设计施工成本核算账册体系、业务台账、成本报告报表，为施工成本管理的业务操作提供统一的范式。

## 5.1.4　施工成本管理的措施

为了取得施工成本管理的理想成效，应当从多方面采取措施实施管理，通常可以将这些措施归纳为组织措施、技术措施、经济措施、合同措施。

### 1．组织措施

组织措施是从施工成本管理的组织方面采取的措施。施工成本控制是全员的活动，如实行项目经理责任制，落实施工成本管理的组织机构和人员，明确各级施工成本管理人员的任务和职能分工、权力和责任。施工成本管理不仅是专业成本管理人员的工作，各级项目管理人员都负有成本控制责任。

组织措施的另一方面是编制施工成本控制工作计划、确定合理详细的工作流程。要做好施工采购计划，通过生产要素的优化配置、合理使用、动态管理，有效控制实际成本；加强施工定额管理和施工任务单管理，控制活劳动和物化劳动的消耗；加强施工调度，避免因施工计划不周和盲目调度造成窝工损失、机械利用率降低、物料积压等现象。成本控制工作只有建立在科学管理的基础之上，具备合理的管理体制，完善的规章制度，稳定的作业秩序，完整准确的信息传递，才能取得成效。组织措施是其他各类措施的前提和保障，而且一般不需要增加额外的费用，运用得当可以取得良好的效果。

### 2．技术措施

施工过程中降低成本的技术措施，包括：进行技术经济分析，确定最佳的施工方案；结合施工方法，进行材料使用的比选，在满足功能要求的前提下，通过代用、改变配合比、使用外加剂等方法降低材料消耗的费用；确定最合适的施工机械、设备使用方案；结合项目的施工组织设计及自然地理条件，降低材料的库存成本和运输成本；应用先进的施工技术，运用新材料，使用先进的机械设备等。在实践中，也要避免仅从技术角度选定方案而忽视对其经济效果的分析论证。

技术措施不仅对解决施工成本管理过程中的技术问题是不可缺少的，而且对纠正施工成本管理目标偏差也有相当重要的作用。因此，运用技术纠偏措施的关键，一是要能提出多个不同的技术方案；二是要对不同的技术方案进行技术经济分析比较，以选择最佳方案。

### 3．经济措施

经济措施是最易为人们所接受和采用的措施。管理人员应编制资金使用计划，确定、分解施工成本管理目标。对施工成本管理目标进行风险分析，并制定防范性对策。对各种支出，应认真做好资金的使用计划，并在施工中严格控制各项开支。及时准确地记录、收集、整理、核算实际支出的费用。对各种变更，及时做好增减账，及时落实业主签证，及时结算工程款。通过偏差分析和未完工工程预测，可发现一些潜在的可能引起未完工程施工成本增加的问题，对这些问题应以主动控制为出发点，及时采取预防措施。因此，经济措施的运用绝不仅仅是财务人员的事情。

### 4. 合同措施

采用合同措施控制施工成本，应贯穿整个合同周期，包括从合同谈判开始到合同终结的全过程。对于分包项目，首先是选用合适的合同结构，对各种合同结构模式进行分析、比较，在合同谈判时，要争取选用适合于工程规模、性质和特点的合同结构模式。其次，在合同的条款中应仔细考虑一切影响成本和效益的因素，特别是潜在的风险因素。通过对引起成本变动的风险因素的识别和分析，采取必要的风险对策，如通过合理的方式，增加承担风险的个体数量，降低损失发生的比例，并最终将这些策略体现在合同的具体条款中。在合同执行期间，合同管理的措施既要密切注视对方合同执行的情况，以寻求合同索赔的机会；同时也要密切关注自己履行合同的情况，以防被对方索赔。

# 5.2 施工成本计划

施工成本计划是以货币形式编制施工项目在计划期内的生产费用、成本水平、成本降低率以及为降低成本所采取的主要措施和规划的书面方案。它是建立施工项目成本管理责任制、开展成本控制和核算的基础。此外，它还是项目降低成本的指导文件，是设立目标成本的依据，即成本计划是目标成本的一种形式。

施工成本计划是施工项目成本控制的一个重要环节，是实现降低施工成本任务的指导性文件。如果针对施工项目所编制的成本计划达不到目标成本要求时，就必须组织施工项目经理部的有关人员重新研究，寻找降低成本的途径，重新进行编制。同时，编制成本计划的过程也是动员全体施工项目管理人员的过程，是挖掘降低成本潜力的过程，是检验施工技术质量管理、工期管理、物资消耗和劳动力消耗管理等是否有效落实的过程。

## 5.2.1 施工成本计划的类型

对于施工项目而言，其成本计划的编制是一个不断深化的过程。在这一过程的不同阶段形成深度和作用不同的成本计划，若按照其发挥的作用可以分为以下三类。

### 1. 竞争性成本计划

竞争性成本计划是施工项目投标及签订合同阶段的估算成本计划。这类成本计划以招标文件中的合同条件、投标者须知、技术规范、设计图纸和工程量清单为依据，以有关价格条件说明为基础，结合调研、现场踏勘、答疑等情况，根据施工企业自身的工料消耗标准、水平、价格资料和费用指标等，对本企业完成投标工作所需要支出的全部费用进行估算。在投标报价过程中，虽然也着力考虑降低成本的途径和措施，但总体上比较粗略。

### 2. 指导性成本计划

指导性成本计划是选派项目经理阶段的预算成本计划，是项目经理的责任成本目标。它是以合同价为依据，按照企业的预算定额标准制订的设计预算成本计划，且一般情况下确定责任总成本目标。

## 3. 实施性成本计划

实施性成本计划是项目施工准备阶段的施工预算成本计划，它是以项目实施方案为依据，以落实项目经理责任目标为出发点，采用企业的施工定额通过施工预算的编制而形成的实施性施工成本计划。

以上三类成本计划相互衔接，不断深化，构成了整个工程项目施工成本的计划过程。其中，竞争性成本计划带有成本战略的性质，是施工项目投标阶段商务标书的基础，而有竞争力的商务标书又是以其先进合理的技术标书为支撑的。因此，它奠定了施工成本的基本框架和水平。指导性成本计划和实施性成本计划，都是战略性成本计划的进一步开展和深化，是对战略性成本计划的战术安排。

## 5.2.2　施工成本计划的编制依据

编制施工成本计划，需要广泛收集相关资料并进行整理，以作为施工成本计划编制的依据。在此基础上，根据有关设计文件、工程承包合同、施工组织设计、施工成本预测资料等，按照施工项目应投入的生产要素，结合各种因素变化的预测和拟采取的各种措施，估算施工项目生产费用支出的总水平，进而提出施工项目的成本计划控制指标，确定目标总成本。目标总成本确定后，应将总目标分解落实到各级部门，以便有效地进行控制。最后，通过综合平衡，编制完成施工成本计划。

施工成本计划的编制依据包括：

（1）投标报价文件；

（2）企业定额、施工预算；

（3）施工组织设计或施工方案；

（4）人工、材料、机械台班的市场价；

（5）企业颁布的材料指导价、企业内部机械台班价格、劳动力内部挂牌价格；

（6）周转设备内部租赁价格、摊销损耗标准；

（7）已签订的工程合同、分包合同（或估价书）；

（8）结构构件外加工计划和合同；

（9）有关财务成本核算制度和财务历史资料；

（10）施工成本预测资料；

（11）拟采取的降低施工成本的措施；

（12）其他相关资料。

## 5.2.3　施工成本计划编制原则

为了编制出能够发挥积极作用的施工成本计划，在编制施工成本计划时应遵循以下原则。

## 1. 从实际情况出发

编制成本计划必须根据国家的方针政策，从企业的实际情况出发，充分挖掘企业内部潜力，使降低成本指标既积极可靠，又切实可行。施工项目管理部门降低成本的潜力在于正确选择施工方案，合理组织施工；提高劳动生产率；改善材料供应；降低材料消耗；提高机械利用率；

节约施工管理费用等。但必须注意避免以下情况发生：①为了降低成本而偷工减料，忽视质量；②不顾机械的维护修理而过度、不合理地使用机械；③片面增加劳动强度，加班加点；④忽视安全工作，未给职工办理相应的保险等。

**2. 与其他计划相结合**

施工成本计划必须与施工项目的其他计划，如施工方案、生产进度计划、财务计划、材料供应及消耗计划等密切结合，保持平衡。一方面，成本计划要根据施工项目的生产、技术组织措施、劳动工资、材料供应和消耗等计划来编制；另一方面，其他各项计划指标又影响着成本计划，所以其他各项计划在编制时应考虑降低成本的要求，与成本计划密切配合，而不能单纯考虑单一计划本身的要求。

**3. 采用先进技术经济定额**

施工成本计划必须以各种先进的技术经济定额为依据，并结合工程的具体特点，采取切实可行的技术组织措施做保证。只有这样，才能编制出既有科学依据，又切实可行的成本计划，从而发挥施工成本计划的积极作用。

**4. 统一领导、分级管理**

编制成本计划时应采用统一领导、分级管理的原则，同时应树立全员进行施工成本控制的理念。在项目经理的领导下，以财务部门和计划部门为主体，发动全体职工共同进行，总结降低成本的经验，找出降低成本的正确途径，使成本计划的制订与执行更符合项目的实际情况。

**5. 适度弹性**

施工成本计划应留有一定的余地，保持计划的弹性。在计划期内，项目经理部的内部或外部环境都有可能发生变化，尤其是材料供应、市场价格等具有很大的不确定性，给拟定计划带来困难。因此，在编制计划时应充分考虑到这些情况，使计划具有一定的适应环境变化的能力。

## 5.2.4 施工成本计划的内容

施工成本计划应满足合同规定的项目质量和工期要求，满足组织对项目成本管理目标的要求，满足以经济合理的项目实施方案为基础的要求，满足有关定额及市场价格的要求，满足类似项目提供的启示。其具体内容如下。

**1. 编制说明**

编制说明指对工程的范围，投标竞争过程及合同条件，承包人对项目经理提出的责任成本目标，施工成本计划编制的指导思想和依据等具体说明。

**2. 施工成本计划的指标**

施工成本计划的指标应经过科学的分析预测确定，可以采用对比法、因素分析法等方法。施工成本计划一般情况下有以下三类指标。

（1）成本计划的数量指标，如：

① 按子项汇总的工程项目计划总成本指标；

② 按分部汇总的各单位工程（或子项目）计划成本指标；

③ 按人工、材料、机具等各主要生产要素划分的计划成本指标。

（2）成本计划的质量指标，如施工项目总成本降低率，可采用：

① 设计预算成本计划降低率=设计预算总成本计划降低额/设计预算总成本；

② 责任目标成本计划降低率=责任目标总成本计划降低额/责任目标总成本。

（3）成本计划的效益指标，如工程项目成本降低额：

① 设计预算成本计划降低额=设计预算总成本−计划总成本；

② 责任目标成本计划降低额=责任目标总成本−计划总成本。

### 3. 单位工程计划成本汇总表

按工程量清单列出的单位工程计划成本汇总表，见表5-1。

表 5-1　　　　　　　　　　　　单位工程计划成本汇总表

| | 清单项目编码 | 清单项目名称 | 合同价格 | 计划成本 |
| --- | --- | --- | --- | --- |
| 1 | | | | |
| 2 | | | | |
| …… | | | | |

### 4. 单位工程成本计划表

按成本性质划分的单位工程成本汇总表，根据清单项目的造价分析，分别对人工费、材料费、机具费和企业管理费进行汇总，形成单位工程成本计划表。

成本计划应在项目实施方案确定和不断优化的前提下进行编制，因为不同的实施方案将导致人、料、机费和企业管理费的差异。成本计划的编制是施工成本预控的重要手段。

因此，应在工程开工前编制完成，以便将计划成本目标分解落实，为各项成本的执行提供明确的目标、控制手段和管理措施。

## 5.2.5　施工成本计划的内容编制方法

施工成本计划的编制以成本预测为基础，关键是确定目标成本。制订计划需结合施工组织设计的编制过程，通过不断地优化施工技术方案和合理配置生产要素，进行工、料、机消耗的分析，制定一系列节约成本的措施，确定施工成本计划。一般情况下，施工成本计划总额应控制在目标成本的范围内，并建立在切实可行的基础上。

施工总成本目标确定之后，还需通过编制详细的实施性施工成本计划把目标成本层层分解，落实到施工过程的每个环节，有效地进行成本控制。施工成本计划的编制方式有：

（1）按施工成本构成编制施工成本计划；

（2）按施工项目组成编制施工成本计划；

（3）按施工进度编制施工成本计划。

### 1. 按施工成本构成编制施工成本计划的方法

按照成本构成要素划分，建筑安装工程费由人工费、材料（包含工程设备）费、施工机具使用费、企业管理费、利润、规费和税金组成。其中人工费、材料费、施工机具使用费、企业管理费和利润包含在分部分项工程费、措施项目费、其他项目费中。施工成本可以按成本构成分解为人工费、材料费、施工机具使用费和企业管理费等。在此基础上，编制按施工成本构成分解的施工成本计划。

### 2. 按施工项目组成编制施工成本计划的方法

大中型工程项目通常是由若干单项工程构成的，而每个单项工程包括了多个单位工程，每个单位工程又是由若干个分部分项工程所构成。因此，首先要把项目总施工成本分解到单项工程和单位工程中，再进一步分解到分部工程和分项工程中。

在完成施工项目成本目标分解之后，接下来就要具体地分配成本，编制分项工程的成本支出计划，从而形成详细的成本计划表，见表 5-2。

表 5-2 分项工程成本计划表

| 分项工程编码 | 工程内容 | 计量单位 | 工程数量 | 计划成本 | 本分项总计 |
|---|---|---|---|---|---|
| （1） | （2） | （3） | （4） | （5） | （6） |
| | | | | | |

在编制成本支出计划时，要在项目总体层面上考虑总的预备费，也要在主要的分项工程中安排适当的不可预见费，避免在具体编制成本计划时，可能发现个别单位工程或工程量表中某项内容的工程量计算有较大出入，偏离原来的成本预算。因此，应在项目实施过程中对其尽可能地采取一些措施。

### 3. 按施工进度编制施工成本计划的方法

按施工进度编制施工成本计划，通常可在控制项目进度的网络图的基础上，进一步扩充得到。即在建立网络图时，一方面确定完成各项工作所需花费的时间，另一方面确定完成这一工作合适的施工成本支出计划。在实践中，将工程项目分解为既能方便地表示时间，又能方便地表示施工成本支出计划的工作是不容易的，通常如果项目分解程度对时间控制合适的话，则对施工成本支出计划可能分解过细，以至于不可能对每项工作确定其施工成本支出计划；反之亦然。因此在编制网络计划时，应在充分考虑进度控制对项目划分要求的同时，还要考虑确定施工成本支出计划对项目划分的要求，做到二者兼顾。

通过对施工成本目标按时间进行分解，在网络计划基础上，可获得项目进度计划的横道图，并在此基础上编制成本计划。其表示方式有两种：一种是在时标网络图上按月编制的成本计划直方图，如图 5-1 所示；另一种是用时间—成本累积曲线（S 形曲线）表示，如图 5-2 所示。

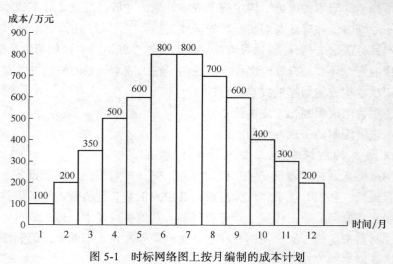

图 5-1 时标网络图上按月编制的成本计划

以上三种编制施工成本计划的方式并不是相互独立的。在实践中，往往是将这几种方式结合起来使用，从而可以取得扬长避短的效果。例如：将按项目分解总施工成本与按施工成本构成分解总施工成本两种方式相结合，横向按施工成本构成分解，纵向按子项目分解，或相反。这种分解方式有助于检查各分部分项工程施工成本构成是否完整，有无重复计算或漏算；同时还有助于检查各项具体的施工成本支出的对象是否明确或落实，并且可以从数字上校核分解的结果有无错误。或者还可将按子项目分解项目总施工成本计划与按时间分解项目总施工成本计划结合起来，一般纵向按子项目分解，横向按时间分解。

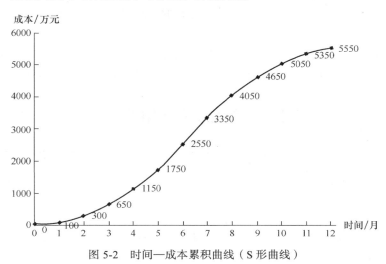

图 5-2　时间—成本累积曲线（S 形曲线）

# 5.3

## 施工成本控制

施工成本控制是在项目成本的形成过程中，对生产经营所消耗的人力资源、物资资源和费用开支进行指导、监督、检查和调整，及时纠正将要发生和已经发生的偏差，把各项生产费用控制在计划成本的范围之内，以保证成本目标的实现。

施工成本控制是在施工过程中，对影响施工成本的各种因素加强管理，并采取各种有效措施，将施工中实际发生的各种消耗和支出严格控制在成本计划范围内；通过动态监控并及时反馈，严格审查各项费用是否符合标准，计算实际成本和计划成本之间的差异并进行分析，进而采取多种措施，减少或消除施工中的损失浪费。

建设工程项目施工成本控制应贯穿于项目从投标阶段开始直至保证金返还的全过程，它是企业全面成本管理的重要环节。施工成本控制可分为事先控制、事中控制（过程控制）和事后控制。在项目的施工过程中，需按动态控制原理对实际施工成本的发生过程进行有效控制。

合同文件和成本计划规定了成本控制的目标，进度报告、工程变更与索赔资料是成本控制过程中的动态资料。

成本控制的程序体现了动态跟踪控制的原理。成本控制报告可单独编制，也可以根据需要与进度、质量、安全和其他进展报告结合，提出综合进展报告。

成本控制应满足下列要求：

（1）要按照计划成本目标值来控制生产要素的采购价格，并认真做好材料、设备进场数量和质量的检查、验收与保管；

（2）要控制生产要素的利用效率和消耗定额，如任务单管理、限额领料、验工报告审核等。同时要做好不可预见成本风险的分析和预控，包括编制相应的应急措施等；

（3）控制影响效率和消耗量，进而引起成本增加的其他因素（如工程变更等）；

（4）把施工成本管理责任制度与对项目管理者的激励机制结合起来，以增强管理人员的成本意识和控制能力；

（5）承包人必须有一套健全的项目财务管理制度，按规定的权限和程序对项目资金的使用和费用的结算支付进行审核、审批，使其成为施工成本控制的一个重要手段。

## 5.3.1 施工成本控制的依据

建筑工程项目施工成本控制要有科学的依据，要从客观事实出发，施工项目的各种文件、合同、图纸、计划等施工资料都是成本控制的依据。施工成本控制的依据重点包括以下内容。

### 1. 工程承包合同

施工成本控制要以工程承包合同为依据，围绕降低工程成本这个目标，从预算收入和实际成本两方面，研究节约成本、增加收益的有效途径，以求获得最大的经济效益。

### 2. 施工成本计划

施工成本计划是根据施工项目的具体情况制订的施工成本控制方案，既包括预定的具体成本控制目标，又包括实现控制目标的措施和规划，是施工成本控制的指导文件。

### 3. 进度报告

进度报告提供了对应时间节点的工程实际完成量，工程施工成本实际支付情况等重要信息。施工成本控制工作正是通过实际情况与施工成本计划相比较，找出二者之间的差别，分析偏差产生的原因，从而采取措施改进以后的工作。此外，进度报告还有助于管理者及时发现工程实施中存在的隐患，并在可能造成重大损失之前采取有效措施，尽量避免损失。

### 4. 工程变更

在项目的实施过程中，由于各方面的原因，工程变更是很难避免的。工程变更一般包括设计变更、进度计划变更、施工条件变更、技术规范与标准变更、施工次序变更、工程量变更等。一旦出现变更，工程量、工期、成本都有可能发生变化，从而使得施工成本控制工作变得更加复杂和困难。因此，施工成本管理人员应当通过对变更要求中各类数据的计算、分析，及时掌握变更情况，包括已发生工程量、将要发生工程量、工期是否拖延、支付情况等重要信息，判断变更以及变更可能带来的索赔额度等。

除了上述几种施工成本控制工作的主要依据以外，施工组织设计、分包合同等有关文件资料也都是施工成本控制的依据。

## 5.3.2 施工成本控制的步骤

要做好施工成本的过程控制，必须制定规范化的过程控制程序。成本的过程控制中，有两方面的控制程序，一方面是管理行为控制程序，另一方面是指标控制程序。管理行为控制程序是对成本全过程控制的基础，指标控制程序则是成本进行过程控制的重点。两方面控制程序既相对独立又相互联系，既相互补充又相互制约。

### 1. 管理行为控制程序

管理行为控制的目的是确保每个岗位人员在成本管理过程中的管理行为符合事先确定的程序和方法的要求。从这个意义上讲，首先要清楚企业建立的成本管理体系是否能对成本形成的过程进行有效的控制，其次要考察体系是否处在有效的运行状态。管理行为控制程序就是为规范项目施工成本的管理行为而制定的约束和激励机制。

（1）建立项目施工成本管理体系的评审组织和评审程序

成本管理体系的建立不同于质量管理体系，质量管理体系反映的是企业的质量保证能力，由社会有关组织进行评审和认证。成本管理体系的建立是企业自身生存发展的需要，没有社会组织来评审和认证。因此，企业必须建立项目施工成本管理体系的评审组织和程序，定期进行评审和总结，持续改进。

（2）建立项目施工成本管理体系运行的评审组织机构

项目施工成本管理体系的运行有一个逐步推行的渐进过程。一个企业的各分公司、项目经理部的运行质量往往是不平衡的。因此，必须建立专门的常设组织机构，依照程序定期进行检查和评审。发现问题，总结经验，以保证成本管理体系的合理运行和持续改进。

（3）目标考核，定期检查

管理程序文件应明确每个岗位人员在成本管理中的职责，确定每个岗位人员的管理行为，如应提供的报表、提供的时间和原始数据的质量要求等。要每个岗位人员是否按要求去履行职责作为一个目标来考核。为了方便检查，应将考核指标具体化，并设专人定期或不定期地检查。表 5-3 是为规范管理行为而设计的考核表。

表 5-3　　　　　　　　　　　　　　项目成本岗位责任考核表

| 序号 | 岗位名称 | 职责 | 检查方法 | 检查人 | 检查时间 |
|---|---|---|---|---|---|
| 1 | 项目经理 | （1）建立项目成本管理组织<br>（2）组织编制项目施工成本管理手册<br>（3）定期或不定期地检查有关人员管理行为是否符合岗位职责要求 | （1）查看有无组织结构图<br>（2）查看《项目施工成本管理手册》 | 上级或自查 | 开工初期检查一次，以后每月检查一次 |
| 2 | 项目工程师 | （1）指定采用新技术降低成本的措施<br>（2）编制总进度计划<br>（3）编制总的工具及设备使用计划 | （1）查看资料<br>（2）现场实际情况与计划进行对比 | 项目经理或其委托人 | 开工初期检查一次，以后每月检查1～2次 |
| 3 | 主管材料员 | （1）编制材料采购计划<br>（2）编制材料采购月报表<br>（3）对材料管理工作每周组织检查一次<br>（4）编制月度材料盘点表及材料收发结存报表 | （1）查看资料<br>（2）对现场实际情况与管理制度中的要求进行对比 | 项目经理或其委托人 | 每月或不定期抽查 |

续表

| 序号 | 岗位名称 | 职　责 | 检查方法 | 检查人 | 检查时间 |
|------|----------|--------|----------|--------|----------|
| 4 | 成本会计 | （1）编制月度成本计划<br>（2）进行成本核算，编制月度成本核算表<br>（3）每月编制一次材料复核报告 | （1）查看资料<br>（2）审核编制依据 | 项目经理或其委托人 | 每月检查一次 |
| 5 | 施工员 | （1）编制月度用工计划<br>（2）编制月度材料需求计划<br>（3）编制月度工具及设备计划<br>（4）开具限额领料单 | （1）查看资料<br>（2）计划与实际对比，考核其准确性及实用性 | 项目经理或其委托人 | 每月或不定期抽查 |

应根据检查的内容编制相应的检查表，由项目经理或其委托人检查后填写检查表。检查表要由专人负责整理归档。

（4）制定对策，纠正偏差

对管理工作进行检查的目的是为了保证管理工作按预定的程序和标准进行，从而保证项目施工成本管理能够达到预期的目的。因此，对检查中发现的问题，要及时进行分析，然后根据不同的情况，及时采取对策。

2. 指标控制程序

能否达到预期的成本目标，是施工成本控制是否成功的关键。对各岗位人员的成本管理行为进行控制，就是为了保证成本目标的实现。施工项目成本指标控制程序如下。

（1）确定施工项目成本目标及月度成本目标

在工程开工之初，项目经理部应根据公司与项目签订的《项目承包合同》确定项目的成本管理目标，并根据工程进度计划确定月度成本计划目标。

（2）收集成本数据，监测成本形成过程

过程控制的目的就在于不断纠正成本形成过程中的偏差，保证成本项目的发生是在预定范围之内。因此，在施工过程中要定期收集反映施工成本支出情况的数据，并将实际发生情况与目标计划进行对比，从而保证有效控制成本的整个形成过程。

（3）分析偏差原因，制定对策

施工过程是一个多工种、多方位立体交叉作业的复杂活动，成本的发生和形成是很难按预定的目标进行的，因此，需要对产生的偏差及时分析原因，分清是客观因素（如市场调价）还是人为因素（如管理行为失控），及时制定对策并予以纠正。

（4）用成本指标考核管理行为，用管理行为来保证成本指标

管理行为的控制程序和成本指标的控制程序是对项目施工成本进行过程控制的主要内容，这两个程序在实施过程中，是相互交叉、相互制约又相互联系的。只有把成本指标的控制程序和管理行为的控制程序相结合，才能保证成本管理工作有序地、富有成效地进行。图 5-3 所示是成本指标控制程序图。

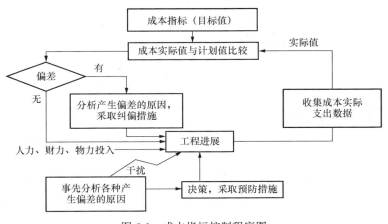

图 5-3　成本指标控制程序图

### 5.3.3　施工成本控制的方法

1. 施工成本的过程控制方法

施工阶段是成本发生的主要阶段，这个阶段的成本控制主要是通过确定成本目标并按计划成本组织施工，合理配置资源，对施工现场发生的各项成本费用进行有效控制，其具体的控制方法如下。

（1）人工费的控制

人工费的控制实行"量价分离"的方法，将作业用工及零星用工按定额工日的一定比例综合确定用工数量与单价，通过劳务合同进行控制。

① 人工费的影响因素。

a. 社会平均工资水平。建筑安装工人人工单价必须和社会平均工资水平趋同。社会平均工资水平取决于经济发展水平。由于我国改革开放以来经济迅速增长，社会平均工资也有大幅增长，从而导致人工单价的大幅提高。

b. 生产消费指数。生产消费指数的提高会导致人工单价的提高，以减少生活水平的下降，维持原来的生活水平。生活消费指数的变动取决于物价的变动，尤其取决于生活消费品物价的变动。

c. 劳动力市场供需变化。劳动力市场如果供不应求，人工单价就会提高；供过于求，人工单价就会下降。

d. 政府推行的社会保障和福利政策也会影响人工单价的变动。

e. 经会审的施工图，施工定额、施工组织设计等决定人工的消耗量。

② 控制人工费的方法。加强劳动定额管理，提高劳动生产率，降低工程耗用人工工日，是控制人工费支出的主要手段。

a. 制定先进合理的企业内部劳动定额，严格执行劳动定额，并将安全生产、文明施工及零星用工下达到作业队进行控制。全面推行全额计件的劳动管理办法和单项工程集体承包的经济管理办法，以不超出施工图预算人工费指标为控制目标，实行工资包干制度。

认真执行按劳分配的原则，使职工个人所得与劳动贡献相一致，充分调动广大职工的劳动积极性，以提高劳动力效率。把工程项目的进度、安全、质量等指标与定额管理结合起来，提高劳动者的综合能力，实行奖励制度。

b. 提高生产工人的技术水平和作业队的组织管理水平，根据施工进度、技术要求，合理搭配各工种工人的数量，减少和避免无效劳动。不断地改善劳动组织，创造良好的工作环境，改善工人的劳动条件，提高劳动效率。合理调节各工序人数安排情况，安排劳动力时，尽量做到技术工不做普通工的工作，高级工不做低级工的工作，避免技术上的浪费，既要加快工程进度，又要节约人工费用。

c. 加强职工的技术培训和多种施工作业技能的培训，不断提高职工的业务技术水平和熟练操作程度，培养一专多能的技术工人，提高作业工效。提倡技术革新和推广新技术，提高技术装备水平和工厂化生产水平，提高企业的劳动生产率。

d. 实行弹性需求的劳务管理制度。对施工生产各环节上的业务骨干和基本的施工力量，要保持相对稳定。对短期需要的施工力量，要做好预测、计划管理，通过企业内部的劳务市场及外部协作队伍进行调剂。严格做到项目部的定员随工程进度要求及时进行调整，进行弹性管理。要打破行业、工种界限，提倡一专多能，提高劳动力的利用效率。

（2）材料费的控制

材料费控制同样按照"量价分离"原则，控制材料用量和材料价格。

① 材料用量的控制。在保证符合设计要求和质量标准的前提下，合理使用材料，通过定额控制、指标控制、计量控制、包干控制等手段有效控制物资材料的消耗，具体方法如下。

a. 定额控制。对于有消耗定额的材料，以消耗定额为依据，实行限额领料制度。

限额领料的形式包括按分项工程实行限额领料、按工程部位实行限额领料和按单位工程实行限额领料。

• 按分项工程实行限额领料。按分项工程实行限额领料，就是按照分项工程进行限额，如钢筋绑扎、混凝土浇筑、砌筑、抹灰等，它是以施工班组为对象进行的限额领料。

• 按工程部位实行限额领料。按工程部位实行限额领料，就是按工程施工工序分为基础工程、结构工程和装饰工程，它是以施工专业队为对象进行的限额领料。

• 按单位工程实行限额领料。按单位工程实行限额领料，就是对一个单位工程从开工到竣工全过程的建设工程项目的用料实行的限额领料，它是以项目经理部或分包单位为对象开展的限额领料。

限额领料的依据包括：

• 准确的工程量。它是按工程施工图纸计算的正常施工条件下的数量，是计算限额领料量的基础；

• 现行的施工预算定额或企业内部消耗定额，是制定限额用量的标准；

• 施工组织设计是计算和调整非实体性消耗材料的基础；

• 施工过程中发包人认可的变更洽商单，它是调整限额量的依据。

限额领料的实施措施有：

• 确定限额领料的形式。施工前，根据工程的分包形式，与使用单位确定限额领料的形式；

• 签发限额领料单。根据双方确定的限额领料形式，根据有关部门编制的施工预算和施工组织设计，将所需材料数量汇总后编制材料限额数量，经双方确认后下发；

• 限额领料单的应用。限额领料单一式三份，一份交保管员作为控制发料的依据；一份交使用单位，作为领料的依据；一份由签发单位留存，作为考核的依据；

• 限额量的调整。在限额领料的执行过程中，会有许多因素影响材料的使用，如：工程量的变更、设计更改、环境因素的影响等。限额领料的主管部门在限额领料的执行过程中要深入施工现场，了解用料情况，根据实际情况及时调整限额数量，以保证施工生产的顺利进行和限额领料制度的连续性、完整性；

● 限额领料的核算。根据限额领料形式，工程完工后，双方应及时办理结算手续，检查限额领料的执行情况，对用料情况进行分析，按双方约定的合同，对用料节超进行奖罚兑现。

b. 指标控制。对于没有消耗定额的材料，则实行计划管理和按指标控制的办法。根据以往项目的实际耗用情况，结合具体施工项目的内容和要求，制定领用材料指标，以控制发料。超过指标的材料，必须经过一定的审批手续方可领用。

c. 计量控制。准确做好材料物资的收发计量检查和投料计量检查。

d. 包干控制。在材料使用过程中，对部分小型及零星材料（如钢钉、钢丝等）根据工程量计算出所需材料量，将其折算成费用，由作业者包干使用。

② 材料价格的控制。材料价格主要由材料采购部门控制。由于材料价格是由买价、运杂费、运输中的合理损耗等所组成，因此控制材料价格，主要是通过掌握市场信息，应用招标和询价等方式控制材料、设备的采购价格。

施工项目的材料物资，包括构成工程实体的主要材料和结构件，以及有助于工程实体形成的周转使用材料和低值易耗品。从价值角度看，材料物资的价值约占建筑安装工程造价的60%甚至70%以上，因此，对材料价格的控制非常重要。由于材料物资的供应渠道和管理方式各不相同，所以控制的内容和所采取的控制方法也将有所不同。

（3）施工机械使用费的控制

合理选择和使用施工机械设备对成本控制具有十分重要的意义，尤其是高层建筑施工。据某些工程实例统计，高层建筑地面以上部分的总费用中，垂直运输机械费用占6%～10%。由于不同的起重运输机械各有不同的特点，因此在选择起重运输机械时，首先应根据工程特点和施工条件确定采取的起重运输机械的组合方式。在确定采用何种组合方式时，首先应满足施工需要，其次要考虑到费用的高低和综合经济效益。

施工机械使用费主要由台班数量和台班单价两方面决定，因此为有效控制施工机械使用费支出，应主要从如下两个方面进行控制。

① 台班数量。

a. 根据施工方案和现场实际情况，选择适合项目施工特点的施工机械，制订设备需求计划，合理安排施工生产，充分利用现有机械设备，加强内部调配，提高机械设备的利用率。

b. 保证施工机械设备的作业时间，安排好生产工序的衔接，尽量避免停工、窝工，尽量减少施工中所消耗的机械台班数量。

c. 核定设备台班定额产量，实行超产奖励办法，加快施工生产进度，提高机械设备单位时间的生产效率和利用率。

d. 加强设备租赁计划管理，减少不必要的设备闲置和浪费，充分利用社会闲置机械资源。

② 台班单价。

a. 加强现场设备的维修、保养工作。降低大修、经常性修理等各项费用的开支，提高机械设备的完好率，最大限度地提高机械设备的利用率，避免因使用不当造成机械设备的停置。

b. 加强机械操作人员的培训工作。不断提高操作技能，提高施工机械台班的生产效率。

c. 加强配件的管理。建立健全配件领发料制度，严格按油料消耗定额控制油料消耗，做到修理有记录，消耗有定额，统计有报表，损耗有分析。通过经常分析总结，提高修理质量，降低配件消耗，减少修理费用的支出。

　　d. 降低材料成本。做好施工机械配件和工程材料采购计划，降低材料成本。

　　e. 成立设备管理领导小组，负责设备调度、检查、维修、评估等具体事宜。对主要部件及其保养情况建立档案，分清责任，便于尽早发现问题，找到解决问题的办法。

　　（4）施工分包费用的控制

　　分包工程价格的高低，必然对项目经理部的施工项目成本产生一定的影响。因此，施工项目成本控制的重要工作之一是对分包价格的控制。项目经理部应在确定施工方案的初期就要确定需要分包的工程范围，决定分包范围的因素主要是施工项目的专业性和项目规模。对分包费用的控制，主要是要做好分包工程的询价、订立平等互利的分包合同、建立稳定的分包关系网络、加强施工验收和分包结算等工作。

　　2. 赢得值（挣值）法

　　赢得值法（Earned Value Management，EVM）作为一项先进的项目管理技术，最初是美国国防部于 1967 年首次确立的。目前，国际上先进的工程公司已普遍采用赢得值法进行工程项目的费用、进度综合分析控制。用赢得值法进行费用、进度综合分析控制，基本参数有三项，即已完工作预算费用、计划工作预算费用和已完工作实际费用。

　　（1）赢得值法的三个基本参数

　　① 已完工作预算费用。已完工作预算费用为 BCWP（Budgeted Cost for Work Performed），是指在某一时间已经完成的工作（或部分工作），以批准认可的预算为标准所需要的资金总额，由于发包人正是根据这个值为承包人完成的工作量支付相应的费用，也就是承包人获得（挣得）的金额，故称赢得值或挣值。

$$已完工作预算费用（BCWP）=已完成工作量×预算单价 \qquad (5-1)$$

　　② 计划工作预算费用。计划工作预算费用，简称 BCWS（Budgeted Cost for Work Scheduled），即根据进度计划，在某一时刻应当完成的工作（或部分工作），以预算为标准所需要的资金总额。一般来说，除非合同有变更，BCWS 在工程实施过程中应保持不变。

$$计划工作预算费用（BCWS）=计划工作量×预算单价 \qquad (5-2)$$

　　③ 已完工作实际费用。已完工作实际费用，简称 ACWP（Actual Cost for Work Performed），即到某一时刻为止，已完成的工作（或部分工作）所实际花费的总金额。

$$已完工作实际费用（ACWP）=已完成工作量×实际单价 \qquad (5-3)$$

　　（2）赢得值法的四个评价指标

　　在这三个基本参数的基础上，可以确定赢得值法的四个评价指标，它们都是时间的函数。

　　① 费用偏差 CV（Cost Variance）

$$费用偏差（CV）=已完工作预算费用（BCWP）-已完工作实际费用（ACWP）\qquad (5-4)$$

　　当费用偏差 CV 为负值时，即表示项目运行超出预算费用；当费用偏差 CV 为正值时，表示项目运行节支，实际费用没有超出预算费用。

　　② 进度偏差 SV（Schedule Variance）

$$进度偏差（SV）=已完工作预算费用（BCWP）-计划工作预算费用（BCWS）\qquad (5-5)$$

　　当进度偏差 SV 为负值时，表示进度延误，即实际进度落后于计划进度；当进度偏差 SV 为正值时，表示进度提前，即实际进度快于计划进度。

③ 费用绩效指数（CPI）

费用绩效指数（CPI）＝已完工作预算费用（BCWT）/已完工作实际费用（ACWP）（5-6）

当费用绩效指数（CPI）<1 时，表示超支，即实际费用高于预算费用。

当费用绩效指数（CPI）>1 时，表示节支，即实际费用低于预算费用。

④ 进度绩效指数（SPI）

进度绩效指数（SPI）＝已完工作预算费用（BCWP）/计划工作预算费用（BCWS）（5-7）

当进度绩效指数（SPI）<1 时，表示进度延误，即实际进度比计划进度慢。

当进度绩效指数（SPI）>1 时，表示进度提前，即实际进度比计划进度快。

费用（进度）偏差反映的是绝对偏差，结果很直观，有助于费用管理人员了解项目费用出现偏差的绝对数额，并依此采取一定措施，制订或调整费用支出计划和资金筹措计划。但是，绝对偏差有其不容忽视的局限性。如同样是 10 万元的费用偏差，对于总费用 1000 万元的项目和总费用 1 亿元的项目而言，其严重性显然是不同的。因此，费用（进度）偏差仅适合于对同一项目做偏差分析。费用（进度）绩效指数反映的是相对偏差，它不受项目层次的限制，也不受项目实施时间的限制，因而在同一项目和不同项目比较中均可采用。

在项目的费用、进度综合控制中引入赢得值法，可以克服过去进度、费用分开控制的缺点，即当发现费用超支时，很难立即知道是由于费用超出预算，还是由于进度提前。相反，当发现费用低于预算时，也很难立即知道是由于费用节省，还是由于进度拖延。而引入赢得值法即可定量地判断进度、费用的执行效果。

【例 5-1】某工程项目施工合同于 2015 年 12 月签订，约定的合同工期为 20 个月，2016 年 1 月开始正式施工，承包人按合同工期要求编制了混凝土结构工程施工进度时标网络计划（见图 5-4），并经专业监理工程师审核批准。

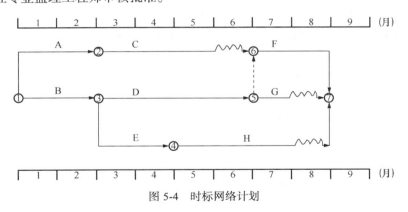

图 5-4 时标网络计划

该项目的各项工作均按最早开始时间安排，且各工作每月所完成的工程量相等。各工作的计划工程量和实际工程量见表 5-4。工作 D、E、F 的实际工作持续时间与计划工作持续时间相同。

表 5-4 计划工程量和实际工程量表

| 工作 | A | B | C | D | E | F | G | H |
|---|---|---|---|---|---|---|---|---|
| 计划工程量 /m³ | 8600 | 9000 | 5400 | 10000 | 5200 | 6200 | 1000 | 3600 |
| 实际工程量 /m³ | 8600 | 9000 | 5400 | 9200 | 5000 | 5800 | 1000 | 5000 |

合同约定，混凝土结构工程综合单价为 1000 元/m³，按月结算。结算价按项目所在地混凝土结构工程价格指数进行调整，项目实施期间各月的混凝土结构工程价格指数见表 5-5。

表 5-5  工程价格指数表

| 时间 | 2008 年 12 月 | 2009 年 1 月 | 2009 年 2 月 | 2009 年 3 月 | 2009 年 4 月 | 2009 年 5 月 | 2009 年 6 月 | 2009 年 7 月 | 2009 年 8 月 | 2009 年 9 月 |
|---|---|---|---|---|---|---|---|---|---|---|
| 混凝土结构工程价格指数（%） | 100 | 115 | 110 | 115 | 110 | 110 | 110 | 120 | 110 | 110 |

施工期间，由于发包人原因使工作 H 的开始时间比计划的开始时间推迟 1 个月，并由于工作 H 工程量的增加使该工作的工作持续时间延长了 1 个月。

问题：

① 请按施工进度计划编制资金使用计划（即计算每月和累计计划工作预算费用），并简要写出其步骤。计算结果填入表 5-6 中；

② 计算工作 H 各月的已完工作预算费用和已完工作实际费用；

③ 计算混凝土结构工程已完工作预算费用和已完工作实际费用，计算结果填入表 5-6 中；

④ 列式计算 8 月末的费用偏差 CV 和进度偏差 SV。

【解】

① 将各工作计划工程量与单价相乘后，除以该工作持续时间，得到各工作每月计划工作预算费用；再将时标网络计划中各工作分别按月纵向汇总得到每月计划工作预算费用；然后逐月累加得到各月累计计划工作预算费用。

② H 工作 6～9 月份每月完成工程量为：5000÷4=1250m³/月；

H 工作 6～9 已完工作预算费用均为：1250×1000=125 万元；

H 工作已完工作实际费用：

6 月份  125×110%=137.5 万元；

7 月份  125×120%=150.0 万元；

8 月份  125×110%=137.5 万元；

9 月份  125×110%=137.5 万元。

③ 计算结果见表 5-6。

表 5-6  计算结果  单位：万元

| 项 目 | 数 据 | | | | | | | | |
|---|---|---|---|---|---|---|---|---|---|
| | 1 | 2 | 3 | 4 | 5 | 6 | 7 | 8 | 9 |
| 每月计划工作预算费用 | 880 | 880 | 690 | 690 | 550 | 370 | 530 | 310 | |
| 累计计划工作预算费用 | 880 | 1760 | 2450 | 3140 | 3690 | 4060 | 4590 | 4900 | |
| 每月已完工作预算费用 | 880 | 880 | 660 | 660 | 410 | 355 | 515 | 415 | 125 |
| 累计已完工作预算费用 | 880 | 1760 | 2420 | 3080 | 3490 | 3845 | 4360 | 4775 | 4900 |
| 每月已完工作实际费用 | 1012 | 924 | 726 | 759 | 451 | 390.5 | 618 | 456.5 | 137.5 |
| 累计已完工作实际费用 | 112 | 1936 | 2662 | 3421 | 3872 | 4262.5 | 4880.5 | 5337 | 5474.5 |

④ 费用偏差（CV）=已完工作预算费用-已完工作实际费用=4775-5337=-562 万元，超支562 万元。

进度偏差（SV）=已完工作预算费用-计划工作预算费用=4775-4900=-125 万元，进度拖后125 万元。

### 3. 偏差原因分析与纠偏措施

#### （1）偏差原因分析

在实际执行过程中，最理想的状态是已完工作实际费用（ACWP）、计划工作预算费用（BCWS）、已完工作预算费用（BCWP）三条曲线靠得很近、平稳上升，表示项目按预定计划目标进行。如果三条曲线离散度不断增加，则可能出现较大的投资偏差。

偏差分析的一个重要目的就是要找出引起偏差的原因，从而采取有针对性的措施，减少或避免相同问题的再次发生。在进行偏差原因分析时，首先应当将已经导致和可能导致偏差的各种原因逐一列举出来。导致不同工程项目产生费用偏差的原因具有一定共性，因而可以通过对已建项目的费用偏差原因进行归纳、总结，为该项目采取预防措施提供依据。

一般来说，产生费用偏差的原因有以下几种，如图 5-5 所示。

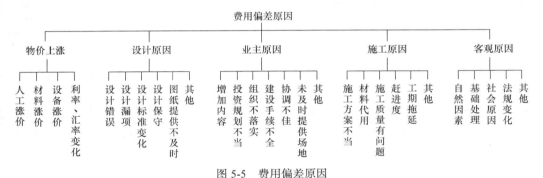

图 5-5　费用偏差原因

#### （2）纠偏措施

通常要压缩已经超支的费用，而不影响其他目标是十分困难的，一般只有当给出的措施比原计划已选定的措施更为有利，比如使工程范围减少或生产效率提高等，成本才能降低。例如：

① 寻找新的、效率更高的设计方案；

② 购买部分产品，而不是采用完全由自己生产的产品；

③ 重新选择供应商，但会产生供应风险，选择需要时间；

④ 改变实施过程；

⑤ 变更工程范围；

⑥ 索赔，例如向业主、承（分）包商、供应商索赔以弥补费用超支。

# 5.4 施工成本分析与考核

施工成本分析是在施工成本核算的基础上，对成本的形成过程和影响成本升降的因素进行分析，以寻求进一步降低成本的途径，包括有利偏差的挖掘和不利偏差的纠正。施工成本分析贯穿于施工成本管理的全过程，它是在成本的形成过程中，主要利用施工项目的成本核算资料（成本信息），与目标成本、预算成本以及类似施工项目的实际成本等进行比较，了解成本的变动情况；同时也要分析主要技术经济指标对成本的影响，系统地研究成本变动的因素，检查成本计划的合理性，并通过成本分析，深入研究成本变动的规律，寻找降低施工项目成本的途径，以便有效地进行成本控制。成本偏差的控制，分析是关键，纠偏是核心；要针对分析得出的偏差发生原因，采取切实措施，加以纠正。

成本偏差分为局部成本偏差和累计成本偏差。局部成本偏差包括按项目的月度（或周、天等）核算成本偏差、按专业核算成本偏差以及按分部分项作业核算成本偏差等；累计成本偏差是指已完工程在某一时间点上实际总成本与相应的计划总成本的差异。分析成本偏差的原因，应采取定性和定量相结合的方法。

## 5.4.1 施工成本核算

施工成本核算包括两个基本环节：一是按照规定的成本开支范围对施工费用进行归集和分配，计算出施工费用的实际发生额；二是根据成本核算对象，采用适当的方法，计算出该施工项目的总成本和单位成本。施工成本管理需要正确及时地核算施工过程中发生的各项费用，计算施工项目的实际成本。施工项目成本核算所提供的各种成本信息，是成本预测、成本计划、成本控制、成本分析和成本考核等各个环节的依据。

施工成本核算一般以单位工程为对象，但也可以按照承包工程项目的规模、工期、结构类型、施工组织和施工现场等情况，结合成本管理要求，灵活划分成本核算对象。施工成本核算的基本内容包括：

（1）人工费核算；

（2）材料费核算；

（3）周转材料费核算；

（4）结构件费核算；

（5）机械使用费核算；

（6）措施费核算；

（7）分包工程成本核算；

（8）企业管理费核算；

（9）项目月度施工成本报告编制。

施工成本核算制是明确施工成本核算的原则、范围、程序、方法、内容、责任及要求的制度。项目管理必须实行施工成本核算制，它和项目经理责任制等共同构成了项目管理的运行机制。公司层与项目经理部的经济关系、管理责任关系、管理权限关系，以及项目管理组织所承担的责任成本核算的范围、核算业务流程和要求等，都应以制度的形式做出明确的规定。

项目经理部要建立一系列项目业务核算台账和施工成本会计账户，实施全过程的成本核算，具体可分为定期的成本核算和竣工工程成本核算。定期的成本核算如：每天、每周、每月的成本核算等，是竣工工程全面成本核算的基础。

形象进度、产值统计、实际成本归集"三同步"，即三者的取值范围应是一致的。形象进度表达的工程量、统计施工产值的工程量和实际成本归集所依据的工程量均应是相同的数值。

对竣工工程的成本核算，应区分为竣工工程现场成本和竣工工程完全成本，分别由项目经理部和企业财务部门进行核算分析，其目的在于分别考核项目管理绩效和企业经营效益。

## 5.4.2　施工成本分析的依据

通过施工成本分析，可从账簿、报表反映的成本现象中看清成本的实质，从而增强项目成本的透明度和可控性，为加强成本控制、实现项目成本目标创造条件。施工成本分析的主要依据是会计核算、业务核算和统计核算所提供的资料。

### 1. 会计核算

会计核算主要是价值核算。会计是对一定单位的经济业务进行计量、记录、分析和检查，做出预测，参与决策，实行监督，旨在实现最优经济效益的一种管理活动。它通过设置账户、复式记账、填制和审核凭证、登记账簿、成本计算、财产清查和编制会计报表等一系列有组织有系统的方法，来记录企业的一切生产经营活动，然后据此提出一些用货币来反映的有关各种综合性经济指标的数据，如资产、负债、所有者权益、收入、费用和利润等。由于会计记录具有连续性、系统性、综合性等特点，所以它是施工成本分析的重要依据。

### 2. 业务核算

业务核算是各业务部门根据业务工作的需要建立的核算制度，它包括原始记录和计算登记表，如单位工程及分部分项工程进度登记，质量登记，工效、定额计算登记，物资消耗定额记录，测试记录等。业务核算的范围比会计、统计核算要广。会计和统计核算一般是对已经发生的经济活动进行核算，而业务核算不但可以核算已经完成的项目是否达到原定的目的、取得预期的效果，而且可以对尚未发生或正在发生的经济活动进行核算，以确定该项经济活动是否有经济效果，是否有执行的必要。它的特点是对个别的经济业务进行单项核算，例如各种技术措施、新工艺等项目。业务核算的目的，在于迅速取得资料，以便在经济活动中及时采取措施进行调整。

### 3. 统计核算

统计核算是利用会计核算资料和业务核算资料，把企业生产经营活动客观现状的大量数据，按统计方法加以系统整理，以发现其规律性。它的计量尺度比会计宽，可以用货币计算，也可以用实物或劳动量计量。它通过全面调查和抽样调查等特有的方法，不仅能提供绝对数指标，还能提供相对数和平均数指标，可以计算当前的实际水平，还可以确定变动速度以预测发展的趋势。

## 5.4.3　施工成本分析的方法

由于施工项目成本涉及的范围很广，需要分析的内容较多，因此应该在不同的情况下采取不同的分析方法，除了基本的分析方法外，还有综合成本的分析方法、成本项目的分析方法和专项成本的分析方法等。

### 1. 施工成本分析的基本方法

施工成本分析的基本方法包括比较法、因素分析法、差额计算法、比率法等。

（1）比较法

比较法又称"指标对比分析法"，是指对比技术经济指标，检查目标的完成情况，分析产生差异的原因，进而挖掘降低成本的方法。这种方法通俗易懂、简单易行、便于掌握，因而得到了广泛的应用，但在应用时必须注意各技术经济指标的可比性。比较法的应用通常有以下形式。

① 将实际指标与目标指标对比。以此检查目标完成情况，分析影响目标完成的积极因素和消极因素，以便及时采取措施，保证成本目标的实现。在进行实际指标与目标指标对比时，还应注意目标本身有无问题，如果目标本身出现问题，则应调整目标，重新评价实际工作。

② 本期实际指标与上期实际指标对比。通过本期实际指标与上期实际指标对比，可以看出各项技术经济指标的变动情况，反映施工管理水平的提高程度。

③ 与本行业平均水平、先进水平对比。通过这种对比，可以反映本项目的技术和经济管理水平与行业的平均及先进水平的差距，进而采取措施提高本项目管理水平。

以上三种对比，可以在一张表中同时反映。例如，某项目本年度计划节约"三材"100000元，实际节约120000元，上年度节约95000元，本企业先进水平节约130000元。

根据上述资料编制分析表5-7。

表5-7　　　　　　　　　实际指标与上期指标、先进水平对比表　　　　　　　单位：元

| 指　　标 | 本年度计划数 | 上年度实际数 | 企业先进水平 | 本年度实际数 | 差异数 | | |
|---|---|---|---|---|---|---|---|
| | | | | | 与计划比 | 与上年比 | 与先进比 |
| "三材"节约额 | 100000 | 95000 | 130000 | 120000 | 20000 | 25000 | −10000 |

（2）因素分析法

因素分析法又称连环置换法，可用来分析各种因素对成本的影响程度。在进行分析时，假定众多因素中的一个因素发生了变化，而其他因素则不变，然后逐个替换，分别比较其计算结果，以确定各个因素的变化对成本的影响程度。因素分析法的计算步骤如下。

① 确定分析对象，计算实际与目标数的差异。

② 确定该指标是由哪几个因素组成的，并按其相互关系进行排序排序规则：先实物量，后价值量；先绝对值，后相对值。

③ 以目标数为基础，将各因素的目标数相乘，作为分析替代的基数。

④ 将各个因素的实际数按照已确定的排列顺序进行替换计算，并将替换后的实际数保留下来。

⑤ 将每次替换计算所得的结果，与前一次的计算结果相比较，两者的差异即为该因素对成本的影响程度。

⑥ 各个因素的影响程度之和，应与分析对象的总差异相等。

【例5-2】商品混凝土目标成本为443040元，实际成本为473697元，比目标成本增加30657元，资料见表5-8。分析成本增加的原因。

表5-8　　　　　　　　　商品混凝土目标成本与实际成本对比表

| 项　　目 | 单　　位 | 目　　标 | 实　　际 | 差　　额 |
|---|---|---|---|---|
| 产量 | m³ | 600 | 630 | +30 |
| 单价 | 元 | 710 | 730 | +20 |
| 损耗率 | % | 4 | 3 | −1 |
| 成本 | 元 | 443040 | 473697 | +30657 |

【解】

① 分析对象是商品混凝土的成本,实际成本与目标成本的差额为 30657 元,该指标是由产量、单价、损耗率三个因素组成的,其排序见表 5-2。

② 以目标数 443040 元(600×710×1.04)为分析替代的基础。

第一次替代产量因素,以 630 替代 600:

$$630×710×1.04=465192 \text{ 元}$$

第二次替代单价因素,以 730 替代 710,并保留上次替代后的值:

$$630×730×1.04=478296 \text{ 元}$$

第三次替代损耗率因素,以 1.03 替代 1.04,并保留上两次替代后的值:

$$630×730×1.03=473697 \text{ 元}$$

③ 计算差额:

第一次替代与目标数的差额=465192-443040=22152 元;

第二次替代与第一次替代的差额=478296-465192=13104 元;

第三次替代与第二次替代的差额=473697-478296=-4599 元。

④ 产量增加使成本增加了 22152 元,单价提高使成本增加了 13104 元,而损耗率下降使成本减少了 4599 元。

⑤ 各因素的影响程度之和=22152+13104-4599=30657 元,与实际成本和目标成本的总差额相等。

为了使用方便,企业也可以通过运用因素分析表来求出各因素变动对实际成本的影响程度,其具体形式见表 5-9。

表 5-9 商品混凝土成本变动因素分析表

| 顺序 | 连环替代计算 | 差异/元 | 因素分析 |
|---|---|---|---|
| 目标数 | 600×710×1.04 | | |
| 第一次替代 | 630×710×1.04 | 22152 | 由于产量增加 30m³,成本增加 22152 元 |
| 第二次替代 | 630×730×1.04 | 13104 | 由于单价提高 20 元,成本增加 13104 元 |
| 第三次替代 | 630×730×1.03 | -4599 | 由于损耗率下降 1%,成本减少 4599 元 |
| 合计 | 22152+13104-4599 = 30657 | 30657 | |

(3)差额计算法

差额计算法是因素分析法的一种简化形式,它利用各个因素的目标值与实际值的差额来计算其对成本的影响程度。

【例 5-3】某施工项目某月的实际成本降低额比计划提高了 2.40 万元,见表 5-10。

表 5-10 降低成本计划与实际对比表

| 项 目 | 单 位 | 计 划 | 实 际 | 差 额 |
|---|---|---|---|---|
| 预算成本 | 万元 | 300 | 320 | +20 |
| 成本降低率 | % | 4 | 4.5 | +0.5 |
| 成本降低额 | 万元 | 12 | 14.40 | +2.40 |

根据表 5-10 的资料,应用"差额计算法"分析预算成本和成本降低率对成本降低额的影响

程度。

【解】

① 预算成本增加对成本降低额的影响程度为

（320−300）×4%=0.80万元

② 成本降低率提高对成本降低额的影响程度为

（4.5%−4%）×320=1.60万元

以上两项合计：0.80+1.60=2.40万元

（4）比率法

比率法是指用两个以上的指标的比例进行分析的方法。它的基本特点是：先把对比分析的数值变成相对数，再观察其相互之间的关系。常用的比率法有以下几种。

① 相关比率法。由于项目经济活动的各个方面是相互联系，相互依存，相互影响的，因而可以两个性质不同且相关的指标加以对比，求出比率，并以此来考察经营成果的好坏。例如：产值和工资是两个不同的概念，但他们是投入与产出的关系。在一般情况下，都希望以最少的工资支出完成最大的产值。因此，用产值工资率指标来考核人工费的支出水平，可以很好地分析人工成本。

② 构成比率法。又称比重分析法或结构对比分析法。通过构成比率，可以考察成本总量的构成情况及各成本项目占总成本的比重，同时也可以看出预算成本、实际成本和降低成本的比例关系，从而寻求降低成本的途径，见表5-11。

表 5-11　　　　　　　　　　　　成本构成比例分析表

| 成本项目 | 预算成本 | | 实际成本 | | 降低成本 | | |
|---|---|---|---|---|---|---|---|
| | 金额/万元 | 比重（%） | 金额/万元 | 比重（%） | 金额/万元 | 占本项（%） | 占总量（%） |
| 一、直接成本 | 1263.79 | 93.2 | 1200.31 | 92.38 | 63.48 | 5.02 | 4.68 |
| 1. 人工费 | 113.36 | 8.36 | 119.28 | 9.18 | −5.92 | −1.09 | −0.44 |
| 2. 材料费 | 1006.56 | 74.23 | 939.67 | 72.32 | 66.89 | 6.65 | 4.93 |
| 3. 机具使用费 | 87.6 | 6.46 | 89.65 | 6.9 | −2.05 | −2.34 | −0.15 |
| 4. 措施费 | 56.27 | 4.15 | 51.71 | 3.98 | 4.56 | 8.1 | 0.34 |
| 二、间接成本 | 92.21 | 6.8 | 99.01 | 7.62 | −6.8 | −7.37 | 0.5 |
| 总成本 | 1356 | 100 | 1299.32 | 100 | 56.68 | 4.18 | 4.18 |
| 比例（%） | 100 | — | 95.82 | — | 4.18 | — | — |

③ 动态比率法。该法是将同类指标不同时期的数值进行对比，求出比率，以分析该项指标的发展方向和发展速度。动态比率的计算，通常采用基期指数和环比指数两种方法，见表5-12。

表 5-12　　　　　　　　　　　　指标动态比较表

| 指标 | 第一季度 | 第二季度 | 第三季度 | 第四季度 |
|---|---|---|---|---|
| 降低成本/万元 | 45.60 | 47.80 | 52.50 | 64.30 |
| 基期指数（%）（上一季度=100） | | 104.82 | 115.13 | 141.01 |
| 环比指数（%）（上一季度=100） | | 104.82 | 109.83 | 122.48 |

## 2. 综合成本的分析方法

综合成本是指涉及多种生产要素，并受多种因素影响的成本费用，如分部分项工程成本，月（季）度成本、年度成本等。由于这些成本都是随着项目施工的进展而逐步形成的，与生产经营有着密切的关系，因此，做好上述成本的分析工作，无疑将促进项目的生产经营管理，提高项目的经济效益。

（1）分部分项工程成本分析

分部分项工程成本分析是施工项目成本分析的基础。分部分项工程成本分析的对象为已完成分部分项工程，分析的方法是：进行预算成本、目标成本和实际成本的"三算"对比，分别计算实际偏差和目标偏差，分析偏差产生的原因，为今后的分部分项工程成本寻求节约途径。

分部分项工程成本分析的资料来源：预算成本来自投标报价成本，目标成本来自施工预算，实际成本来自施工任务单的实际工程量、卖耗人工和限额领料单的实耗材料。

由于施工项目包括很多分部分项工程，无法也没有必要对每一个分部分项工程都进行成本分析。特别是一些工程量小、成本费用少的零星工程。但是，对于那些主要分部分项工程必须进行成本分析，而且要做到从开工到竣工进行系统的成本分析。因为通过主要分部分项工程成本的系统分析，可以基本上了解项目成本形成的全过程，为竣工成本分析和今后的项目成本管理提供参考资料。

（2）月（季）度成本分析

月（季）度成本分析，是施工项目定期的、经常性的中间成本分析，对于施工项目来说具有特别重要的意义。通过月（季）度成本分析，可以及时发现问题，以便按照成本目标指定的方向进行监督和控制，保证项目成本目标的实现。

月（季）度成本分析的依据是当月（季）的成本报表，分析通常包括以下几个方面。

① 通过实际成本与预算成本的对比，分析当月（季）的成本降低水平；通过累计实际成本与累计预算成本的对比，分析累计的成本降低水平，预测实现项目成本目标的前景。

② 通过实际成本与目标成本的对比，分析目标成本的落实情况以及目标管理中的问题和不足，进而采取措施，加强成本管理，保证成本目标的实现。

③ 通过对各成本项目的成本分析，可以了解成本总量的构成比例和成本管理的薄弱环节。例如：在成本分析中，若发现人工费、机械费等项目大幅度超支，则应该对这些费用的收支配比关系进行研究，并采取对应的应对措施，防止今后再超支。如果是属于规定的"政策性"亏损，则应从控制支出着手，把超支额压缩到最低限度。

④ 通过主要技术经济指标的实际与目标对比，分析产量、工期、质量、"三材"节约率、机械利用率等对成本的影响。

⑤ 通过对技术组织措施执行效果的分析，寻求更加有效的节约途径。

⑥ 分析其他有利条件和不利条件对成本的影响。

（3）年度成本分析

企业成本要求一年结算一次，不得将本年度成本转入下一年度。而项目成本则以项目的寿命周期为结算期，要求从开工到竣工直至保修期结束连续计算，最后结算出总成本及其盈亏。由于项目的施工周期一般较长，除进行月（季）度成本核算和分析外，还要进行年度成本的核算和分析。这不仅是企业汇编年度成本报表的需要，同时也是项目成本管理的需要，通过年度成本的综合分析，可以总结一年来成本管理的成绩和不足，为今后的成本管理提供经验和教训，从而可对项目成本进行更有效的管理。

年度成本分析的依据是年度成本报表。年度成本分析的内容，除了月（季）度成本分析的六个方面以外，重点是针对下一年度的施工进展情况制定切实可行的成本管理措施，以保证施工项目成本目标的实现。

（4）竣工成本的综合分析

凡是有几个单位工程且单独进行成本核算（即成本核算对象）的施工项目，其竣工成本分析应以各单位工程竣工成本分析资料为基础，再加上项目管理层的经营效益（如资金调度、对外分包等所产生的效益）进行综合分析。如果施工项目只有一个成本核算对象（单位：工程），就以该成本核算对象的竣工成本资料作为成本分析的依据。

单位工程竣工成本分析，应包括以下三方面内容：

① 竣工成本分析；

② 主要资源节超对比分析；

③ 主要技术节约措施及经济效果分析。

通过以上分析，可以全面了解单位工程的成本构成和降低成本的来源，对今后同类工程的成本管理提供参考。

**3. 成本项目的分析方法**

（1）人工费分析

项目施工需要的人工和人工费，由项目经理部与作业队签订劳务分包合同，明确承包范围、承包金额和双方的权利、义务。除了按合同规定支付劳务费以外，还可能发生一些其他人工费支出，主要有：

① 因实物工程量增减而调整的人工和人工费；

② 定额人工以外的计日工工资（如果已按定额人工的一定比例由作业队包干，并已列入承包合同的，不再另行支付）；

③ 对在进度、质量、节约、文明施工等方面做出贡献的班组和个人进行奖励的费用。

项目管理层应根据上述人工费的增减，结合劳务分包合同的管理进行分析。

（2）材料费分析

材料费分析包括主要材料、结构件和周转材料使用费的分析以及材料储备的分析。

① 主要材料和结构件费用的分析。主要材料和结构件费用的高低，主要受价格和消耗数量的影响。而材料价格的变动，受采购价格、运输费用、途中损耗、供应不足等因素的影响；材料消耗数量的变动，则受操作损耗、管理损耗和返工损失等因素的影响。因此，可在价格变动较大和数量超用异常的时候再做深入分析。为了分析材料价格和消耗数量的变化对材料和结构件费用的影响程度，可按下列公式计算：

$$因材料价格变动对材料费的影响=（计划单价-实际单价）\times 实际数量 \qquad （5\text{-}8）$$

$$因消耗数量变动对材料费的影响=（计划用量-实际用量）\times 实际价格 \qquad （5\text{-}9）$$

② 周转材料使用费分析。在实行周转材料内部租赁制的情况下，项目周转材料费的节约或超支，取决于材料周转率和损耗率，周转减慢，则材料周转的时间增长，租赁费支出就增加；而超过规定的损耗，则要照价赔偿。

③ 采购保管费分析。材料采购保管费属于材料的采购成本，包括：材料采购保管人员的工资、工资附加费、劳动保护费、办公费、差旅费，以及材料采购保管过程中发生的固定资产使

用费、工具用具使用费、检验试验费、材料整理及零星运费和材料物资的盘亏及毁损等。材料采购保管费一般应与材料采购数量同步，即材料采购多，采购保管费也会相应增加。因此，应根据每月实际采购的材料数量（金额）和实际发生的材料采购保管费，分析保管费率的变化。

④ 材料储备资金分析。材料的储备资金是根据日平均用量、材料单价和储备天数（即从采购到进场所需要的时间）计算的。上述任何一个因素变动，都会影响储备资金的占用量。材料储备资金的分析，可以应用"因素分析法"。

【例 5-4】某项目水泥的储备资金变动情况见表 5-13。

表 5-13　　　　　　　　　储备资金计划与实际对比表

| 项　目 | 单　位 | 计　划 | 实　际 | 差　异 |
|---|---|---|---|---|
| 日平均用量 | t | 50 | 60 | 10 |
| 单价 | 元 | 400 | 420 | 20 |
| 储备天数 | d | 7 | 6 | −1 |
| 储备金额 | 元 | 14 万 | 15.12 万 | 1.12 万 |

根据表 5-13 数据，分析日平均用量，单价和储备天数等因素的变动对水泥储备资金的影响程度，见表 5-14。

表 5-14　　　　　　　　　储备资金因素分析表

| 顺序 | 连环替代计算/万元 | 差异/万元 | 因素分析 |
|---|---|---|---|
| 计划数 | 50×400×7＝14.00 | | |
| 第一次替代 | 60×400×7＝16.80 | +2.80 | 由于日平均用量增加 10t，增加储备资金 2.80 万元 |
| 第二次替代 | 60×420×7＝17.64 | +0.84 | 由于水泥单价提高 20 元/t，增加储备资金 0.84 万元 |
| 第三次替代 | 60×420×6＝15.12 | −2.52 | 由于储备天数缩短一天，减少储备资金 2.52 万元 |
| 合计 | 2.80+0.84−2.52＝1.12 | + 1.12 | |

从以上分析可以发现，储备天数是影响储备资金的关键因素。因此，材料采购人员应该选择运距短的供应单位，尽可能减少材料采购的中转环节，缩短储备天数。

（3）机械使用费分析

由于项目施工具有的一次性，项目经理部不可能拥有自己的机械设备，而是随着施工的需要，向企业动力部门或外单位租用。在机械设备的租用过程中，存在两种情况：一是按产量进行承包，并按完成产量计算费用，如土方工程。项目经理部只要按实际挖掘的土方工程量结算挖土费用，而不必考虑挖土机械的完好程度和利用程度。另一种是按使用时间（台班）计算机械费用的，如塔吊、搅拌机、砂浆机等，如果机械完好率低或在使用中调度不当，必然会影响机械的利用率，从而延长使用时间，增加使用费。因此，项目经理部应该给予一定的重视。

由于建筑施工的特点，在流水作业和工序搭接上往往会出现某些必然或偶然的施工间隙，影响机械的连续作业；有时，又因为加快施工进度和工种配合，需要机械日夜不停地运转，这样便造成机械综合利用效率不高，比如机械停工，则需要支付停班费。因此，在机械设备的使用过程中，应以满足施工需要为前提，加强机械设备的平衡调度，充分发挥机械的效用；同时，还要加强平时机械设备的维修保养工作，提高机械的完好率，保证机械的正常运转。

（4）管理费分析

现场管理费分析，也应通过预算（或计划）数与实际数的比较来进行。预算与实际比较的表格形式见表5-15。

表 5-15　　　　　　　　　　　现场管理费预算（计划）与实际比较

| 序号 | 项　　目 | 预　算 | 实　际 | 比　较 | 备　　注 |
|------|----------|--------|--------|--------|----------|
| 1 | 现场管理人员工资 | | | | 包括职工福利费和劳动保护费 |
| 2 | 办公费 | | | | 包括生活水电费、取暖费 |
| 3 | 差旅交通费 | | | | 包括折旧及修理费 |
| 4 | 固定资产使用费 | | | | |
| 5 | 工具用具使用费 | | | | |
| 6 | 劳动保险费 | | | | |
| | …… | | | | |
| 合计 | | | | | |

### 4. 专项成本分析方法

针对与成本有关的特定事项的分析，包括成本盈亏异常分析、工期成本分析、资金成本分析等内容。

（1）成本盈亏异常分析

施工项目出现成本盈亏异常情况，必须引起高度重视，必须彻底查明原因并及时纠正。

检查成本盈亏异常的原因，应从经济核算的"三同步"入手。因为项目经济核算的基本规律是：在完成多少产值、消耗多少资源、发生多少成本之间，有着必然的同步关系。如果违背这个规律，就会发生成本的盈亏异常。

"三同步"检查是提高项目经济核算水平的有效手段，不仅适用于成本盈亏异常的检查，也可用于月度成本的检查。"三同步"检查可以通过以下五个方面的对比分析来实现：

① 产值与施工任务单的实际工程量和形象进度是否同步；

② 资源消耗与施工任务单的实耗人工、限额领料单的实耗材料、当期租用的周转材料和施工机械是否同步；

③ 其他费用（如材料价、超高费和台班费等）的产值统计与实际支付是否同步；

④ 预算成本与产值统计是否同步；

⑤ 实际成本与资源消耗是否同步。

通过以上五个方面的分析，可以探明成本盈亏的原因。

（2）工期成本分析

工期成本分析是计划工期成本与实际工期成本的比较分析。计划工期成本是指在假定完成预期利润的前提下计划工期内所耗用的计划成本；而实际工期成本是在实际工期中耗用的实际成本。

工期成本分析一般采用比较法，即将计划工期成本与实际工期成本进行比较，然后应用"因素分析法"分析各种因素的变动对工期成本差异的影响程度。

（3）资金成本分析

资金与成本的关系是指工程收入与成本支出的关系。根据工程成本核算的特点，工程收入与成本支出有很强的相关性。进行资金成本分析通常应用"成本支出率"指标，即成本支出占工程款收入的比例，计算公式如下：

$$成本支出率=（计算期实际成本支出÷计算期实际工程款收入）×100\% \qquad （5-10）$$

通过对"成本支出率"的分析，可以看出资金收入中用于成本支出的比重。结合储备金和结存资金的比重，分析资金使用的合理性。

### 5.4.4　施工成本考核

施工成本考核是指在施工项目完成后，对施工项目成本形成中的各责任者，按施工项目成本目标责任制的有关规定，将成本的实际指标与计划、定额、预算进行对比和考核，评定施工项目成本计划的完成情况和各责任者的业绩，并以此给予相应的奖励和处罚。通过成本考核，做到有奖有惩，赏罚分明，才能有效地调动每一位员工在各自施工岗位上努力完成目标成本的积极性，从而降低施工项目成本，提高企业的效益。

施工成本考核是衡量成本降低的实际成果，也是对成本指标完成情况的总结和评价。

成本考核制度包括考核的目的、时间、范围、对象、方式、依据、指标、组织领导、评价与奖惩原则等内容。

以施工成本降低额和施工成本降低率作为成本考核的主要指标，要加强公司层对项目经理部的指导，并充分依靠技术人员、管理人员和作业人员的经验和智慧，防止项目管理在企业内部异化为靠少数人承担风险的以包代管模式。成本考核也可分别考核公司层和项目经理部。

公司层对项目经理部进行考核与奖惩时，既要防止虚盈实亏，也要避免实际成本归集差错等的影响，使施工成本考核真正做到公平、公正、公开，在此基础上落实施工成本管理责任制的奖惩或激励措施。

施工成本管理的每一个环节都是相互联系和相互作用的。成本预测是成本决策的前提，成本计划是成本决策所确定目标的具体化。成本计划控制则是对成本计划的实施进行控制和监督，保证决策的成本目标的实现，而成本核算又是对成本计划是否实现的最后检验，它所提供的成本信息又将为下一个施工项目成本预测和决策提供基础资料。成本考核是实现成本目标责任制的保证和实现决策目标的重要手段。

## 本 章 小 结

成本管理是指企业生产经营过程中各项成本核算、成本分析、成本决策和成本控制等一系列科学管理行为的总称。施工成本管理就是要在保证工期和质量满足要求的情况下，采取相应的管理措施，包括组织措施、经济措施、技术措施、合同措施，把成本控制在计划范围内，并进一步寻求最大程度的成本节约。施工成本管理的任务和环节主要包括：施工成本预测；施工成本计划；施工成本控制；施工成本核算；施工成本分析；施工成本考核。

建筑工程项目施工成本由直接成本和间接成本组成。

施工成本计划是以货币形式编制施工项目在计划期内的生产费用、成本水平、成本降低率以及为降低成本所采取的主要措施和规划的书面方案。它是建立施工项目成本管理责任制、开展成本控制和核算的基础。

施工成本控制是在项目成本的形成过程中，对生产经营所消耗的人力资源、物资资源和费用开支进行指导、监督、检查和调整，及时纠正将要发生和已经发生的偏差，把各项生产费用控制在计划成本的范围之内，以保证成本目标的实现。

施工成本分析是在施工成本核算的基础上，对成本的形成过程和影响成本升降的因素进行分析，以寻求进一步降低成本的途径，包括有利偏差的挖掘和不利偏差的纠正。施工成本分析贯穿于施工成本管理的全过程。

施工成本考核是指在施工项目完成后，对施工项目成本形成中的各责任者，按施工项目成本目标责任制的有关规定，将成本的实际指标与计划、定额、预算进行对比和考核，评定施工项目成本计划的完成情况和各责任者的业绩，并以此给予相应的奖励和处罚。施工成本考核是衡量成本降低的实际成果，也是对成本指标完成情况的总结和评价。

学生在了解建筑工程成本管理基本知识的基础上，应实际参与（或模拟参与）建筑工程成本管理工作，能够独立制订项目成本计划，为以后参加工作打下基础。

## 习题与思考

5-1　什么是成本？什么是施工项目成本和成本管理？

5-2　施工项目成本的类型有哪些？

5-3　建筑工程项目施工成本由哪几部分构成？

5-4　成本管理的措施有哪些？

5-5　施工成本计划有哪些？

5-6　施工成本计划的内容有哪些？

5-7　施工成本计划的编制方法有哪些？

5-8　施工成本控制的方法有哪些？

5-9　施工成本核算的基本内容有哪些？

5-10　施工成本分析的基本方法包括哪些？

5-11　单选题

（1）在施工成本控制的步骤中，控制工作的核心是（　　　）。

A．预测估计完成项目所需的总费用　　　B．分析比较结果以确定偏差的严重性和原因

C．采取适当措施纠偏　　　　　　　　　D．检查纠偏措施的执行情况

（2）施工成本控制的步骤中，最具实质性的一步是（　　　）。

A．预测　　　　　B．比较　　　　　C．分析　　　　　D．纠偏

（3）某项目进行成本偏差分析，结果为：已完工作预算成本（BCWP）-已完工作实际成本（ACWP）<0；已完工预算成本（BCWP）-计划完成工作预算成本（BCWS）>0，则说明（　　　）。

A．成本超支，进度提前　　　　　　　　B．成本节约，进度提前

C．成本超支，进度拖后　　　　　　　　D．成本节约，进度拖后

（4）SV = BCWP-ACWP，由于两项参数均以预算值（计划值）作为计算基准，所以两项参数之差，反映项目进展的（　　　）。

A．费用偏差　　　　B．进度偏差　　　　C．费用绝对偏差　　　D．进度相对偏差

# 建筑工程项目职业健康安全管理

## 【学习目标】

通过本章的学习，学生应掌握建筑工程项目管理的目的、特点、类型，建筑工程安全生产管理知识，建筑工程生产安全事故应急预案和事故处理、建筑工程施工现场职业健康安全管理的要求等基本点，了解建筑工程职业健康安全管理体系和运行模式。

随着人类社会的进步和科技的发展，职业健康安全的问题越来越受关注。为了保证劳动者在劳动生产过程中的健康安全和保护人类的生存环境，必须加强职业健康安全管理。

本章主要包括以下四个方面的内容：

（1）职业健康安全管理体系；

（2）建筑工程安全生产管理；

（3）建筑工程生产安全事故应急预案和事故处理；

（4）建筑工程施工现场职业健康安全管理的要求。

# 6.1 建筑工程职业健康安全管理概述

## 6.1.1 职业健康安全管理体系

### 1. 职业健康安全管理体系标准

职业健康安全管理体系是企业总体管理体系的一部分。作为我国推荐性标准的职业健康安全管理体系标准，目前被企业普遍采用，用以建立职业健康安全管理体系。该标准覆盖了国际上的 OHSAS 18000 体系标准，即《职业健康安全管理体系要求》GB/T 28001—2011 和《职业健康安全管理体系实施指南》GB/T 28002—2011。

根据《职业健康安全管理体系要求》GB/T 28001—2011 的定义，职业健康安全是指影响或可能影响工作场所内的员工或其他工作人员（包括临时工和承包方员工）、访问者或任何其他人员的健康安全的条件和因素。

2. 职业健康安全管理体系的运行模式

为适应现代职业健康安全管理的需要，《职业健康安全管理体系要求》GB/T 28001—2011 在确定职业健康安全管理体系模式时，强调按系统理论管理职业健康安全及其相关事务，以达到预防和减少生产事故和劳动疾病的目的。具体实施中采用了戴明模型，即一种动态循环并螺旋上升的系统化管理模式。职业健康安全管理体系运行模式如图 6-1 所示。

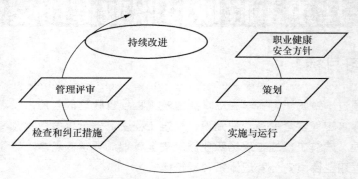

图 6-1　职业健康安全管理体系运行模式

3. 职业健康安全管理体系各要素之间的相互关系

职业健康安全管理体系包括 17 个基本要素。这 17 个要素的相互关系、相互作用共同有机地构成了职业健康安全管理体系的整体。

为了更好地理解职业健康安全管理体系要素间的关系，可将其分为两类，一类是体现主体框架和基本功能的核心要素，另一类是支持体系主体框架和保证实现基本功能的辅助性要素。

10 个核心要素包括：职业健康安全方针；对危险源辨识、风险评价和控制措施的确定；法律法规和其他要求；目标和方案；资源、作用、职责、责任和权限；合规性评价；运行控制；绩效测量和监视；内部审核；管理评审。

7 个辅助性要素包括：能力、培训和意识；沟通、参与和协商；文件；文件控制；应急准备和响应；事件调查、不符合、纠正措施和预防措施；记录控制。

## 6.1.2　建筑工程职业健康安全管理的目的、特点和要求

1. 建筑工程职业健康安全管理的目的

职业健康安全管理的目的是在生产活动中，通过职业健康安全生产的管理活动，对影响生产的具体因素进行状态控制，使生产因素中的不安全行为和状态尽可能减少或消除，且不引发事故，以保证生产活动中人员的健康和安全。对于建筑工程项目，职业健康安全管理的目的是防止和尽可能减少生产安全事故、保护产品生产者的健康与安全、保障人民群众的生命和财产免受损失；控制影响或可能影响工作场所内的员工或其他工作人员（包括临时工和承包方员工）、访问者或任何其他人员的健康安全的条件和因素；避免因管理不当对在组织控制下工作的人员健康和安全造成危害。

## 2. 建筑工程职业健康安全管理的特点

依据建筑工程产品的特性，建筑工程职业健康安全管理有以下特点。

（1）复杂性。建筑项目的职业健康安全管理涉及大量的露天作业，受到气候条件、工程地质和水文地质、地理条件和地域资源等不可控因素的影响较大。

（2）多变性。一方面是项目建筑现场材料、设备和工具的流动性大；另一方面由于技术进步，项目不断引入新材料、新设备和新工艺，这都加大了相应的管理难度。

（3）协调性。项目建筑涉及的工种甚多，包括大量的高空作业、地下作业、用电作业、爆破作业、施工机械、起重作业等较危险的工程，并且各工种经常需要交叉或平行作业。

（4）持续性。项目建筑一般具有建筑周期长的特点，从设计、实施直至投产阶段，诸多工序环环相扣。前一道工序的隐患，可能在后续的工序中暴露，酿成安全事故。

## 3. 建筑工程职业健康安全管理的要求

（1）建筑工程项目决策阶段。建筑单位应按照有关建筑工程法律法规的规定和强制性标准的要求，办理各种有关安全与环境保护方面的审批手续。对需要进行环境影响评价或安全预评价的建筑工程项目，应组织或委托有相应资质的单位进行建筑工程项目环境影响评价和安全预评价。

（2）建筑工程设计阶段。设计单位应按照有关建筑工程法律法规的规定和强制性标准的要求，进行环境保护设施和安全设施的设计，防止因设计考虑不周而导致生产安全事故的发生或对环境造成不良影响。

在进行工程设计时，设计单位应当考虑施工安全和防护需要，对涉及施工安全的重点部分和环节在设计文件中应进行注明，并对防范生产安全事故提出指导意见。

对于采用新结构、新材料、新工艺的建筑工程和特殊结构的建筑工程，设计单位应在设计中提出保障施工作业人员安全和预防生产安全事故的措施建议。

在工程总概算中，应明确工程安全环保设施费用、安全施工和环境保护措施费等。

设计单位和注册建筑师等执业人员应当对其设计负责。

（3）建筑工程施工阶段。建筑单位在申请领取施工许可证时，应当提供建筑工程有关安全施工措施的资料。对于依法批准开工报告的建筑工程，建筑单位应当自开工报告批准之日起15日内，将保证安全施工的措施报送建筑工程所在地的县级以上人民政府建筑行政主管部门或者其他有关部门备案。

对于应当拆除的工程，建筑单位应当在拆除工程施工15日前，将拆除施工单位资质等级证明，拟拆除建筑物、构筑物及可能涉及毗邻建筑的说明，拆除施工组织方案，堆放、清除废弃物的措施的资料报送建筑工程所在地的县级以上地方人民政府主管部门或者其他有关部门备案。

施工企业在其经营生产活动中必须对本企业的安全生产负全面责任。企业的代表人是安全生产的第一负责人，项目经理是施工项目生产的主要负责人。施工企业应当具备安全生产的资质条件，取得安全生产许可证的施工企业应设立安全机构，配备合格的安全人员，提供必要的资源；要建立健全职业健康安全体系以及有关的安全生产责任制和各项安全生产规章制度。对项目要编制切合实际的安全生产计划，制定职业健康安全保障措施；实施安全教育培训制度，不断提高员工的安全意识和安全生产素质。

建筑工程实行总承包的，由总承包单位对施工现场的安全生产负总责并自行完成工程主体结构的施工。分包单位应当接受总承包单位的安全生产管理，分包合同中应当明确各自安全生产方面的权利、义务。分包单位不服从管理导致生产安全事故的，由分包单位承担主要责任，总承包和分包单位对分包工程的安全生产承担连带责任。

# 6.2 建筑工程职业健康安全措施

## 6.2.1 建筑工程施工安全技术措施

**1. 施工安全控制**

（1）安全控制的概念。安全控制是生产过程中涉及的计划、组织、监控、调节和改进等一系列致力于满足生产安全所进行的管理活动。

（2）安全控制的目标。安全控制的目标是减少和消除生产过程中的事故，保证人员健康安全和财产免受损失。具体应包括：

① 减少或消除人的不安全行为的目标；

② 减少或消除设备、材料的不安全状态的目标；

③ 改善生产环境和保护自然环境的目标。

（3）施工安全控制的特点。建筑工程施工安全控制的特点主要有以下几个方面。

① 控制面广。由于建筑工程规模较大，生产工艺复杂、工序多，在建造过程中流动作业多、高处作业多，作业位置多变，遇到的不确定因素多，安全控制工作涉及范围大，控制面广。

② 控制的动态性。由于建筑工程项目的单件性，使得每项工程所处的条件不同，所面临的危险因素和防范措施也会有所改变，员工在转移工地后，熟悉一个新的工作环境需要一定的时间，有些工作制度和安全技术措施也会有所调整，员工之间有一个熟悉的过程。

由于建筑工程项目施工的分散性，现场施工分散于施工现场的各个部位，尽管有各种规章制度和安全技术交底的环节，但是面对具体的生产环境时，仍然需要自己的判断和处理，有经验的人员还必须适应不断变化的情况。

③ 控制系统交叉性。建筑工程项目是开放系统，受自然环境和社会环境影响很大，同时也会对社会和环境造成影响，安全控制需要把工程系统、环境系统及社会系统结合起来。

④ 控制的严谨性。由于建筑工程施工的危害因素复杂、风险程度高、伤亡事故多，所以预防控制措施必须严谨，如有疏漏就可能发展到失控，而酿成事故，造成损失和伤害。

（4）施工安全的控制程序。

① 确定每项具体建筑工程项目的安全目标。按"目标管理"方法在以项目经理为首的项目管理系统内进行分解，从而确定每个岗位的安全目标，实现全员安全控制。

② 编制建筑工程项目安全技术措施计划。工程施工安全技术措施计划是对生产过程中的不安全因素，用技术手段加以消除和控制的文件，是落实"预防为主"方针的具体体现，是进行工程项目安全控制的指导性文件。

③ 安全技术措施计划的落实和实施。安全技术措施计划的落实和实施包括建立健全安全生产责任制，设置安全生产设施，采用安全技术和应急措施，进行安全教育和培训，安全检查，事

故处理，沟通和交流信息，通过一系列安全措施的贯彻，使生产作业的安全状况处于受控状态。

④ 安全技术措施计划的验证。安全技术措施计划的验证是通过施工过程中对安全技术措施计划实施情况的安全检查，纠正不符合安全技术措施计划的情况，保证安全技术措施的贯彻和实施。

⑤ 持续改进根据安全技术措施计划的验证结果，对不适宜的安全技术措施计划进行修改、补充和完善。

**2. 施工安全技术措施的一般要求**

（1）施工安全技术措施必须在工程开工前制定。施工安全技术措施是施工组织设计的重要组成部分，应在工程开工前与施工组织设计一同编制。为保证各项安全设施的落实，在工程图纸会审时，就应特别注意考虑安全施工的问题，并在开工前制定好安全技术措施，使得用于该工程的各种安全设施有较充分的时间进行采购、制作和维护等准备工作。

（2）施工安全技术措施要有全面性。按照有关法律法规的要求，在编制工程施工组织设计时，应当根据工程特点制定相应的施工安全技术措施。对于大中型工程项目、结构复杂的重点工程，除必须在施工组织设计中编制施工安全技术措施外，还应编制专项工程施工安全技术措施，详细说明有关安全方面的防护要求和措施，确保单位工程或分部分项工程的施工安全。对爆破、拆除、起重吊装、水下、基坑支护和降水、土方开挖、脚手架、模板等危险性较大的作业，必须编制专项安全施工技术方案。

（3）施工安全技术措施要有针对性。施工安全技术措施是针对每项工程的特点制定的，编制安全技术措施的技术人员必须掌握工程概况、施工方法、施工环境、条件等一手资料，并熟悉安全法规、标准等，才能制定有针对性的安全技术措施。

（4）施工安全技术措施应力求全面、具体、可靠。施工安全技术措施应把可能出现的各种不安全因素考虑周全，制订的对策措施方案应力求全面、具体、可靠，这样才能真正做到预防事故的发生。但是，全面具体不等于罗列一般通常的操作工艺、施工方法以及日常安全工作制度、安全纪律等。这些制度性规定，安全技术措施中不需要再抄录，但必须严格执行。

对大型群体工程或一些面积大、结构复杂的重点工程，除必须在施工组织总设计中编制施工安全技术总体措施外，还应编制单位工程或分部分项工程安全技术措施，详细地制定出有关安全方面的防护要求和措施，确保该单位工程或分部分项工程的安全施工。

（5）施工安全技术措施必须包括应急预案。由于施工安全技术措施是在相应的工程施工实施之前制定的，所涉及的施工条件和危险情况大都是建立在可预测的基础上，而建筑工程施工过程是开放的过程，在施工期间的变化是经常发生的，还可能出现预测不到的突发事件或灾害（如地震、火灾、台风、洪水等）。所以，施工技术措施计划必须包括面对突发事件或紧急状态的各种应急设施、人员逃生和救援预案，以便在紧急情况下，能及时启动应急预案，减少损失，保护人员安全。

（6）施工安全技术措施要有可行性和可操作性。施工安全技术措施应能够在每个施工工序之中得到贯彻实施，既要考虑保证安全要求，又要考虑现场环境条件和施工技术条件能够做得到。

**3. 施工安全技术措施的主要内容**

（1）进入施工现场的安全规定；

（2）地面及深槽作业的防护；

（3）高处及立体交叉作业的防护；

（4）施工用电安全；

（5）施工机械设备的安全使用；

（6）在采取"四新"技术时，有针对性的专门安全技术措施；

（7）有针对自然灾害预防的安全措施；

（8）预防有毒、有害、易燃、易爆等作业造成危害的安全技术措施；

（9）现场消防措施。

安全技术措施中必须包含施工总平面图，在图中必须对危险的油库、易燃材料库、变电设备、材料和构配件的堆放位置、塔式起重机、物料提升机（井架、龙门架）、施工用电梯、垂直运输设备位置、搅拌台的位置等按照施工需求和安全规程的要求明确定位，并提出具体要求。

结构复杂、危险性大、特性较多的分部分项工程，应编制专项施工方案和安全措施。如基坑支护与降水工程、土方开挖工程、模板工程、起重吊装工程、脚手架工程、拆除工程、爆破工程等，必须编制单项的安全技术措施，并要有设计依据、有计算、有详图、有文字要求。

季节性施工安全技术措施，就是考虑夏季、雨季、冬季等不同季节的气候对施工生产带来的不安全因素可能造成的各种突发性事故，而从防护上、技术上、管理上采取的防护措施。一般工程可在施工组织设计或施工方案的安全技术措施中编制季节性施工安全措施；危险性大、高温期长的工程，应单独编制季节性的施工安全措施。

## 6.2.2　安全技术交底

**1．安全技术交底的内容**

安全技术交底是一项技术性很强的工作，对于贯彻设计意图、严格实施技术方案、按图施工、循规操作、保证施工质量和施工安全至关重要。

安全技术交底主要内容如下：

（1）本施工项目的施工作业特点和危险点；

（2）针对危险点的具体预防措施；

（3）应注意的安全事项；

（4）相应的安全操作规程和标准；

（5）发生事故后应及时采取的避难和急救措施。

**2．安全技术交底的要求**

（1）项目经理部必须实行逐级安全技术交底制度，纵向延伸到班组全体作业人员；

（2）技术交底必须具体、明确，针对性强；

（3）技术交底的内容应针对分部分项工程施工中给作业人员带来的潜在危险因素和存在问题；

（4）应优先采用新的安全技术措施；

（5）对于涉及"四新"项目或技术含量高、技术难度大的单项技术设计，必须经过两阶段技术交底，即初步设计技术交底和实施性施工图技术设计交底；

（6）应将工程概况、施工方法、施工程序、安全技术措施等向工长、班组长进行详细交底；

（7）定期向由两个以上作业队和多工种进行交叉施工的作业队伍进行书面交底；

（8）保存书面安全技术交底签字记录。

3. 安全技术交底的作用

（1）让一线作业人员了解和掌握该作业项目的安全技术操作规程和注意事项，减少因违章操作而导致事故的可能；

（2）是安全管理人员在项目安全管理工作中的重要环节；

（3）安全管理内业资料的内容要求，同时做好安全技术交底也是安全管理人员自我保护的手段。

## 6.2.3　安全生产检查监督

工程项目安全检查的目的是为了清除隐患、防止事故、改善劳动条件及提高员工安全生产意识，是安全控制工作的一项重要内容。通过安全检查可以发现工程中的危险因素，以便有计划地采取措施，保证安全生产。施工项目的安全检查应由项目经理组织，定期进行。

1. 安全生产检查监督的主要类型

（1）全面安全检查。全面安全检查应包括职业健康安全管理方针、管理组织机构及其安全管理的职责、安全设施、操作环境、防护用品、卫生条件、运输管理、危险品管理、火灾预防、安全教育和安全检查制度等内容。对全面安全检查的结果必须进行汇总分析，详细探讨所出现的问题及相应对策。

（2）经常性安全检查。工程项目和班组应开展经常性安全检查，及时排除事故隐患。工作人员必须在工作前，对所用的机械设备和工具进行仔细检查，发现问题立即上报。下班前，还必须进行班后检查，做好设备的维修保养和清整场地等工作，保证交接安全。

（3）专业或专职安全管理人员的专业安全检查。由于操作人员在进行设备的检查时，往往是根据其自身的安全知识和经验进行主观判断，因而有很大的局限性，不能反映出客观情况，流于形式。而专业或专职安全管理人员则有较丰富的安全知识和经验，通过其认真检查就能够得到较为理想的效果。专业或专职安全管理人员在进行安全检查时，必须不徇私情，按章检查，发现违章操作情况要立即纠正，发现隐患及时指出并提出相应防护措施，并及时上报检查结果。

（4）季节性安全检查。要对防风防沙、防涝抗旱、防雷电、防暑防害等工作进行季节性的检查，根据各个季节自然灾害的发生规律，及时采取相应的防护措施。

（5）节假日检查。在节假日，坚持上班的人员较少，往往放松思想警惕，容易发生意外，而一旦发生意外事故，也难以进行有效地救援和控制。因此，节假日必须安排专业安全管理人员进行安全检查，对重点部位要进行巡视。同时配备一定数量的安全保卫人员，搞好安全保卫工作，绝不能麻痹大意。

（6）要害部门重点安全检查。对于企业要害部门和重要设备必须进行重点检查。由于其重要性和特殊性，一旦发生意外，会造成大的伤害，给企业的经济效益和社会效益带来不良影响。为了确保安全，对设备的运转和零件的状况要定时进行检查，发现损伤立刻更换，决不能"带病"作业；一过有效年限即使没有故障，也应该予以更新，不能因小失大。

2. 安全生产检查监督的主要内容

（1）查思想。检查企业领导和员工对安全生产方针的认识程度，对建立健全安全生产管理和安全生产规章制度的重视程度，对安全检查中发现的安全问题或安全隐患的处理态度等。

（2）查制度。为了实施安全生产管理制度，工程承包企业应结合本身的实际情况，建立健全一整套本企业的安全生产规章制度，并落实到具体的工程项目施工任务中。在安全检查时，应对企业的施工安全生产规章制度进行检查。施工安全生产规章制度一般应包括以下内容：

① 安全生产责任制度；

② 安全生产许可证制度；

③ 安全生产教育培训制度；

④ 安全措施计划制度；

⑤ 特种作业人员持证上岗制度；

⑥ 专项施工方案专家论证制度；

⑦ 危及施工安全工艺、设备、材料淘汰制度；

⑧ 施工起重机械使用登记制度；

⑨ 生产安全事故报告和调查处理制度；

⑩ 各种安全技术操作规程；

⑪ 危险作业管理审批制度；

⑫ 易燃、易爆、剧毒、放射性、腐蚀性等危险物品生产、储运、使用的安全管理制度；

⑬ 防护物品的发放和使用制度；

⑭ 安全用电制度；

⑮ 危险场所动火作业审批制度；

⑯ 防火、防爆、防雷、防静电制度；

⑰ 危险岗位巡回检查制度；

⑱ 安全标志管理制度。

（3）查管理。主要检查安全生产管理是否有效，安全生产管理和规章制度是否真正得到落实。

（4）查隐患。主要检查生产作业现场是否符合安全生产要求，检查人员应深入作业现场，检查工人的劳动条件、卫生设施、安全通道，零部件的存放，防护设施状况，电气设备、压力容器、化学用品的储存，粉尘及有毒有害作业部位点的达标情况，车间内的通风照明设施，个人劳动防护用品的使用是否符合规定等。要特别注意对一些要害部位和设备加强检查，如锅炉房、变电所、各种剧毒、易燃、易爆等场所。

（5）查整改。主要检查对过去提出的安全问题和发生安全生产事故及安全隐患后是否采取了安全技术措施和安全管理措施，进行整改的效果如何。

（6）查事故处理。检查对伤亡事故是否及时报告，对责任人是否已经做出严肃处理。在安全检查中必须成立一个适应安全检查工作需要的检查组，配备适当的人力物力。检查结束后应编写安全检查报告，说明已达标项目、未达标项目、存在问题、原因分析，给出纠正和预防措施的建议。

**3. 安全检查的注意事项**

（1）安全检查要深入基层、紧紧依靠职工，坚持领导与群众相结合的原则，组织好检查工作。

（2）建立检查的组织领导机构，配备适当的检查力量，挑选具有较高技术业务水平的专业人员参加。

（3）做好检查的各项准备工作，包括思想、业务知识、法规政策和物资、奖金准备。

（4）明确检查的目的和要求。既要严格要求，又要防止一刀切，要从实际出发，分清主、次矛盾，力求实效。

（5）把自查与互查有机结合起来。基层以自查为主，企业内相应部门间互相检查，取长补短，相互学习和借鉴。

（6）坚持查改结合。检查不是目的，只是一种手段，整改才是最终目的。发现问题，要及时采取切实有效的防范措施。

（7）建立检查档案。结合安全检查表的实施，逐步建立健全检查档案，收集基本的数据，掌握基本安全状况，为及时消除隐患提供数据，同时也为以后的职业健康安全检查奠定基础。

（8）在制定安全检查表时，应根据用途和目的具体确定安全检查表的种类。安全检查表的主要种类有：设计用安全检查表；厂级安全检查表；车间安全检查表；班组及岗位安全检查表；专业安全检查表等。制定安全检查表要在安全技术部门的指导下，充分依靠职工来进行。初步制定出来的检查表，要经过群众讨论，反复试行，再加以修订，最后由安全技术部门审定后方可正式实行。

## 6.2.4 安全隐患的处理

1. 建筑工程安全的隐患

建筑工程安全隐患包括三个部分的不安全因素：人的不安全因素、物的不安全状态和组织管理上的不安全因素。

（1）人的不安全因素。人的不安全因素有：能够使系统发生故障或发生性能不良的事件的个人的不安全因素和违背安全要求的错误行为。

个人的不安全因素包括人员的心理、生理、能力中所具有不能适应工作、作业岗位要求的影响安全的因素。

① 心理上的不安全因素有影响安全的性格、气质和情绪（如急躁、懒散、粗心等）。

② 生理上的不安全因素大致有 5 个方面：

a. 视觉、听觉等感觉器官不能适应作业岗位要求的因素；

b. 体能不能适应作业岗位要求的因素；

c. 年龄不能适应作业岗位要求的因素；

d. 有不适合作业岗位要求的疾病；

e. 疲劳和酒醉或感觉朦胧。

③ 能力上的不安全因素包括知识技能、应变能力、资格等不能适应工作和作业岗位要求的影响因素。

人的不安全行为指能造成事故的人为错误，是人为地使系统发生故障或发生性能不良事件，是违背设计和操作规程的错误行为。

不安全行为的类型有：

① 操作失误、忽视安全、忽视警告；

② 造成安全装置失效；

③ 使用不安全设备；

④ 手代替工具操作；

⑤ 物体存放不当；

⑥ 冒险进入危险场所；

⑦ 攀坐不安全位置；

⑧ 在起吊物下作业、停留；

⑨ 在机器运转时进行检查、维修、保养；

⑩ 有分散注意力的行为；

⑪ 未正确使用个人防护用品、用具；

⑫ 不安全装束；

⑬ 对易燃易爆等危险物品处理错误。

（2）物的不安全状态。物的不安全状态是指能导致事故发生的物质条件，包括机械设备或环境所存在的不安全因素。

物的不安全状态的内容包括：

① 物本身存在的缺陷；

② 防护保险方面的缺陷；

③ 物的放置方法的缺陷；

④ 作业环境场所的缺陷；

⑤ 外部的和自然界的不安全状态；

⑥ 作业方法导致的物的不安全状态；

⑦ 保护器具信号、标志和个体防护用品的缺陷。

物的不安全状态的类型包括：

① 防护等装置缺陷；

② 设备、设施等缺陷；

③ 个人防护用品缺陷；

④ 生产场地环境的缺陷。

（3）组织管理上的不安全因素。组织管理上的缺陷，也是事故潜在的不安全因素，作为间接的原因有以下方面：

① 技术上的缺陷；

② 教育上的缺陷；

③ 生理上的缺陷；

④ 心理上的缺陷；

⑤ 管理工作上的缺陷；

⑥ 学校教育和社会、历史上的原因造成的缺陷。

2. 建筑工程安全隐患的处理

在工程建筑过程中，安全事故隐患是难以避免的，但要尽可能预防和消除安全事故隐患的发生。首先需要项目参与各方加强安全意识，做好事前控制，建立健全各项安全生产管理制度，落实安全生产责任制，注重安全生产教育培训，保证安全生产条件所需资金的投入，将安全隐患消除在萌芽之中；其次是根据工程的特点确保各项安全施工措施的落实，加强对工程安全生产的检查监督，及时发现安全事故隐患；再者是对发现的安全事故隐患及时进行处理，查找原因，防止事故隐患的进一步扩大。

（1）安全事故隐患治理原则。

① 冗余安全度治理原则。为确保安全，在治理事故隐患时应考虑设置多道防线，即使发生有一两道防线无效，还有冗余的防线可以控制事故隐患。例如：道路上有一个坑，既要设防护栏及警示牌，又要设照明及夜间警示红灯。

② 单项隐患综合治理原则。人、机、料、法、环境五者中任一个环节产生安全事故隐患，都要从五者安全匹配的角度考虑，调整匹配的方法，提高匹配的可靠性。一件单项隐患问题的整改需综合（多角度）治理。人的隐患，既要治人也要治机具及生产环境等各环节。例如，某工地发生触电事故，一方面要进行人的安全用电操作教育，同时现场也要设置漏电开关，对配电箱、用电线路进行防护改造，也要严禁非专业电工乱接乱拉电线。

③ 事故直接隐患与间接隐患并治原则。对人、机、环境系统进行安全治理的同时，还需治理安全管理措施。

④ 预防与减灾并重治理原则。治理安全事故隐患时，需尽可能减少发生事故的可能性，如果不能安全控制事故的发生，也要设法将事故等级减低。但是不论预防措施如何完善，都不能保证事故绝对不会发生，还必须对事故减灾做好充分准备，研究应急技术操作规范。如应及时切断供料及切断能源的操作方法；应及时降压、降温、降速以及停止运行的方法；应及时排放毒物的方法；应及时疏散及抢救的方法；应及时请求救援的方法等。还应定期组织训练和演习，使该生产环境中每名干部及工人都真正掌握这些减灾技术。

⑤ 重点治理原则。按对隐患的分析评价结果实行危险点分级治理，也可以用安全检查表打分，对隐患危险程度分级。

⑥ 动态治理原则。动态治理就是对生产过程进行动态随机安全化治理，生产过程中发现问题及时治理，既可以及时消除隐患，又可以避免小的隐患发展成大的隐患。

（2）安全事故隐患的处理。在建筑工程中，安全事故隐患的发现可以来自于各参与方，包括建筑单位、设计单位、监理单位、施工单位、供货商、工程监管部门等。各方对于事故安全隐患处理的义务和责任，以及相关的处理程序在《建筑工程安全生产管理条例》中已有明确的界定。这里仅从施工单位角度谈其对事故安全隐患的处理方法。

① 当场指正，限期纠正，预防隐患发生。对于违章指挥和违章作业行为，检查人员应当场指出，并限期纠正，预防事故的发生。

② 做好记录，及时整改，消除安全隐患。对检查中发现的各类安全事故隐患，应做好记录，分析安全隐患产生的原因，制定消除隐患的纠正措施，报相关方审查批准后进行整改，及时消除隐患。对重大安全事故隐患排除前或者排除过程中无法保证安全的，责令从危险区域内撤出作业人员或者暂时停止施工，待隐患消除再行施工。

③ 分析统计，查找原因，制定预防措施。对于反复发生的安全隐患，应通过分析统计属于多个部位存在的同类型隐患，即"通病"；属于重复出现的隐患，即"顽症"。查找产生"通病"和"顽症"的原因，修订和完善安全管理措施，制定预防措施，从源头上消除安全事故隐患的发生。

④ 跟踪验证。检查单位应对受检单位的纠正和预防措施的实施过程和实施效果，进行跟踪验证，并保存验证记录。

# 6.3 建筑工程安全生产管理制度

由于建筑工程规模大、周期长、参与人数多、环境复杂多变，安全生产的难度很大。因此，通过建立各项制度，规范建筑工程的生产行为，对于提高建筑工程安全生产水平是非常重要的。

《建筑法》《中华人民共和国安全生产法》《安全生产许可证条例》《建筑工程安全生产管理条例》《建筑施工企业安全生产许可证管理规定》等建筑工程相关法律法规和部门规章对政府部门、有关企业及相关人员的建筑工程安全生产和管理行为进行了全面的规范，确立了一系列建筑工程安全生产管理制度。现阶段正在执行的主要安全生产管理制度包括：安全生产责任制度；安全生产许可证制度；政府安全生产监督检查制度；安全生产教育培训制度；安全措施计划制度；特种作业人员持证上岗制度；专项施工方案专家论证制度；危及施工安全工艺、设备、材料淘汰制度；施工起重机械使用登记制度；安全检查制度；生产安全事故报告和调查处理制度；"三同时"制度；安全预评价制度；意外伤害保险制度等。

## 1. 安全生产责任制度

安全生产责任制是最基本的安全管理制度，是所有安全生产管理制度的核心。安全生产责任制是按照安全生产管理方针和"管生产的同时必须管安全"的原则，将各级负责人员、各职能部门及其工作人员和各岗位生产工人在安全生产方面应做的事情及应负的责任加以明确规定的一种制度。具体来说，就是将安全生产责任分解到相关单位的主要负责人、项目负责人、班组长以及每个岗位的作业人员身上。

根据《建筑工程安全生产管理条例》和《建筑施工安全检查标准》的相关规定，安全生产责任制度的主要内容如下。

（1）安全生产责任制度主要包括企业主要负责人的安全责任，负责人或其他副职的安全责任，项目负责人（项目经理）的安全责任，生产、技术、材料等各职能管理负责人及其工作人员的安全责任，技术负责人（工程师）的安全责任，专职安全生产管理人员的安全责任，施工员的安全责任，班组长的安全责任和岗位人员的安全责任等。

（2）项目应对各级、各部门安全生产责任制规定检查和考核办法，并按规定期限进行考核，对考核结果及兑现情况应有记录。

（3）项目独立承包的工程在签订承包合同中必须有安全生产工作的具体指标和要求。工程由多单位施工时，总分包单位在签订分包合同的同时要签订安全生产合同（协议），签订合同前要检查分包单位的营业执照、企业资质证、安全资格证等。分包队伍的资质应与工程要求相符，在安全合同中应明确总分包单位各自的安全职责，原则上，实行总承包的由总承包单位负责，分包单位向总包单位负责，服从总包单位对施工现场的安全管理，分包单位在其分包范围内建立施工现场安全生产管理制度，并组织实施。

（4）项目的主要工种应有相应的安全技术操作规程，砌筑、抹灰、混凝土、木工、电工、钢筋、机械、起重司机、信号指挥、脚手架、水暖、油漆、塔吊、电梯、电气焊等工种，特殊作业应另行补充。应将安全技术操作规程列为日常安全活动和安全教育的主要内容，并应悬挂在操作岗位前。

（5）工程项目部专职安全人员的配备应按住建部的规定，1万 $m^2$ 以下工程 1 人；1 万～5 万 $m^2$ 的工程不少于 2 人；5 万 $m^2$ 以上的工程不少于 3 人。

总之，企业实行安全生产责任制必须做到在计划、布置、检查、总结、评比生产的时候，同时计划、布置、检查、总结、评比安全工作。其内容大体分为两个方面：纵向方面是各级人员的安全生产责任制，即从最高管理者、管理者代表到项目负责人（项目经理）、技术负责人（工程师）、专职安全生产管理人员、施工员、班组长和岗位人员等各级人员的安全生产责任制；横向方面是各个部门的安全生产责任制，即各职能部门（如安全环保、设备、技术、生产、财务等部门）的安全生产责任制。只有这样，才能建立健全安全生产责任制，做到群防群治。

## 2. 安全生产许可证制度

《安全生产许可证条例》规定国家对建筑施工企业实施安全生产许可证制度。其目的是为了严格规范安全生产条件，进一步加强安全生产监督管理，防止和减少生产安全事故。国务院建筑主管部门负责中央管理的建筑施工企业安全生产许可证的颁发和管理；其他企业由省、自治区、直辖市人民政府建筑主管部门进行颁发和管理，并接受国务院建筑主管部门的指导和监督。

企业取得安全生产许可证，应当具备下列安全生产条件：

（1）建立、健全安全生产责任制，制定完备的安全生产规章制度和操作规程；

（2）安全投入符合安全生产要求；

（3）设置安全生产管理机构，配备专职安全生产管理人员；

（4）主要负责人和安全生产管理人员经考核合格；

（5）特种作业人员经有关业务主管部门考核合格，取得特种作业操作资格证书；

（6）从业人员经安全生产教育和培训合格；

（7）依法参加工伤保险，为从业人员缴纳保险费；

（8）厂房、作业场所和安全设施、设备、工艺符合有关安全生产法律、法规、标准和规程的要求；

（9）有职业危害防治措施，并为从业人员配备符合国家标准或者行业标准的劳动防护用品；

（10）依法进行安全评价；

（11）有重大危险源检测、评估、监控措施和应急预案；

（12）有生产安全事故应急救援预案、应急救援组织或者应急救援人员，配备必要的应急救援器材、设备；

（13）法律、法规规定的其他条件。

企业进行生产前，应当依照该条例的规定向安全生产许可证颁发管理机关申请领取安全生产许可证，并提供该条例第六条规定的相关文件、资料。安全生产许可证颁发管理机关应当自收到申请之日起 4～5 日内审查完毕，经审查符合该条例规定的安全生产条件的，颁发安全生产许可证；不符合该条例规定的安全生产条件的，不予颁发安全生产许可证，书面通知企业并说明理由。

安全生产许可证的有效期为 3 年。安全生产许可证有效期满需要延期的，企业应当于期满前 3 个月向原安全生产许可证颁发管理机关办理延期手续。

企业在安全生产许可证有效期内，严格遵守有关安全生产的法律法规，未发生死亡事故的，安全生产许可证有效期届满时，经原安全生产许可证颁发管理机关同意，不再审查，安全生产许可证有效期延期 3 年。

企业不得转让、冒用安全生产许可证或者使用伪造的安全生产许可证。

3. 政府安全生产监督检查制度

政府安全监督检查制度是指国家法律、法规授权的行政部门，代表政府对企业的安全生产过程实施监督管理。《建筑工程安全生产管理条例》第五章"监督管理"对建筑工程安全监督管理的规定内容如下。

（1）国务院负责安全生产监督管理的部门依照《中华人民共和国安全生产法》的规定，对全国建筑工程安全生产工作实施综合监督管理。

（2）县级以上地方人民政府负责安全生产监督管理的部门依照《中华人民共和国安全生产法》的规定，对本行政区域内建筑工程安全生产工作实施综合监督管理。

（3）国务院建筑行政主管部门对全国的建筑工程安全生产实施监督管理。国务院铁路、交通、水利等有关部门按照国务院规定的职责分工，负责有关专业建筑工程安全生产的监督管理。

（4）县级以上地方人民政府建筑行政主管部门对本行政区域内的建筑工程安全生产实施监督管理。县级以上地方人民政府交通、水利等有关部门在各自的职责范围内，负责本行政区域内的专业建筑工程安全生产的监督管理。

（5）县级以上人民政府负有建筑工程安全生产监督管理职责的部门在各自的职责范围内履行安全监督检查职责时，有权纠正施工中违反安全生产要求的行为，责令立即排除检查中发现的安全事故隐患，对重大隐患可以责令暂时停止施工。建筑行政主管部门或者其他有关部门可以将施工现场安全监督检查委托给建筑工程安全监督机构具体实施。

4. 安全生产教育培训制度

企业安全生产教育培训一般包括对管理人员、特种作业人员和企业员工的安全教育。

（1）管理人员的安全教育。

① 企业领导的安全教育。企业法定代表人安全教育的主要内容包括：

a. 国家有关安全生产的方针、政策、法律、法规及有关规章制度；

b. 安全生产管理职责、企业安全生产管理知识及安全文化；

c. 有关事故案例及事故应急处理措施等。

② 项目经理、技术负责人和技术干部的安全教育。项目经理、技术负责人和技术干部安全教育的主要内容包括：

a. 安全生产方针、政策和法律、法规；

b. 项目经理部安全生产责任；

c. 典型事故案例剖析；

d. 本系统安全及其相应的安全技术知识。

③ 行政管理干部的安全教育。行政管理干部安全教育的主要内容包括：

a. 安全生产方针、政策和法律、法规；

b. 基本的安全技术知识；

c. 本职的安全生产责任。

④ 企业安全管理人员的安全教育。企业安全管理人员安全教育内容应包括：

a. 国家有关安全生产的方针、政策、法律、法规和安全生产标准；

b. 企业安全生产管理、安全技术、职业病知识、安全文件；

c. 员工伤亡事故和职业病统计报告及调查处理程序；

d. 有关事故案例及事故应急处理措施。

⑤ 班组长和安全员的安全教育。班组长和安全员的安全教育内容包括：

a. 安全生产法律、法规、安全技术及技能、职业病和安全文化的知识；

b. 本企业、本班组和工作岗位的危险因素、安全注意事项；

c. 本岗位安全生产职责；

d. 典型事故案例；

e. 事故抢救与应急处理措施。

（2）特种作业人员的安全教育。根据《特种作业人员安全技术培训考核管理规定》（国家安全生产监督管理总局令第 30 号），特种作业，是指容易发生事故，对操作者本人、他人的安全健康及设备、设施的安全可能造成重大危害的作业。特种作业人员，是指直接从事特种作业的从业人员。

根据《特种作业人员安全技术培训考核管理规定》（国家安全生产监督管理总局令第 30 号），特种作业的范围主要有（未详细列出）：

① 电工作业，包括高压电工作业、低压电工作业、防爆电气作业；

② 焊接与热切割作业，包括熔化焊接与热切割作业、压力焊作业、钎焊作业；

③ 高处作业，包括登高架设作业，高处安装、维护、拆除作业；

④ 制冷与空调作业，包括制冷与空调设备运行操作作业、制冷与空调设备安装修理作业；

⑤ 煤矿安全作业；

⑥ 金属非金属矿山安全作业；

⑦ 石油天然气安全作业；

⑧ 冶金（有色）生产安全作业；

⑨ 危险化学品安全作业；

⑩ 烟花爆竹安全作业；

⑪ 安全监管总局认定的其他作业。

特种作业人员应具备的条件是：

① 年满 18 周岁，且不超过国家法定退休年龄；

② 经社区或者县级以上医疗机构体检健康合格,并无妨碍从事相应特种作业的器质性心脏病、癫痫病、美尼尔氏症、眩晕症、癔病、震颤麻痹症、精神病、痴呆症以及其他疾病和生理缺陷；

③ 具有初中及以上文化程度；

④ 具备必要的安全技术知识与技能；

⑤ 相应特种作业规定的其他条件。

特种作业人员必须经专门的安全技术培训并考核合格，取得《中华人民共和国特种作业操作证》后，方可上岗作业。

特种作业人员应当接受与其所从事的特种作业相应的安全技术理论培训和实际操作培训。已经取得职业高中、技工学校及中专以上学历的毕业生从事与其所学专业相应的特种作业，持学历证明经考核发证机关同意，可以免予相关专业的培训。

跨省、自治区、直辖市从业的特种作业人员，可以在户籍所在地或者从业所在地参加培训。

（3）企业员工的安全教育。企业员工的安全教育主要有新员工上岗前的三级安全教育、改变工艺和变换岗位安全教育、经常性安全教育三种形式。

① 新员工上岗前的三级安全教育。三级安全教育通常是指进厂、进车间、进班组三级，对建筑工程来说，具体指企业（公司）、项目（或工区、工程处、施工队）、班组三级。

企业新员工上岗前必须进行三级安全教育，企业新员工须按规定通过三级安全教育和实际操作训练，并经考核合格后方可上岗。

企业（公司）级安全教育由企业主管领导负责，企业职业健康安全管理部门会同有关部门组织实施，内容应包括安全生产法律、法规，通用安全技术、职业卫生和安全文化的基本知识，本企业安全生产规章制度及状况、劳动纪律和有关事故案例等内容。

项目（或工区、工程处、施工队）级安全教育由项目级负责人组织实施，专职或兼职安全员协助，内容包括工程项目的概况，安全生产状况和规章制度，主要危险因素及安全事项，预防工伤事故和职业病的主要措施，典型事故案例及事故应急处理措施等。

班组级安全教育由班组长组织实施，内容包括遵章守纪，岗位安全操作规程，岗位间工作衔接配合的安全生产事项，典型事故及发生事故后应采取的紧急措施，劳动防护用品（用具）的性能及正确使用方法等内容。

② 改变工艺和变换岗位时的安全教育。企业（或工程项目）在实施新工艺、新技术或使用新设备、新材料时，必须对有关人员进行相应级别的安全教育，要按新的安全操作规程教育和培训参加操作的岗位员工和有关人员，使其了解新工艺、新设备、新产品的安全性能及安全技术，以适应新的岗位作业的安全要求。

当组织内部员工发生从一个岗位调到另外一个岗位，或从某工种改变为另一工种，或因放长假离岗一年以上重新上岗的情况，企业必须进行相应的安全技术培训和教育，以使其掌握现岗位安全生产特点和要求。

③ 经常性安全教育。无论何种教育都不可能是一劳永逸的，安全教育同样如此，必须坚持不懈、经常不断地进行，这就是经常性安全教育。在经常性安全教育中，安全思想、安全态度教育最重要。进行安全思想、安全态度教育，要通过采取多种多样形式的安全教育活动，激发员工搞好安全生产的热情，促使员工重视和真正实现安全生产。经常性安全教育的形式有：每天的班前班后会上说明安全注意事项；安全活动日；安全生产会议；事故现场会；张贴安全生产招贴画、宣传标语及标志等。

5. 安全措施计划制度

安全措施计划制度是指企业进行生产活动时，必须编制安全措施计划，它是企业有计划地改善劳动条件和安全卫生设施，防止工伤事故和职业病的重要措施之一，对企业加强劳动保护，改善劳动条件，保障职工的安全和健康，促进企业生产经营的发展都起着积极作用。

（1）安全措施计划的范围。安全措施计划的范围应包括改善劳动条件、防止事故发生、预防职业病和职业中毒等内容，具体包括：

① 安全技术措施。安全技术措施是预防企业员工在工作过程中发生工伤事故的各项措施，包括防护装置、保险装置、信号装置和防爆炸装置等；

② 职业卫生措施。职业卫生措施是预防职业病和改善职业卫生环境的必要措施，包括防尘、防毒、防噪声、通风、照明、取暖、降温等措施；

③ 辅助用房间及设施。辅助用房间及设施是为了保证生产过程安全卫生所必需的房间及一切设施，包括更衣室、休息室、淋浴室、消毒室、妇女卫生室、厕所和冬期作业取暖室等。

④ 安全宣传教育措施。安全宣传教育措施是为了宣传普及有关安全生产法律、法规、基本知识所需要的措施，其主要内容包括安全生产教材、图书、资料，安全生产展览，安全生产规章制度，安全操作方法训练设施，劳动保护和安全技术的研究与实验等。

（2）编制安全措施计划的依据：

① 国家发布的有关职业健康安全政策、法规和标准；

② 在安全检查中发现的尚未解决的问题；

③ 造成伤亡事故和职业病的主要原因和所采取的措施；

④ 生产发展需要所应采取的安全技术措施；

⑤ 安全技术革新项目和员工提出的合理化建议。

（3）编制安全技术措施计划的一般步骤：

① 工作活动分类；

② 危险源识别；

③ 风险确定；

④ 风险评价；

⑤ 制订安全技术措施计划；

⑥ 评价安全技术措施计划的充分性。

### 6. 特种作业人员持证上岗制度

《建筑工程安全生产管理条例》第二十五条规定：垂直运输机械作业人员、起重机械安装拆卸工、爆破作业人员、起重信号工、登高架设作业人员等特种作业人员，必须按照国家有关规定经过专门的安全作业培训，并取得特种作业操作资格证书后，方可上岗作业。

特种作业人员必须按照国家有关规定经过专门的安全作业培训，并取得特种作业操作资格证书后，方可上岗作业。专门的安全作业培训，是指由有关主管部门组织的专门针对特种作业人员的培训，也就是特种作业人员在独立上岗作业前，必须进行与本工种相适应的、专门的安全技术理论学习和实际操作训练，经培训考核合格，取得特种作业操作资格证书后，才能上岗作业。特种作业操作资格证书在全国范围内有效，离开特种作业岗位一定时间后，应当按照规定重新进行实际操作考核，经确认合格后方可上岗作业。对于未经培训考核，即从事特种作业的，条例第六十二条规定了行政处罚；造成重大安全事故，构成犯罪的，对直接责任人员，依照刑法的有关规定追究刑事责任。

特种作业操作证由安全监管总局统一式样、标准及编号。特种作业操作证有效期为 6 年，在全国范围内有效。特种作业操作证每 3 年复审 1 次。特种作业人员在特种作业操作证有效期内，连续从事本工种 10 年以上，严格遵守有关安全生产法律法规的，经原考核发证机关或者从业所在地考核发证机关同意，特种作业操作证的复审时间可以延长至每 6 年 1 次。特种作业操作证申请复审或者延期复审前，特种作业人员应当参加必要的安全培训并考试合格。安全培训时间不少于 8 个学时，主要培训法律、法规、标准、事故案例和有关新工艺、新技术、新装备等知识。

### 7. 专项施工方案专家论证制度

依据《建筑工程安全生产管理条例》第二十六条的规定：施工单位应当在施工组织设计中编制安全技术措施和施工现场临时用电方案，对下列达到一定规模的危险性较大的分部分项工程编制专项施工方案，并附具安全验算结果，经施工单位技术负责人、总监理工程师签字后实施，由专职安全生产管理人员进行现场监督，包括基坑支护与降水工程，土方开挖工程，模板工程，起重吊装工程，脚手架工程，拆除、爆破工程，国务院建筑行政主管部门或者其他有关部门规定的其他危险性较大的工程。

对上述所列工程中涉及深基坑、地下暗挖工程、高大模板工程的专项施工方案，施工单位还应当组织专家进行论证、审查。

**8. 危及施工安全工艺、设备、材料淘汰制度**

严重危及施工安全的工艺、设备、材料是指不符合生产安全要求，极有可能导致生产安全事故发生，致使人民生命和财产遭受重大损失的工艺、设备和材料。

《建筑工程安全生产管理条例》第四十五条规定："国家对严重危及施工安全的工艺、设备、材料实行淘汰制度。具体目录由我部会同国务院其他有关部门制定并公布。"本条明确规定，国家对严重危及施工安全的工艺、设备和材料实行淘汰制度。这一方面有利于保障安全生产；另一方面也体现了优胜劣汰的市场经济规律，有利于提高生产经营单位的工艺水平，促进设备更新。

根据本条的规定，对严重危及施工安全的工艺、设备和材料，实行淘汰制度，需要国务院建筑行政主管部门会同国务院其他有关部门确定哪些是严重危及施工安全的工艺、设备和材料，并且以明示的方法予以公布。对于已经公布的严重危及施工安全的工艺、设备和材料，建筑单位和施工单位都应当严格遵守和执行，不得继续使用此类工艺和设备，也不得转让他人使用。

**9. 施工起重机械使用登记制度**

《建筑工程安全生产管理条例》第三十五条规定："施工单位应当自施工起重机械和整体提升脚手架、模板等自升式架设设施验收合格之日起三十日内，向建筑行政主管部门或者其他有关部门登记。登记标志应当置于或者附着于该设备的显著位置。"

这是对施工起重机械的使用进行监督和管理的一项重要制度，能够有效防止不合格机械和设施投入使用；同时，还有利于监管部门及时掌握施工起重机械和整体提升脚手架、模板等自升式架设设施的使用情况，以利于监督管理。

进行登记应当提交施工起重机械有关资料，包括：

（1）生产方面的资料，如设计文件、制造质量证明书、检验证书、使用说明书、安装证明等；

（2）使用的有关情况资料，如施工单位对于这些机械和设施的管理制度和措施、使用情况、作业人员的情况等。

监管部门应当对登记的施工起重机械建立相关档案，及时更新，加强监管，减少生产安全事故的发生。施工单位应当将标志置于显著位置，便于使用者监督，保证施工起重机械的安全使用。

**10. 安全检查制度**

（1）安全检查的目的。安全检查制度是清除隐患、防止事故、改善劳动条件的重要手段，是企业安全生产管理工作的一项重要内容。通过安全检查可以发现企业及生产过程中的危险因素，以便有计划地采取措施，保证安全生产。

（2）安全检查的方式。检查方式有企业组织的定期安全检查，各级管理人员的日常巡回检查，专业性检查，季节性检查，节假日前后的安全检查，班组自检、交接检查，不定期检查等。

（3）安全检查的内容。安全检查的主要内容包括查思想、查管理、查隐患、查整改、查伤亡事故处理等。

安全检查的重点是检查"三违"（违章指挥、违章作业、违反劳动纪律）和安全责任制的落实。检查后应编写安全检查报告，报告内容应包括：已达标项目、未达标项目、存在问题、原因分析、纠正和预防措施。

（4）安全隐患的处理程序。对查出的安全隐患，不能立即整改的要制订整改计划，定人、定措施、定经费、定完成日期，在未消除安全隐患前，必须采取可靠的防范措施，如有危及人身安全的紧急险情，应立即停工。应按照"登记—整改—复查—销案"的程序处理安全隐患。

11. 生产安全事故报告和调查处理制度

关于生产安全事故报告和调查处理制度，《安全生产法》《建筑法》《建筑工程安全生产管理条例》《生产安全事故报告和调查处理条例》《特种设备安全监察条例》等法律法规都对此做了相应的规定。

《安全生产法》第八十条规定："生产经营单位发生生产安全事故后，事故现场有关人员应当立即报告本单位负责人"；"单位负责人接到事故报告后，应当迅速采取有效措施，组织抢救，防止事故扩大，减少人员伤亡和财产损失，并按照国家有关规定立即如实报告当地负有安全生产监督管理职责的部门，不得隐瞒不报、谎报或者拖延不报，不得故意破坏事故现场、毁灭有关证据。"

《建筑法》第五十一条规定："施工中发生事故时，建筑施工企业应当采取紧急措施减少人员伤亡和事故损失，并按照国家有关规定及时向有关部门报告。"

《建筑工程安全生产管理条例》第五十条对建筑工程生产安全事故报告制度的规定为："施工单位发生生产安全事故，应当按照国家有关伤亡事故报告和调查处理的规定，及时、如实地向负责安全生产监督管理的部门、建筑行政主管部门或者其他有关部门报告；特种设备发生事故的，还应当同时向特种设备安全监督管理部门报告。接到报告的部门应当按照国家有关规定，如实上报。"本条是关于发生伤亡事故时的报告义务的规定。一旦发生安全事故，及时报告有关部门是及时组织抢救的基础，也是认真进行调查、分清责任的基础。因此，施工单位在发生安全事故时，不能隐瞒事故情况。

2007年6月1日起实施的《生产安全事故报告和调查处理条例》对生产安全事故报告和调查处理制度做了更加明确的规定。

12. "三同时"制度

"三同时"制度是指凡是我国境内新建、改建、扩建的基本建筑项目（工程），技术改建项目（工程）和引进的建筑项目，其安全生产设施必须符合国家规定的标准，必须与主体工程同时设计、同时施工、同时投入生产和使用。安全生产设施主要是指安全技术方面的设施、职业卫生方面的设施、生产辅助性设施。

《中华人民共和国劳动法》第五十三条规定："新建、改建、扩建工程的劳动安全卫生设施必须与主体工程同时设计、同时施工、同时投入生产和使用"。

《中华人民共和国安全生产法》第二十四条规定："生产经营单位新建、改建、扩建工程项目的安全设施，必须与主体工程同时设计、同时施工、同时投入生产和使用。安全设施投资应当纳入建筑项目概算"。

新建、改建、扩建工程的初步设计要经过行业主管部门、安全生产管理部门、卫生部门和工会的审查，同意后方可进行施工；工程项目完成后，必须经过主管部门、安全生产管理行政部门、卫生部门和工会的竣工检验；建筑工程项目投产后，不得将安全设施闲置不用，生产设施必须和安全设施同时使用。

13. 安全预评价制度

安全预评价是在建筑工程项目前期，应用安全评价的原理和方法对工程项目的危险性、危害性进行预测性评价。

开展安全预评价工作，是贯彻落实"安全第一，预防为主"方针的重要手段，是企业实施科学化、规范化安全管理的工作基础。科学、系统地开展安全评价工作，不仅直接起到了消除危险有害因素、减少事故发生的作用，有利于全面提高企业的安全管理水平，而且有利于系统地、有针对性地加强对不安全状况的治理、改造，最大限度地降低安全生产风险。

14. 意外伤害保险制度

根据《建筑法》第四十八条规定，建筑职工意外伤害保险是法定的强制性保险。2003 年 5 月 23 日建设部公布了《建设部关于加强建筑意外伤害保险工作的指导意见》（建质[2003] 07 号），从九个方面对加强和规范建筑意外伤害保险工作提出了较详尽的规定，明确了建筑施工企业应当为施工现场从事施工作业和管理的人员，在施工活动过程中发生的人身意外伤亡事故提供保障，办理建筑意外伤害保险、支付保险费，范围应当覆盖工程项目。同时，还对保险期限、金额、保费、投保方式、索赔、安全服务及行业自保等都提出了指导性意见。

# 6.4

# 建筑工程职业健康安全事故的分类和处理

## 6.4.1 建筑工程生产安全事故应急预案

应急预案是对特定的潜在事件和紧急情况发生时所采取措施的计划安排，是应急响应的行动指南。编制应急预案的目的，是防止一旦紧急情况发生时出现混乱，能够按照合理的响应流程采取适当的救援措施，预防和减少可能随之引发的职业健康安全和环境影响。

应急预案的制定，首先必须与重大环境因素和重大危险源相结合，特别是与这些环境因素和危险源一旦控制失效可能导致的后果相适应，还要考虑在实施应急救援过程中可能产生的新的伤害和损失。

1. 应急预案体系的构成

应急预案应形成体系，针对各级各类可能发生的事故和所有危险源制订专项应急预案和现场应急处置方案，并明确事前、事发、事中、事后的各个过程中相关部门和有关人员的职责。生产规模小、危险因素少的生产经营单位，其综合应急预案和专项应急预案可以合并编写。

（1）综合应急预案。综合应急预案是从总体上阐述事故的应急方针、政策，应急组织结构及相关应急职责，应急行动、措施和保障等基本要求和程序，是应对各类事故的综合性文件。

（2）专项应急预案。专项应急预案是针对具体的事故类别（如基坑开挖、脚手架拆除等事故）、危险源和应急保障而制订的计划或方案，是综合应急预案的组成部分，应按照综合应急预案的程序和要求组织制定，并作为综合应急预案的附件。专项应急预案应制定明确的救援程序和具体的应急救援措施。

（3）现场处置方案。现场处置方案是针对具体的装置、场所或设施、岗位所制定的应急处置措施。现场处置方案应具体、简单、针对性强。现场处置方案应根据风险评估及危险性控制措施逐一编制，做到事故相关人员应知应会、熟练掌握，并通过应急演练，做到迅速反应、正确处置。

**2. 生产安全事故应急预案编制的要求**

（1）符合有关法律、法规、规章和标准的规定。

（2）结合本地区、本部门、本单位的安全生产实际情况。

（3）结合本地区、本部门、本单位的危险性分析情况。

（4）应急组织和人员的职责分工明确，并有具体的落实措施。

（5）有明确、具体的事故预防措施和应急程序，并与其应急能力相适应。

（6）有明确的应急保障措施，并能满足本地区、本部门、本单位的应急工作要求。

（7）预案基本要素齐全、完整，预案附件提供的信息准确。

（8）预案内容与相关应急预案相互衔接。

**3. 生产安全事故应急预案的管理**

建筑工程生产安全事故应急预案的管理包括应急预案的评审、备案、实施和奖惩。国家安全生产监督管理总局负责应急预案的综合协调管理工作。国务院其他负有安全生产监督管理职责的部门按照各自的职责负责本行业、本领域内应急预案的管理工作。

县级以上地方各级人民政府安全生产监督管理部门负责本行政区域内应急预案的综合协调管理工作。县级以上地方各级人民政府其他负有安全生产监督管理职责的部门按照各自的职责负责辖区内本行业、本领域应急预案的管理工作。

（1）应急预案的评审。地方各级安全生产监督管理部门应当组织有关专家对本部门编制的应急预案进行审定，必要时可以召开听证会，听取社会有关方面的意见。涉及相关部门职能或者需要有关部门配合的，应当征得有关部门同意。

参加应急预案评审的人员应当包括应急预案涉及的政府部门工作人员和有关安全生产及应急管理方面的专家。

评审人员与所评审预案的生产经营单位有利害关系的，应当回避。

应急预案的评审或者论证应当注重应急预案的实用性、基本要素的完整性、预防措施的针对性、组织体系的科学性、响应程序的操作性、应急保障措施的可行性、应急预案的衔接性等内容。

（2）应急预案的备案。地方各级安全生产监督管理部门的应急预案，应当报同级人民政府和上一级安全生产监督管理部门备案。

其他负有安全生产监督管理职责的部门的应急预案，应当抄送同级安全生产监督管理部门。

中央管理的总公司（总厂、集团公司、上市公司）的综合应急预案和专项应急预案，报国务院国有资产监督管理部门、国务院安全生产监督管理部门和国务院有关主管部门备案；其所属单位的应急预案分别抄送所在地的省、自治区、直辖市或者设区的市人民政府安全生产监督管理部门和有关主管部门备案。

上述规定以外的其他生产经营单位中涉及实行安全生产许可的，其综合应急预案和专项应急预案，按照隶属关系报所在地县级以上地方人民政府安全生产监督管理部门和有关主管部门备案；未实行安全生产许可的，其综合应急预案和专项应急预案的备案，由省、自治区、直辖市人民政府安全生产监督管理部门确定。

（3）应急预案的实施。各级安全生产监督管理部门、生产经营单位应当采取多种形式开展应急预案的宣传教育，普及生产安全事故预防、避险、自救和互救知识，提高从业人员的安全意识和应急处置技能。

生产经营单位应当制订本单位的应急预案演练计划，根据本单位的事故预防重点，每年至少组织一次综合应急预案演练或者专项应急预案演练，每半年至少组织一次现场处置方案演练。

有下列情形之一的，应急预案应当及时修订：

① 生产经营单位因兼并、重组、转制等导致隶属关系、经营方式、法定代表人发生变化的；

② 生产经营单位生产工艺和技术发生变化的；

③ 周围环境发生变化，形成新的重大危险源的；

④ 应急组织指挥体系或者职责已经调整的；

⑤ 依据的法律、法规、规章和标准发生变化的；

⑥ 应急预案演练评估报告要求修订的；

⑦ 应急预案管理部门要求修订的。

生产经营单位应当及时向有关部门或者单位报告应急预案的修订情况，并按照有关应急预案报备程序重新备案。

（4）奖惩。生产经营单位应急预案未按照有关规定备案的，由县级以上安全生产监督管理部门给予警告，并处三万元以下罚款。

生产经营单位未制订应急预案或者未按照应急预案采取预防措施，导致事故救援不力或者造成严重后果的，由县级以上安全生产监督管理部门依照有关法律、法规和规章的规定，责令停产停业整顿，并依法给予行政处罚。

---

### 6.4.2　职业健康安全事故的分类和处理

**1. 职业伤害事故的分类**

职业健康安全事故分两大类型，即职业伤害事故与职业病。职业伤害事故是指因生产过程及工作原因或与其相关的其他原因造成的伤亡事故。

（1）按照事故发生的原因分类。按照我国《企业职工伤亡事故分类》（GB 6441—1986）规定，职业伤害事故分为20类，其中与建筑业有关的有以下12类。

① 物体打击：指落物、滚石、锤击、碎裂、崩块、砸伤等造成的人身伤害，不包括因爆炸而引起的物体打击。

② 车辆伤害：指被车辆挤、压、撞和车辆倾覆等造成的人身伤害。

③ 机械伤害：指被机械设备或工具绞、碾、碰、割、戳等造成的人身伤害，不包括车辆、起重设备引起的伤害。

④ 起重伤害：指从事各种起重作业时发生的机械伤害事故，不包括上下驾驶室时发生的坠落伤害，起重设备引起的触电及检修时制动失灵造成的伤害。

⑤ 触电：由于电流经过人体导致的生理伤害，包括雷击伤害。

⑥ 灼烫：指火焰引起的烧伤、高温物体引起的烫伤、强酸或强碱引起的灼伤、放射线引起

的皮肤损伤，不包括电烧伤及火灾事故引起的烧伤。

⑦ 火灾：在火灾时造成的人体烧伤、窒息、中毒等。

⑧ 高处坠落：由于危险势能差引起的伤害，包括从架子、屋架上坠落以及平地坠入坑内等。

⑨ 坍塌：指建筑物、堆置物倒塌以及土石塌方等引起的事故伤害。

⑩ 火药爆炸：指在火药的生产、运输、储藏过程中发生的爆炸事故。

⑪ 中毒和窒息：指煤气、油气、沥青、化学、一氧化碳中毒等。

⑫ 其他伤害：包括扭伤、跌伤、冻伤、野兽咬伤等。

以上 12 类职业伤害事故中，在建筑工程领域中最常见的是高处坠落、物体打击、机械伤害、触电、坍塌、中毒、火灾 7 类。

（2）按事故严重程度分类。我国《企业职工伤亡事故分类标准》（GB 6441—1986）规定，按事故严重程度分类，事故分为：

① 轻伤事故，是指造成职工肢体或某些器官功能性或器质性轻度损伤，能引起劳动能力轻度或暂时丧失的伤害的事故，一般每个受伤人员休息 1 个工作日以上（含 1 个工作日），105 个工作日以下；

② 重伤事故，一般指受伤人员肢体残缺或视觉、听觉等器官受到严重损伤，能引起人体长期存在功能障碍或劳动能力有重大损失的伤害，或者造成每个受伤人损失 105 工作日以上（含 105 个工作日）的失能伤害的事故；

③ 死亡事故分为重大伤亡事故和特大伤亡事故。其中，重大伤亡事故指一次事故中死亡 1～2 人的事故；特大伤亡事故指一次事故死亡 3 人以上（含 3 人）的事故。

（3）按事故造成的人员伤亡或者直接经济损失分类。依据 2007 年 6 月 1 日起实施的《生产安全事故报告和调查处理条例》规定，按生产安全事故（以下简称事故）造成的人员伤亡或者直接经济损失，事故分为：

① 特别重大事故，是指造成 30 人以上死亡，或者 100 人以上重伤（包括急性工业中毒，下同），或者 1 亿元以上直接经济损失的事故；

② 重大事故，是指造成 10 人以上 30 人以下死亡，或者 50 人以上 100 人以下重伤，或者 5000 万元以上 1 亿元以下直接经济损失的事故；

③ 较大事故，是指造成 3 人以上 10 人以下死亡，或者 10 人以上 50 人以下重伤，或者 1000 万元以上 5000 万元以下直接经济损失的事故；

④ 一般事故，是指造成 3 人以下死亡，或者 10 人以下重伤，或者 1000 万元以下直接经济损失的事故。

目前，在建筑工程领域中，判别事故等级较多采用的是《生产安全事故报告和调查处理条例》。

## 2. 建筑工程安全事故的处理

一旦事故发生，通过应急预案的实施，尽可能防止事态的扩大和减少事故的损失。通过事故处理程序，查明原因，制定相应的纠正和预防措施，避免类似事故再次发生。

（1）事故处理的原则（"四不放过"原则）。国家对发生事故后的"四不放过"处理原则，其具体内容如下。

① 事故原因未查清不放过。要求在调查处理伤亡事故时，首先要把事故原因分析清楚，找出导致事故发生的真正原因，未找到真正原因决不轻易放过。直到找到真正原因并搞清各因素之间的因果关系才算达到事故原因分析的目的。

　　② 事故责任人未受到处理不放过。这是安全事故责任追究制的具体体现，对事故责任者要严格按照安全事故责任追究的法律法规的规定进行严肃处理；不仅要追究事故直接责任人的责任，同时要追究有关负责人的领导责任。当然，处理事故责任者必须谨慎，避免事故责任追究的扩大化。

　　③ 事故责任人和周围群众没有受到教育不放过。使事故责任者和广大群众了解事故发生的原因及所造成的危害，并深刻认识到搞好安全生产的重要性，从事故中吸取教训，提高安全意识，改进安全管理工作。

　　④ 事故没有制定切实可行的整改措施不放过。必须针对事故发生的原因，提出防止相同或类似事故发生的切实可行的预防措施，并督促事故发生单位加以实施。只有这样，才算达到了事故调查和处理的最终目的。

　　（2）建筑工程安全事故处理措施。

　　① 按规定向有关部门报告事故情况。事故发生后，事故现场有关人员应当立即向本单位负责人报告；单位负责人接到报告后，应当于 1h 内向事故发生地县级以上人民政府安全生产监督管理部门和负有安全生产监督管理职责的有关部门报告，并有组织、有指挥地抢救伤员，排除险情；应当防止人为或自然因素的破坏，便于事故原因的调查。

　　由于建筑行政主管部门是建筑安全生产的监督管理部门，对建筑安全生产实行的是统一的监督管理，因此，各个行业的建筑施工中出现了安全事故，都应当向建筑行政主管部门报告。对于专业工程的施工中出现生产安全事故的，由于有关的专业主管部门也承担着对建筑安全生产的监督管理职能，因此，专业工程出现安全事故，还需要向有关行业主管部门报告。

　　情况紧急时，事故现场有关人员可以直接向事故发生地县级以上人民政府安全生产监督管理部门和负有安全生产监督管理职责的有关部门报告。

　　安全生产监督管理部门和负有安全生产监督管理职责的有关部门接到事故报告后，应当依照下列规定上报事故情况，并通知公安机关、劳动保障行政部门、工会和人民检察院。特别重大事故、重大事故逐级上报至国务院安全生产监督管理部门和负有安全生产监督管理职责的有关部门；较大事故逐级上报至省、自治区、直辖市人民政府安全生产监督管理部门和负有安全生产监督管理职责的有关部门；一般事故上报至设区的市级人民政府安全生产监督管理部门和负有安全生产监督管理职责的有关部门。

　　安全生产监督管理部门和负有安全生产监督管理职责的有关部门依照前款规定上报事故情况，应当同时报告本级人民政府。国务院安全生产监督管理部门和负有安全生产监督管理职责的有关部门以及省级人民政府接到发生特别重大事故、重大事故的报告后，应当立即报告国务院。必要时，安全生产监督管理部门和负有安全生产监督管理职责的有关部门可以越级上报事故情况。

　　安全生产监督管理部门和负有安全生产监督管理职责的有关部门逐级上报事故情况，每级上报的时间不得超过 2h。事故报告后出现新情况的，应当及时补报。

　　② 组织调查组，开展事故调查。特别重大事故由国务院或者国务院授权有关部门组织事故调查组进行调查。重大事故、较大事故、一般事故分别由事故发生地省级人民政府、设区的市级人民政府、县级人民政府负责调查。省级人民政府、设区的市级人民政府、县级人民政府可以直接组织事故调查组进行调查，也可以授权或者委托有关部门组织事故调查组进行调查。未造成人员伤亡的一般事故，县级人民政府也可以委托事故发生单位组织事故调查组进行调查。

事故调查组有权向有关单位和个人了解与事故有关的情况，并要求其提供相关文件、资料，有关单位和个人不得拒绝。事故发生单位的负责人和有关人员在事故调查期间不得擅离职守，并应当随时接受事故调查组的询问，如实提供有关情况。事故调查中发现涉嫌犯罪的，事故调查组应当及时将有关材料或者其复印件移交司法机关处理。

③ 现场勘查。事故发生后，调查组应迅速到现场进行及时、全面、准确和客观的勘查，包括现场笔录、现场拍照和现场绘图。

④ 分析事故原因。通过调查分析，查明事故经过，按受伤部位、受伤性质、起因物、致害物、伤害方法、不安全状态、不安全行为等，查清事故原因，包括人、物、生产管理和技术管理等方面的原因。通过直接和间接地分析，确定事故的直接责任者、间接责任者和主要责任者。

⑤ 制定预防措施。根据事故原因分析，制定防止类似事故再次发生的预防措施。根据事故后果和事故责任者应负的责任提出处理意见。

⑥ 提交事故调查报告。事故调查组应当自事故发生之日起 60 日内提交事故调查报告；特殊情况下，经负责事故调查的人民政府批准，提交事故调查报告的期限可以适当延长，但延长的期限最长不超过 60 日。事故调查报告应当包括下列内容：

a. 事故发生单位概况；

b. 事故发生经过和事故救援情况；

c. 事故造成的人员伤亡和直接经济损失；

d. 事故发生的原因和事故性质；

e. 事故责任的认定以及对事故责任者的处理建议；

f. 事故防范和整改措施。

⑦ 事故的审理和结案。重大事故、较大事故、一般事故，负责事故调查的人民政府应当自收到事故调查报告之日起 15 日内做出批复；特别重大事故，30 日内做出批复，特殊情况下，批复时间可以适当延长，但延长的时间最长不超过 30 日。

有关机关应当按照人民政府的批复，依照法律、行政法规规定的权限和程序，对事故发生单位和有关人员进行行政处罚，对负有事故责任的国家工作人员进行处分。事故发生单位应当按照负责事故调查的人民政府的批复，对本单位负有事故责任的人员进行处理。

负有事故责任的人员涉嫌犯罪的，依法追究刑事责任。

事故处理的情况由负责事故调查的人民政府或者其授权的有关部门、机构向社会公布，依法应当保密的除外。事故调查处理的文件记录应长期完整地保存。

**3. 安全事故统计规定**

国家安全生产监督管理总局制定的《生产安全事故统计报表制度》（安监总统计[2012] 98号）有如下规定。

（1）报表的统计范围是在中华人民共和国领域内从事生产经营活动中发生的造成人身伤亡或者直接经济损失的事故。

（2）统计内容主要包括事故发生单位的基本情况、事故造成的死亡人数、受伤人数、急性工业中毒人数、单位经济类型、事故类别、事故原因、直接经济损失等。

（3）本统计报表由各级安全生产监督管理部门、煤矿安全监察机构负责组织实施，每月对本行政区内发生的生产安全事故进行全面统计。其中：火灾、道路交通、水上交通、民航飞行、铁路交通、农业机械、渔业船舶等事故由其主管部门统计，每月抄送同级安全生产监督管理部门。

（4）省级安全生产监督管理局和煤矿安全监察局，在每月 5 日前报送上月事故统计报表。国务院有关部门在每月 5 日前将上月事故统计报表抄送国家安全生产监督管理总局。

（5）各部门、各单位都要严格遵守《中华人民共和国统计法》，按照本统计报表制度的规定，全面、如实填报生产安全事故统计报表。对于不报、瞒报、迟报或伪造、篡改数字的要依法追究其责任。

## 本 章 小 结

职业健康安全管理体系是企业总体管理体系的一部分。职业健康安全管理体系包括 17 个基本要素，这 17 个要素的相互关系、相互作用共同有机地构成了职业健康安全管理体系的整体。

职业健康安全管理的目的是在生产活动中，通过职业健康安全生产的管理活动，对影响生产的具体因素进行状态控制，使生产因素中的不安全行为和状态尽可能减少或消除，且不引发事故，以保证生产活动中人员的健康和安全。

安全控制是生产过程中涉及的计划、组织、监控、调节和改进等一系列致力于满足生产安全所进行的管理活动。安全控制的目标是减少和消除生产过程中的事故，保证人员健康安全和财产免受损失。

安全技术交底是一项技术性很强的工作，对于贯彻设计意图、严格实施技术方案、按图施工、循规操作、保证施工质量和施工安全至关重要。

工程项目安全检查的目的是为了清除隐患、防止事故、改善劳动条件及提高员工安全生产意识，是安全控制工作的一项重要内容。通过安全检查可以发现工程中的危险因素，以便有计划地采取措施，保证安全生产。施工项目的安全检查应由项目经理组织，定期进行。

建筑工程安全隐患包括三个部分的不安全因素：人的不安全因素、物的不安全状态和组织管理上的不安全因素。

现阶段正在执行的主要安全生产管理制度包括：安全生产责任制度；安全生产许可证制度；政府安全生产监督检查制度；安全生产教育培训制度；安全措施计划制度；特种作业人员持证上岗制度；专项施工方案专家论证制度；危及施工安全工艺、设备、材料淘汰制度；施工起重机械使用登记制度；安全检查制度；生产安全事故报告和调查处理制度；"三同时"制度；安全预评价制度；意外伤害保险制度等。安全生产责任制是最基本的安全管理制度，是所有安全生产管理制度的核心。

应急预案是对特定的潜在事件和紧急情况发生时所采取措施的计划安排，是应急响应的行动指南。编制应急预案的目的，是防止一旦紧急情况发生时出现混乱，能够按照合理的响应流程采取适当的救援措施，预防和减少可能随之引发的职业健康安全和环境影响。

## 习题与思考

6-1 什么是职业健康安全管理体系？职业健康安全管理体系标准包括哪些？

6-2 职业健康安全管理体系包括哪些基本要素？

6-3 建筑工程职业健康安全管理的特点有哪些？

6-4 安全控制的目标有哪些？

6-5 施工安全技术措施的一般要求有哪些？

6-6 何谓安全技术交底，其主要内容有哪些？

6-7 安全生产检查监督的主要类型有哪些？

6-8 安全生产检查监督的主要内容有哪些？

6-9 建筑工程安全隐患的不安全因素有哪些？

6-10 安全事故隐患治理原则有哪些？

6-11 现行的主要安全生产管理制度有哪些？

6-12 何谓安全生产责任制？

6-13 企业要取得安全生产许可证，应当具备哪些条件？

6-14 企业安全生产教育培训有哪些？

6-15 特种作业人员包括哪些？有何要求？

6-16 安全检查的方式有哪些？

6-17 何谓"三同时"？

6-18 何谓应急预案？应急预案体系由哪些构成？

6-19 建筑工程事故按事故造成的人员伤亡或者直接经济损失如何分类？

6-20 何谓"四不放过"原则？

# 第7章

## 建筑工程项目环境与绿色施工管理

【学习目标】

通过本章的学习，学生应掌握建筑工程施工现场环境管理、绿色施工管理、绿色施工技术措施等基本点，熟悉建筑工程项目绿色施工的概念、原则和基本要求。

绿色施工作为建筑全寿命周期中的一个重要阶段，是实现建筑领域资源节约和节能减排的关键环节。绿色施工是指工程建设中，在保证质量、安全等基本要求的前提下，通过科学管理和技术进步，最大限度地节约资源并减少对环境负面影响的施工活动，实现节能、节地、节水、节材和环境保护（"四节一环保"）。实施绿色施工，应依据因地制宜的原则，贯彻执行国家、行业和地方相关的技术经济政策。

## 7.1 建筑工程施工现场环境管理

### 7.1.1 施工现场环境保护的要求

建设工程项目必须满足有关环境保护法律法规的要求，在施工过程中注意环境保护，对企业发展、员工健康和社会文明有重要意义。

环境保护是按照法律法规、各级主管部门和企业的要求，保护和改善作业现场的环境，控制现场的各种粉尘、废水、废气、固体废弃物、噪声、振动等对环境的污染和危害。环境保护也是文明施工的重要内容之一。

1. 建设工程施工现场环境保护的要求

根据《中华人民共和国环境保护法》和《中华人民共和国环境影响评价法》的有关规定，建设工程项目对环境保护的基本要求如下。

（1）涉及依法划定的自然保护区、风景名胜区、生活饮用水水源保护区及其他需要特别保护的区域时，应当符合国家有关法律法规及该区域内建设工程项目环境管理的规定，不得建设污染环境的工业生产设施；建设的工程项目设施的污染物排放不得超过规定的排放标准。已经建成的设施，其污染物排放超过排放标准的，限期整改。

（2）开发利用自然资源的项目，必须采取措施保护生态环境。

（3）建设工程项目选址、选线、布局应当符合区域、流域规划和城市总体规划。

（4）应满足项目所在区域环境质量、相应环境功能区划和生态功能区划标准或要求。

（5）拟采取的污染防治措施应确保污染物排放达到国家和地方规定的排放标准，满足污染物总量控制要求；涉及可能产生放射性污染的，应采取有效的预防和控制放射性污染措施。

（6）建设工程应当采用节能、节水等有利于环境与资源保护的建筑设计方案、建筑材料、装修材料、建筑构配件及设备。建筑材料和装修材料必须符合国家标准。禁止生产、销售和使用有毒、有害物质超过国家标准的建筑材料和装修材料。

（7）尽量减少建设工程施工中所产生的干扰周围生活环境的噪声。

（8）应采取生态保护措施，有效预防和控制生态破坏。

（9）对环境可能造成重大影响、应当编制环境影响报告书的建设工程项目，可能严重影响项目所在地居民生活环境质量的建设工程项目，以及存在重大意见分歧的建设工程项目，环保部门可以举行听证会，听取有关单位、专家和公众的意见，并公开听证结果，说明对有关意见采纳或不采纳的理由。

（10）建设工程项目中防治污染的设施，必须与主体工程同时设计、同时施工、同时投产使用。防治污染的设施必须经原审批环境影响报告书的环境保护行政主管部门验收合格后，该建设工程项目方可投入生产或者使用。防治污染的设施不得擅自拆除或者闲置，确有必要拆除或者闲置的，必须征得所在地的环境保护行政主管部门同意。

（11）新建工业企业和现有工业企业的技术改造，应当采取资源利用率高、污染物排放量少的设备和工艺，采用经济合理的废弃物综合利用技术和污染物处理技术。

（12）排放污染物的单位，必须依照国务院环境保护行政主管部门的规定申报登记。

（13）禁止引进不符合我国环境保护规定要求的技术和设备。

（14）任何单位不得将产生严重污染的生产设备转移给没有污染防治能力的单位使用。

《中华人民共和国海洋环境保护法》规定：在进行海岸工程建设和海洋石油勘探开发时，必须依照法律的规定，防止对海洋环境的污染损害。

**2．建设工程施工现场环境保护的措施**

工程建设过程中的污染主要包括对施工场界内的污染和对周围环境的污染。对施工场界内的污染防治属于职业健康安全问题，而对周围环境的污染防治是环境保护的问题。

建设工程环境保护措施主要包括大气污染的防治、水污染的防治、噪声污染的防治、固体废弃物的处理以及文明施工措施等。

（1）大气污染的防治

① 大气污染物的分类。大气污染物的种类有数千种，已发现有危害作用的有100多种，其中大部分是有机物。大气污染物通常以气体状态和粒子状态存在于空气中。

② 施工现场空气污染的防治措施。

a. 施工现场垃圾渣土要及时清理出现场。

b. 高大建筑物清理施工垃圾时，要使用封闭式的容器或者采取其他措施处理高空废弃物，严禁凌空随意抛撒。

c. 施工现场道路应指定专人定期洒水清扫，形成制度，防止道路扬尘。

d. 对于细颗粒散体材料（如水泥、粉煤灰、白灰等）的运输、储存要注意遮盖、密封，防止和减少扬尘。

e. 车辆开出工地要做到不带泥沙，基本做到不洒土、不扬尘，减少对周围环境污染。

f. 除设有符合规定的装置外，禁止在施工现场焚烧油毡、橡胶、塑料、皮革、树叶、枯草、各种包装物等废弃物品以及其他会产生有毒、有害烟尘和恶臭气体的物质。

g. 机动车都要安装减少尾气排放的装置，确保符合国家标准。

h. 工地茶炉应尽量采用电热水器。若只能使用烧煤茶炉和锅炉时，应选用消烟除尘型茶炉和锅炉，大灶应选用消烟节能回风炉灶，使烟尘降至允许排放的范围为止。

i. 大城市市区的建设工程已不容许搅拌混凝土。在容许设置搅拌站的工地，应将搅拌站封闭严密，并在进料仓上方安装除尘装置，采用可靠措施控制工地粉尘污染。

j. 拆除旧建筑物时，应适当洒水，防止扬尘。

（2）水污染的防治

① 水污染物主要来源如下。

工业污染源：指各种工业废水向自然水体的排放。

生活污染源：主要有食物废渣、食油、粪便、合成洗涤剂、杀虫剂、病原微生物等。

农业污染源：主要有化肥、农药等。

施工现场废水和固体废物随水流流入水体部分，包括泥浆、水泥、油漆、各种油类、混凝土添加剂、重金属、酸碱盐、非金属无机毒物等。

② 施工过程水污染的防治措施如下。

a. 禁止将有毒有害废弃物进行土方回填。

b. 施工现场搅拌站废水，现制水磨石的污水，电石（碳化钙）的污水必须经沉淀池沉淀合格后再排放，最好将沉淀水用于工地洒水降尘或采取措施回收利用。

c. 现场存放油料，必须对库房地面进行防渗处理，如采用防渗混凝土地面、铺油毡等措施。使用时，要采取防止油料跑、冒、滴、漏的措施，以免污染水体。

d. 施工现场100人以上的临时食堂，污水排放出口可设置简易有效的隔油池，定期清理，防止污染。

e. 工地临时厕所、化粪池应采取防渗漏措施。中心城市施工现场的临时厕所可采用水冲式厕所，并有防蝇灭蛆措施，防止污染水体和环境。

f. 化学用品、外加剂等要妥善保管，库内存放，防止污染环境。

（3）噪声污染的防治

① 噪声的分类。按噪声来源可分为交通噪声（如汽车、火车、飞机等）、工业噪声（如鼓风机、汽轮机、冲压设备等）、建筑施工噪声（如打桩机、推土机、混凝土搅拌机等发出的声音）、社会生活噪声（如高音喇叭、收音机等）。噪声妨碍人们正常休息、学习和工作，为防止噪声扰民，应控制人为强噪声。

根据国家标准《建筑施工场界环境噪声排放标准》GB 12523—2011的要求，建筑施工过程中场界环境噪声排放限值见表 7-1。

表 7-1 建筑施工场界噪声排放限值

| 昼　　间 | 夜　　间 |
|---|---|
| 70 | 55 |

② 施工现场噪声的控制措施。噪声控制技术可从声源、传播途径、接收者防护等方面来考虑。

a. 声源控制。

● 声源上降低噪声，这是防止噪声污染最根本的措施。

● 尽量采用低噪声设备和加工工艺代替高噪声设备与加工工艺，如低噪声振捣器、风机、电动空压机、电锯等。

● 在声源处安装消声器消声，即在通风机、鼓风机、压缩机、燃气机、内燃机及各类排气放空装置等进出风管的适当位置设置消声器。

b. 传播途径的控制。

● 吸声：利用吸声材料（大多由多孔材料制成）或由吸声结构形成的共振结构（金属或木质薄板钻孔制成的空腔体）吸收声能，降低噪声。

● 隔声：应用隔声结构，阻碍噪声向空间传播，将接收者与噪声声源分隔。隔声结构包括隔声室、隔声罩、隔声屏障、隔声墙等。

● 消声：利用消声器阻止传播。允许气流通过的消声降噪是防治空气动力性噪声的主要装置，如对空气压缩机、内燃机产生的噪声等。

● 减振降噪：对来自振动引起的噪声，通过降低机械振动减小噪声，如将阻尼材料涂在振动源上，或改变振动源与其他刚性结构的连接方式等。

c. 接收者的防护。让处于噪声环境下的人员使用耳塞、耳罩等防护用品，减少相关人员在噪声环境中的暴露时间，以减轻噪声对人体的危害。

d. 严格控制人为噪声。

● 进入施工现场不得高声喊叫、无故甩打模板、乱吹哨，限制高音喇叭的使用，最大限度地减少噪声扰民。

● 凡在人口稠密区进行强噪声作业时，须严格控制作业时间，一般晚 10 点到次日早 6 点之间停止强噪声作业。确系特殊情况必须昼夜施工时，尽量采取降低噪声的措施，并会同建设单位找当地居委会、村委会或当地居民协调，出安民告示，求得群众谅解。

（4）固体废物的处理

① 建设工程施工工地上常见的固体废物：建筑渣土包括砖瓦、碎石、渣土、混凝土碎块、废钢铁、碎玻璃、废屑、废弃装饰材料等；废弃的散装大宗建筑材料包括水泥、石灰等；生活垃圾包括炊厨废物、丢弃食品、废纸、生活用具、废电池、废日用品、玻璃、陶瓷碎片、废塑料制品、煤灰渣、废交通工具等；设备、材料等的包装材料；粪便等。

② 固体废物的处理和处置。固体废物处理的基本思想是：采取资源化、减量化和无害化的处理，固体废物产生的全过程进行控制。固体废物的主要处理方法如下。

a. 回收利用。回收利用是对固体废物进行资源化的重要手段之一。粉煤灰在建设工程领域的广泛应用就是对固体废弃物进行资源化利用的典型范例。又如发达国家炼钢原料中有 70%是利用回收的废钢铁，所以钢材可以看成是可再生利用的建筑材料。

b. 减量化处理。减量化是对已经产生的固体废物进行分选、破碎、压实浓缩、脱水等减少其最终处置量，减低处理成本，减少对环境的污染。在减量化处理的过程中，也包括和其他处理技术相关的工艺方法，如焚烧、热解、堆肥等。

c. 焚烧。焚烧用于不适合再利用且不宜直接予以填埋处置的废物，除有符合规定的装置外，不得在施工现场熔化沥青和焚烧油毡、油漆，亦不得焚烧其他可产生有毒有害和恶臭气体的废弃物。垃圾焚烧处理应使用符合环境要求的处理装置，避免对大气的二次污染。

d. 稳定和固化。稳定和固化处理是利用水泥、沥青等胶结材料，将松散的废物胶结包裹起来，减少有害物质从废物中向外迁移、扩散，使得废物对环境的污染减少。

e. 填埋。填埋是固体废物经过无害化、减量化处理的废物残渣集中到填埋场进行处置。禁止将有毒有害废弃物现场填埋，填埋场应利用天然或人工屏障。尽量使须处置的废物与环境隔离，并注意废物的稳定性和长期安全性。

## 7.1.2 施工现场职业健康安全卫生的要求

为保障作业人员的身体健康和生命安全，改善作业人员的工作环境与生活环境，防止施工过程中各类疾病的发生，建设工程施工现场应加强卫生与防疫工作。

1. 建设工程现场职业健康安全卫生的要求

根据我国相关标准，施工现场职业健康安全卫生主要包括现场宿舍、现场食堂、现场厕所、其他卫生管理等内容。基本要符合以下要求。

（1）施工现场应设置办公室、宿舍、食堂、厕所、淋浴间、开水房、文体活动室、密闭式垃圾站（或容器）及盥洗设施等临时设施。临时设施所用建筑材料应符合环保、消防要求。

（2）办公区和生活区应设密闭式垃圾容器。

（3）办公室内布局合理，文件资料宜归类存放，并应保持室内清洁卫生。

（4）施工企业应根据法律、法规的规定，制定施工现场的公共卫生突发事件应急预案。

（5）施工现场应配备常用药品及绷带、止血带、颈托、担架等急救器材。

（6）施工现场应设专职或兼职保洁员，负责卫生清扫和保洁。

（7）办公区和生活区应采取灭鼠、蚊、蝇、蟑螂等措施，并应定期投放和喷洒药物。

（8）施工企业应结合季节特点，做好作业人员的饮食卫生和防暑降温、防寒保暖、防煤气中毒、防疫等工作。

（9）施工现场必须建立环境卫生管理和检查制度，并应做好检查记录。

2. 建设工程现场职业健康安全卫生的措施

施工现场的卫生与防疫应由专人负责，全面管理施工现场的卫生工作，监督和执行卫生法规规章、管理办法，落实各项卫生措施。

（1）现场宿舍的管理。

① 宿舍内应保证有必要的生活空间，室内净高不得小于 2.4m，通道宽度不得小于 0.9m，每间宿舍居住人员不得超过 16 人。

② 施工现场宿舍必须设置可开启式窗户，宿舍内的床铺不得超过 2 层，严禁使用通铺。

③ 宿舍内应设置生活用品专柜，有条件的宿舍宜设置生活用品储藏室。

④ 宿舍内应设置垃圾桶，宿舍外宜设置鞋柜或鞋架，生活区内应提供为作业人员晾晒衣服的场地。

（2）现场食堂的管理。

① 食堂必须有卫生许可证，炊事人员必须持身体健康证上岗。

② 炊事人员上岗应穿戴洁净的工作服、工作帽和口罩，并应保持个人卫生。不得穿工作服出食堂，非炊事人员不得随意进入制作间。

③ 食堂炊具、餐具和公用饮水器具必须清洗消毒。

④ 施工现场应加强食品、原料的进货管理，食堂严禁出售变质食品。

⑤ 食堂应设置在远离厕所、垃圾站、有毒有害场所等污染源的地方。

⑥ 食堂应设置独立的制作间、储藏间，门扇下方应设不低于 0.2m 的防鼠挡板。制作间灶台及其周边应贴瓷砖，所贴瓷砖高度不宜小于 1.5m，地面应做硬化和防滑处理。粮食存放台距墙和地面应大于 0.2m。

⑦ 食堂应配备必要的排风设施和冷藏设施。

⑧ 食堂的燃气罐应单独设置存放间，存放间应通风良好并严禁存放其他物品。

⑨ 食堂制作间的炊具宜存放在封闭的橱柜内，刀、盆、案板等炊具应生熟分开。食品应有遮盖，遮盖物品应用正反面标识。各种作料和副食应存放在密闭器皿内，并应有标识。

⑩ 食堂外应设置密闭式泔水桶，并应及时清运。

（3）现场厕所的管理。

① 施工现场应设置水冲式或移动式厕所，厕所地面应硬化，门窗应齐全。蹲位之间宜设置隔板，隔板高度不宜低于 0.9m。

② 厕所大小应根据作业人员的数量设置。高层建筑施工超过 8 层以后，每隔 4 层宜设置临时厕所。厕所应设专人负责清扫、消毒，化粪池应及时清掏。

（4）其他临时设施的管理。

① 淋浴间应设置满足需要的淋浴喷头，可设置储衣柜或挂衣架。

② 盥洗设施应设置满足作业人员使用的盥洗池，并应使用节水龙头。

③ 生活区应设置开水炉、电热水器或饮用水保温桶；施工区应配备流动保温水桶。

④ 文体活动室应配备电视机、书报、杂志等文体活动设施、用品。

⑤ 施工现场作业人员发生法定传染病、食物中毒或急性职业中毒时，必须在 2h 内向施工现场所在地建设行政主管部门和有关部门报告，并应积极配合调查处理。

⑥ 现场施工人员患有法定传染病时，应及时进行隔离，并由卫生防疫部门进行处置。

# 7.2 | 建筑工程绿色施工管理

## 7.2.1 绿色施工的概念

**1. 绿色施工的基本概念**

绿色施工是指工程建设中，通过施工策划、材料采购、在保证质量、安全等基本要求的前提下，通过科学管理和技术进步，最大限度地节约资源与减少对环境负面影响的施工活动，强调的是从施工到工程竣工验收全过程的节能、节地、节水、节材和环境保护（"四节一环保"）的绿色建筑核心理念。

实施绿色施工，应依据因地制宜的原则，贯彻执行国家、行业和地方相关的技术经济政策。绿色施工应是可持续发展理念在工程施工中全面应用的体现，绿色施工并不仅仅是指在工程施工中实施封闭施工，没有尘土飞扬，没有噪声扰民，在工地四周栽花、种草，实施定时洒水等这些内容，它涉及到可持续发展的各个方面，如生态与环境保护、资源与能源利用、社会与经济的发展等内容。

**2. 绿色施工基本要求**

（1）我国尚处于经济快速发展阶段，作为大量消耗资源、影响环境的建筑业，应全面实施绿色施工，承担起可持续发展的社会责任。

（2）绿色施工导则用于指导绿色施工，在建筑工程的绿色施工中应贯彻执行。

（3）绿色施工是指工程建设中，在保证质量、安全等基本要求的前提下，通过科学管理和技术进步，最大限度地节约资源与减少对环境负面影响的施工活动，实现"四节一环保"。

（4）绿色施工应符合国家的法律、法规及相关的标准规范，实现经济效益、社会效益和环境效益的统一。

（5）实施绿色施工，应依据因地制宜的原则，贯彻执行国家、行业和地方相关的技术经济政策。

（6）运用 ISO 14000 和 ISO 18000 管理体系，将绿色施工有关内容分解到管理体系目标中去，使绿色施工规范化、标准化。

（7）鼓励各地区开展绿色施工的政策与技术研究，发展绿色施工的新技术、新设备、新材料与新工艺，推行应用示范工程。

**3. 绿色施工总体框架**

《绿色施工导则》中绿色施工总体框架由施工管理、环境保护、节材与材料资源利用、节水与水资源利用、节能与能源利用、节地与施工用地保护六个方面组成（见图 7-1）。这六个方面涵盖了绿色施工的基本指标，同时包含了施工策划、材料采购、现场施工、工程验收等各阶段的指标的子集。

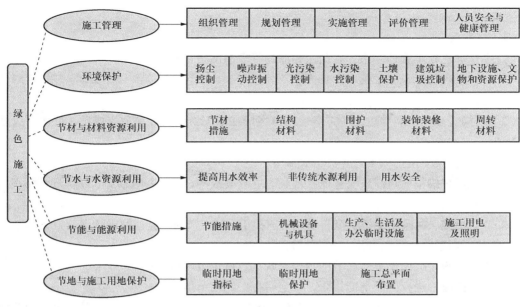

图 7-1　绿色施工总体框架

《绿色施工导则》作为绿色施工的指导性原则，共有六大块内容：

①总则；②绿色施工原则；③绿色施工总体框架；④绿色施工要点；⑤发展绿色施工的新技术、新设备、新材料、新工艺；⑥绿色施工应用示范工程。

在这六大块内容中，总则主要是考虑设计 、施工一体化问题。施工原则强调的是对整个施工过程的控制。

紧扣"四节一环保"内涵，根据绿色施工原则，结合工程施工实际情况，《绿色施工导则》提出了绿色施工的主要内容，根据其重要性，依次列为：施工管理、环境保护、节材与材料资源利用、节水与水资源利用、节能与能源利用、节地与施工用地保护六个方面。

绿色施工总体框架与绿色建筑评价标准结构相同，明确这样的指标体系，是为制定"绿色建筑施工评价标准"打基础。

在绿色施工总体框架中，将施工管理放在第一位是有其深层次考虑的。我国工程建设发展的情况是体量越做越大，基础越做越深，所以施工方案是绿色施工中的重大问题。如地下工程的施工，是采用明挖法、盖挖法、暗挖法、沉管法还是冷冻法，会涉及工期、质量、安全、资金投入、装备配置、施工力量等一系列问题，是一个举足轻重的问题，对此《绿色施工导则》在施工管理中，对施工方案确定均有具体规定。

## 7.2.2　绿色施工技术措施

绿色施工技术要点包括绿色施工管理、环境保护技术要点、节材与材料资源利用技术要点、节水与水资源利用的技术要点、节能与能源利用技术要点、节地与施工用地保护的技术要点六方面内容，每项内容又有若干项要求。

### 1. 绿色施工管理

绿色施工管理主要包括组织管理、规划管理、实施管理、评价管理和人员安全与健康管理五个方面。

（1）组织管理。

① 建立绿色施工管理体系，并制定相应的管理制度与目标。

② 项目经理为绿色施工第一责任人，负责绿色施工的组织实施及目标实现，并指定绿色施工管理人员和监督人员。

（2）规划管理。编制绿色施工方案。该方案应在施工组织设计中独立成章，并按有关规定进行审批。

绿色施工方案应包括以下内容：

① 环境保护措施，制订环境管理计划及应急救援预案，采取有效措施，降低环境负荷，保护地下设施和文物等资源；

② 节材措施，在保证工程安全与质量的前提下，制定节材措施。如进行施工方案的节材优化，建筑垃圾减量化，尽量利用可循环材料等；

③ 节水措施，根据工程所在地的水资源状况，制定节水措施；

④ 节能措施，进行施工节能策划，确定目标，制定节能措施；

⑤ 节地与施工用地保护措施，制定临时用地指标、施工总平面布置规划及临时用地节地措施等。

（3）实施管理。

① 绿色施工应对整个施工过程实施动态管理，加强对施工策划、施工准备、材料采购、现场施工、工程验收等各阶段的管理和监督。

② 应结合工程项目的特点，有针对性地对绿色施工进行相应的宣传，通过宣传营造绿色施工的氛围。

③ 定期对职工进行绿色施工知识培训，增强职工绿色施工意识。

（4）评价管理。

① 对照本导则的指标体系，结合工程特点，对绿色施工的效果及采用的新技术、新设备、新材料与新工艺，进行自评估。

② 成立专家评估小组，对绿色施工方案、实施过程至项目竣工，进行综合评估。

（5）人员安全与健康管理。

① 制订施工防尘、防毒、防辐射等职业危害的措施，保障施工人员的长期职业健康。

② 合理布置施工场地，保护生活及办公区不受施工活动的有害影响。施工现场建立卫生急救、保健防疫制度，在安全事故和疾病疫情出现时提供及时救助。

③ 提供卫生、健康的工作与生活环境，加强对施工人员的住宿、膳食、饮用水等生活与环境卫生等管理，明显改善施工人员的生活条件。

绿色施工管理要求：绿色施工管理主要包括组织管理、规划管理、实施管理、评价管理和人员安全与健康管理五个方面。例如，组织管理要建立绿色施工管理体系，并制定相应的管理制度与目标；规划管理要编制绿色施工方案，该方案应在施工组织设计中独立成章，并按有关规定进行审批。

绿色施工应对整个施工过程实施动态管理，加强对施工策划、施工准备、材料采购、现场施工、工程验收等各阶段的管理和监督。

## 2. 绿色施工环境保护技术要点

绿色施工环境保护是个很重要的问题。工程施工对环境的破坏很大，大气环境污染的主要源之一是大气中的总悬浮颗粒，粒径小于 $10\mu m$ 的颗粒可以被人类吸入肺部，对健康十分有害。悬浮颗粒包括了道路尘、土壤尘、建筑材料尘等的贡献。《绿色施工导则》（环境保护技术要点）对土方作业阶段、结构安装装饰阶段作业区目测扬尘高度明确提出了量化指标；对噪声与振动控制、光污染控制、水污染控制、土壤保护、建筑垃圾控制、地下设施、文物和资源保护等也提出了定性或定量要求。

（1）扬尘控制

① 运送土方、垃圾、设备及建筑材料等，不污损场外道路。运输容易散落、飞扬、流漏的物料的车辆，必须采取措施封闭严密，保证车辆清洁。施工现场出口应设置洗车槽。

② 土方作业阶段，采取洒水、覆盖等措施，达到作业区目测扬尘高度小于 1.5m，不扩散到场区外。

③ 结构施工、安装装饰装修阶段，作业区目测扬尘高度小于 0.5m。对易产生扬尘的堆放材料应采取覆盖措施；对粉末状材料应封闭存放；场区内可能引起扬尘的材料及建筑垃圾搬运应有降尘措施，如覆盖、洒水等；浇筑混凝土前清理灰尘和垃圾时尽量使用吸尘器，避免使用吹风器等易产生扬尘的设备；机械剔凿作业时可用局部遮挡、掩盖、水淋等防护措施；高层或多层建筑清理垃圾应搭设封闭性临时专用道或采用容器吊运。

④ 施工现场非作业区达到目测无扬尘的要求。对现场易飞扬物质采取有效措施，如洒水、地面硬化、围挡、密网覆盖、封闭等，防止扬尘产生。

⑤ 构筑物机械拆除前，做好扬尘控制计划。可采取清理积尘、拆除体洒水、设置隔挡等措施。

⑥ 构筑物爆破拆除前，做好扬尘控制计划。可采用清理积尘、淋湿地面、预湿墙体、屋面敷水袋、楼面蓄水、建筑外设高压喷雾状水系统、搭设防尘排栅和直升机投水弹等综合降尘。选择风力小的天气进行爆破作业。

⑦ 在场界四周隔挡高度位置测得的大气总悬浮颗粒物（TSP）月平均浓度与城市背景值的差值不大于 $0.08mg/m^3$。

（2）噪声与振动控制

① 现场噪声排放不得超过国家标准《建筑施工场界环境噪声排放标准》GB 12523—2011 的规定。

② 在施工场界对噪声进行实时监测与控制。监测方法执行国家标准《建筑施工场界噪声测量方法》。

③ 使用低噪声、低振动的机具，采取隔声与隔振措施，避免或减少施工噪声和振动。施工车辆进入现场，严禁鸣笛。

（3）光污染控制

① 尽量避免或减少施工过程中的光污染。夜间室外照明灯加设灯罩，透光方向集中在施工范围。

② 电焊作业采取遮挡措施，避免电焊弧光外泄。

（4）水污染控制

① 施工现场污水排放应达到国家标准《污水综合排放标准》（GB 8978—2008）的要求。

② 在施工现场应针对不同的污水，设置相应的处理设施，如沉淀池、隔油池、化粪池等。

③ 污水排放应委托有资质的单位进行废水水质检测，提供相应的污水检测报告。

④ 保护地下水环境。采用隔水性能好的边坡支护技术。在缺水地区或地下水位持续下降的地区，基坑降水尽可能少地抽取地下水；当基坑开挖抽水量大于 50 万 $m^3$ 时，应进行地下水回灌，并避免地下水被污染。

⑤ 对于化学品等有毒材料、油料的储存地，应有严格的隔水层设计，做好渗漏液收集和处理。

⑥ 非传统水源和现场循环再利用水在使用过程中，应对水质进行检测。

⑦ 砂浆、混凝土搅拌用水应达到《混凝土拌合用水标准》（JGJ63）的有关要求，并制定卫生保障措施，避免对人体健康、工程质量以及周围环境产生不良影响。

⑧ 施工现场存放的油料和化学溶剂等物品应设有专门的库房，地面应做防渗漏处理。废弃的油料和化学溶剂应集中处理，不得随意倾倒。

⑨ 施工机械设备检修及使用中产生的油污，应集中汇入接油盘中并定期清理。

⑩ 食堂、盥洗室、淋浴间的下水管线应设置过滤网，并应与市政污水管线连接，保证排水畅通。食堂应设隔油池，并应及时清理。

⑪ 施工现场宜采用移动式厕所，委托环卫单位定期清理。

（5）土壤保护

① 保护地表环境，防止土壤侵蚀、流失。因施工造成的裸土，及时覆盖砂石或种植速生草种，以减少土壤侵蚀；因施工造成容易发生地表径流土壤流失的情况，应采取设置地表排水系统、稳定斜坡、植被覆盖等措施，减少土壤流失。

② 沉淀池、隔油池、化粪池等不发生堵塞、渗漏、溢出等现象。及时清掏各类池内沉淀物，并委托有资质的单位清运。

③ 对于有毒有害废弃物如电池、墨盒、油漆、涂料等应回收后交有资质的单位处理，不能作为建筑垃圾外运，避免污染土壤和地下水。

④ 施工后应恢复施工活动破坏的植被（一般指临时占地内）。与当地园林、环保部门或当地植物研究机构进行合作，在先前开发地区种植当地或其他合适的植物，以恢复剩余空地地貌或科学绿化，补救施工活动中人为破坏植被和地貌造成的土壤侵蚀。

（6）建筑垃圾控制

① 制订建筑垃圾减量化计划，如住宅建筑，每万平方米的建筑垃圾不宜超过 400t。

② 加强建筑垃圾的回收再利用，力争建筑垃圾的再利用和回收率达到 30%，建筑物拆除产生的废弃物的再利用和回收率大于 40%。对于碎石类、土石方类建筑垃圾，可采用地基填埋、铺路等方式提高再利用率，力争再利用率大于 50%。

③ 施工现场应设置封闭式垃圾站（或容器），施工垃圾、生活垃圾应分类存放，并按规定及时清运消纳。对有毒有害废弃物的分类率应达到 100%；对有可能造成二次污染的废弃物必须单独贮存、设置安全防范措施和醒目标识。

（7）地下设施、文物和资源保护

① 施工前应调查清楚地下各种设施，做好保护计划，保证施工场地周边的各类管道、管线、建筑物、构筑物的安全运行。

② 施工过程中一旦发现文物，立即停止施工，保护现场并通报文物部门并协助做好工作。

③ 避让、保护施工场区及周边的古树名木。

④ 逐步开展统计分析施工项目的 $CO_2$ 排放量，以及各种不同植被和树种的 $CO_2$ 固定量的工作。

**3. 节材与材料资源利用技术要点**

（1）节材措施

① 图纸会审时，应审核节材与材料资源利用的相关内容，达到材料损耗率比定额损耗率降低 30%。

② 根据施工进度、库存情况等合理安排材料的采购、进场时间和批次，减少库存。

③ 现场材料堆放有序。储存环境适宜，措施得当。保管制度健全，责任落实。

④ 材料运输工具适宜，装卸方法得当，防止损坏和遗洒。根据现场平面布置情况就近卸载，避免和减少二次搬运。

⑤ 采取技术和管理措施提高模板、脚手架等的周转次数。

⑥ 优化安装工程的预留、预埋、管线路径等方案。

⑦ 应就地取材，施工现场 300km 以内生产的建筑材料用量占建筑材料总重量的 70% 以上。

（2）结构材料

① 推广使用预拌混凝土和商品砂浆。准确计算采购数量、供应频率、施工速度等，在施工过程中动态控制。结构工程使用散装水泥。

② 推广使用高强钢筋和高性能混凝土，减少资源消耗。

③ 推广钢筋专业化加工和配送。

④ 优化钢筋配料和钢构件下料方案。钢筋及钢结构制作前应对下料单及样品进行复核，无误后方可批量下料。

⑤ 优化钢结构制作和安装方法。大型钢结构宜采用工厂制作，现场拼装；宜采用分段吊装、整体提升、滑移、顶升等安装方法，减少方案的措施用材量。

⑥ 采取数字化技术，对大体积混凝土、大跨度结构等专项施工方案进行优化。

（3）围护材料

① 门窗、屋面、外墙等围护结构选用耐候性及耐久性良好的材料，施工确保密封性、防水性和保温隔热性。

② 门窗采用密封性、保温隔热性能、隔音性能良好的型材和玻璃等材料。

③ 屋面材料、外墙材料具有良好的防水性能和保温隔热性能。

④ 当屋面或墙体等部位采用基层加设保温隔热系统的方式施工时，应选择高效节能、耐久性好的保温隔热材料，以减小保温隔热层的厚度及材料用量。

⑤ 屋面或墙体等部位的保温隔热系统采用专用的配套材料，以加强各层次之间的黏结或连接强度，确保系统的安全性和耐久性。

⑥ 根据建筑物的实际特点，优选屋面或外墙的保温隔热材料系统和施工方式，例如保温板粘贴、保温板干挂、聚氨酯硬泡喷涂、保温浆料涂抹等，以保证保温隔热效果，并减少材料浪费。

⑦ 加强保温隔热系统与围护结构的节点处理，尽量降低热桥效应。针对建筑物的不同部位保温隔热特点，选用不同的保温隔热材料及系统，以做到经济适用。

（4）装饰装修材料

① 贴面类材料在施工前，应进行总体排版策划，减少非整块材的数量。

② 采用非木质的新材料或人造板材代替木质板材。

③ 防水卷材、壁纸、油漆及各类涂料基层必须符合要求，避免起皮、脱落。各类油漆及黏结剂应随用随开启，不用时及时封闭。

④ 幕墙及各类预留预埋应与结构施工同步。

⑤ 木制品及木装饰用料、玻璃等各类板材等宜在工厂采购或定制。

⑥ 采用自黏类片材，减少现场液态黏结剂的使用量。

（5）周转材料

① 应选用耐用、维护与拆卸方便的周转材料和机具。

② 优先选用制作、安装、拆除一体化的专业队伍进行模板工程施工。

③ 模板应以节约自然资源为原则，推广使用定型钢模、钢框竹模、竹胶板。

④ 施工前应对模板工程的方案进行优化。多层、高层建筑使用可重复利用的模板体系，模板支撑宜采用工具式支撑。

⑤ 优化高层建筑的外脚手架方案，采用整体提升、分段悬挑等方案。

⑥ 推广采用外墙保温板替代混凝土施工模板的技术。

⑦ 现场办公和生活用房采用周转式活动房。现场围挡应最大限度地利用已有围墙，或采用装配式可重复使用围挡封闭。力争工地临房、临时围挡材料的可重复使用率达到70%。

节材与材料资源利用。绿色施工要点中关于节材与材料资源利用部分，是《绿色施工导则》中很硬的一条，也是《绿色施工导则》的特色之一。此条从节材措施、结构材料、围护材料、装饰装修材料到周转材料，都提出了明确要求。如，模板与脚手架问题。受体制约束，我国工程建设中木模板的周转次数低得惊人，有的仅用一次，连外国专家都要抗议我国浪费木材资源的现状。绿色施工规定要优化模板及支撑体系方案。采用工具式模板、钢制大模板和早拆支撑体系，采用定型钢模、钢框竹模、竹胶板代替木模板。

钢筋专业化加工与配送要求。钢筋加工配送可以大量消化通尺钢材（非标准长度钢筋，价格比定尺原料钢筋低200～300元/t），降低原料浪费。

结构材料要求推广使用预拌混凝土和预拌砂浆。准确计算采购数量、供应频率、施工速度等，在施工过程中动态控制。结构工程使用散装水泥。建筑工程所用水泥30%用在砌筑和抹灰。现场配制质量不稳定，浪费材料，破坏环境，出现开裂、渗漏、空鼓、脱落一系列问题。若采用预拌砂浆后，不仅使用散装水泥，使工业废弃物的利用成为可能。

据测算，2006年发展散装水泥，减少包装袋94亿只，节省包装费用211.5亿元。由此节约包装纸282.6万t，折合木材1554.5万$m^3$；节约电力33.9亿kW·h，节约水资源7.1亿t，节约烧碱103.6万t，节约燃煤367.4万t，综合能耗节约达807.4万t标准煤。

如果预拌砂浆在国内工程建设中全面实施，将带动我国水泥散装率提高8～10个百分点，并能有效地带动固体废物的综合利用，经济社会效益显著，是落实循环经济，建设节约型社会，促进节能减排的一项具体行动。

4. 节水与水资源利用技术要点

（1）提高用水效率

① 施工中采用先进的节水施工工艺。

② 施工现场喷洒路面、绿化浇灌不宜使用市政自来水。现场搅拌用水、养护用水应采取有效的节水措施，严禁无措施浇水养护混凝土。

③ 施工现场供水管网应根据用水量设计布置，管径合理、管路简洁，采取有效措施减少管网和用水器具的漏损。

④ 现场机具、设备、车辆冲洗用水必须设立循环用水装置。施工现场办公区、生活区的生活用水采用节水系统和节水器具，提高节水器具配置比率。项目临时用水应使用节水型产品，安装计量装置，采取针对性的节水措施。

⑤ 施工现场建立可再利用水的收集处理系统，使水资源得到梯级循环利用。

⑥ 施工现场分别对生活用水与工程用水确定用水定额指标，并分别计量管理。

⑦ 大型工程的不同单项工程、不同标段、不同分包生活区，凡具备条件的应分别计量用水量。在签订不同标段分包或劳务合同时，将节水定额指标纳入合同条款，进行计量考核。

⑧ 对混凝土搅拌站点等用水集中的区域和工艺点进行专项计量考核。施工现场建立雨水、中水或可再利用水的搜集利用系统。

（2）非传统水源利用

① 优先采用中水搅拌、中水养护，有条件的地区和工程应收集雨水养护。

② 处于基坑降水阶段的工地，宜优先采用地下水作为混凝土搅拌用水、养护用水、冲洗用水和部分生活用水。

③ 现场机具、设备、车辆冲洗、喷洒路面、绿化浇灌等用水，优先采用非传统水源，尽量不使用市政自来水。

④ 大型施工现场，尤其是雨量充沛地区的大型施工现场建立雨水收集利用系统，充分收集自然降水用于施工和生活中适宜的部位。

⑤ 力争施工中非传统水源和循环水的再利用量大于30%。

（3）用水安全。在非传统水源和现场循环再利用水的使用过程中，应制定有效的水质检测与卫生保障措施，确保避免对人体健康、工程质量以及周围环境产生不良影响。

5. 节能与能源利用技术要点

（1）节能措施

① 制订合理施工能耗指标，提高施工能源利用率。

② 优先使用国家、行业推荐的节能、高效、环保的施工设备和机具，如选用变频技术的节能施工设备等。

③ 施工现场分别设定生产、生活、办公和施工设备的用电控制指标，定期进行计量、核算、对比分析，并有预防与纠正措施。

④ 在施工组织设计中，合理安排施工顺序、工作面，以减少作业区域的机具数量，相邻作业区充分利用共有的机具资源。安排施工工艺时，应优先考虑耗用电能的或其他能耗较少的施工工艺。避免设备额定功率远大于使用功率或超负荷使用设备的现象。

⑤ 根据当地气候和自然资源条件，充分利用太阳能、地热等可再生能源。

（2）机械设备与机具

① 建立施工机械设备管理制度，开展用电、用油计量，完善设备档案，及时做好维修保养工作，使机械设备保持低耗、高效的状态。

② 选择功率与负载相匹配的施工机械设备，避免大功率施工机械设备低负载长时间运行。机电安装可采用节电型机械设备，如逆变式电焊机和能耗低、效率高的手持电动工具等，以利节电。机械设备宜使用节能型油料添加剂，在可能的情况下，考虑回收利用，节约油量。

③ 合理安排工序，提高各种机械的使用率和满载率，降低各种设备的单位耗能。

（3）生产、生活及办公临时设施

① 利用场地自然条件，合理设计生产、生活及办公临时设施的体形、朝向、间距和窗墙面积比，使其获得良好的日照、通风和采光。南方地区可根据需要在其外墙窗设遮阳设施。

② 临时设施宜采用节能材料，墙体、屋面使用隔热性能好的材料，减少夏天空调、冬天取暖设备的使用时间及耗能量。

③ 合理配置采暖、空调、风扇数量，规定使用时间，实行分段分时使用，节约用电。

（4）施工用电及照明

① 临时用电优先选用节能电线和节能灯具，临电线路合理设计、布置，临电设备宜采用自动控制装置。采用声控、光控等节能照明灯具。

② 照明设计以满足最低照度为原则，照度不应超过最低照度的 20%。

## 6. 节地与施工用地保护技术要点

（1）临时用地指标

① 根据施工规模及现场条件等因素合理确定临时设施，如临时加工厂、现场作业棚及材料堆场、办公生活设施等的占地指标。临时设施的占地面积应按用地指标所需的最低面积设计。

② 要求平面布置合理、紧凑，在满足环境、职业健康与安全及文明施工要求的前提下尽可能减少废弃地和死角，临时设施占地面积有效利用率大于 90%。

（2）临时用地保护

① 应对深基坑施工方案进行优化，减少土方开挖和回填量，最大限度地减少对土地的扰动，保护周边自然生态环境。

② 红线外临时占地应尽量使用荒地、废地，少占用农田和耕地。工程完工后，及时对红线外占地恢复原地形、地貌，使施工活动对周边环境的影响降至最低。

③ 利用和保护施工用地范围内原有绿色植被。对于施工周期较长的现场，可按建筑永久绿化的要求，安排场地新建绿化。

（3）施工总平面布置

① 施工总平面布置应做到科学、合理，充分利用原有建筑物、构筑物、道路、管线为施工服务。

② 施工现场搅拌站、仓库、加工厂、作业棚、材料堆场等布置应尽量靠近已有交通线路或即将修建的正式或临时交通线路，缩短运输距离。

③ 临时办公和生活用房应采用经济、美观、占地面积小、对周边地貌环境影响较小，且适合于施工平面布置动态调整的多层轻钢活动板房、钢骨架水泥活动板房等标准化装配式结构。生活区与生产区应分开布置，并设置标准的分隔设施。

④ 施工现场围墙可采用连续封闭的轻钢结构预制装配式活动围挡，减少建筑垃圾，保护土地。

⑤ 施工现场道路按照永久道路和临时道路相结合的原则布置。施工现场内形成环形通路，减少道路占用土地。

⑥ 临时设施布置应注意远近结合（本期工程与下期工程），努力减少和避免大量临时建筑拆迁和场地搬迁。

我国绿色施工尚处于起步阶段，应通过试点和示范工程，总结经验，引导绿色施工的健康发展。各地应根据具体情况，制订有针对性的考核指标和统计制度，制订引导施工企业实施绿色施工的激励政策，促进绿色施工的发展。

### 7.2.3　绿色施工组织管理

建筑工程绿色施工应实施目标管理。2014 年住房与城乡建设部制定《建筑工程绿色施工规范》（GB/T 50905—2014）。参建各方的责任应符合下列规定。

1．建设单位

（1）向施工单位提供建设工程绿色施工的相关资料，保证资料的真实性和完整性。

（2）在编制工程概算和招标文件时，建设单位应明确建设工程绿色施工的要求，并提供包括场地、环境、工期、资金等方面的保障。

（3）建设单位应会同工程参建各方接受工程建设主管部门对建设工程实施绿色施工的监督、检查工作。

（4）建设单位应组织协调工程参建各方的绿色施工管理工作。

2．监理单位

（1）监理单位应对建设工程的绿色施工承担监理责任。

（2）监理单位应审查施工组织设计中的绿色施工技术措施或专项绿色施工方案，并在实施过程中做好监督检查工作。

3．施工单位

（1）施工单位是建筑工程绿色施工的责任主体，全面负责绿色施工的实施。

（2）实行施工总承包管理的建设工程，总承包单位对绿色施工过程负总责，专业承包单位应服从总承包单位的管理，并对所承包工程的绿色施工负责。

（3）施工项目部应建立以项目经理为第一责任人的绿色施工管理体系，负责绿色施工的组织实施及目标实现，制定绿色施工管理责任制度，组织绿色施工教育培训。定期开展自检、考核和评比工作，并指定绿色施工管理人员和监督人员。

（4）在施工现场的办公区和生活区应设置明显的有节水、节能、节约材料等具体内容的警示标识。

（5）施工现场的生产、生活、办公和主要耗能施工设备应有节能的控制措施和管理办法。对主要耗能施工设备应定期进行耗能计量检查和核算。

（6）施工现场应建立可回收再利用物资清单，制定并实施可回收废料的管理办法，提高废料利用率。

（7）应建立机械保养、限额领料、废弃物再生利用等管理与检查制度。

（8）施工单位及项目部应建立施工技术、设备、材料、工艺的推广、限制以及淘汰公布的制度和管理方法。

（9）施工项目部应定期对施工现场绿色施工实施情况进行检查，做好检查记录，并根据绿色施工情况实施改进措施。

（10）施工项目部应按照国家法律、法规的有关要求，做好职工的劳动保护工作。

### 7.2.4　绿色施工规范要求

为了在建筑工程中实施绿色施工，达到节约资源、保护环境和施工人员健康的目的，《建筑工程绿色施工规范》（GB/T 50905—2014）对绿色施工提出了具体要求。

**1. 施工准备**

（1）建筑工程施工项目应建立绿色施工管理体系和管理制度，实施目标管理。

（2）施工单位应按照建设单位提供的施工周边建设规划和设计资料，施工前做好绿色施工的统筹规划和策划工作，应充分考虑绿色施工的总体要求，为绿色施工提供基础条件，并合理组织一体化施工。

（3）建设工程施工前，应根据国家和地方法律、法规的规定，制定施工现场环境保护和人员安全与健康等突发事件的应急预案。

（4）编制施工组织设计和施工方案时要明确绿色施工的内容、指标和方法。分部分项工程专项施工方案，应涵盖"四节一环保"要求。

（5）施工单位应积极推广应用"建筑业十项新技术"。

（6）施工现场宜推行电子资料管理档案，减少纸质资料。

**2. 土石方与地基工程**

（1）一般规定

① 通过有计划的采购，合理的现场保管，减少材料的搬运次数，减少包装，完善操作工艺，增加摊销材料的周转次数等措施降低材料在使用中的消耗，提高材料的使用效率。

② 灰土、灰石、混凝土、砂浆宜采用预拌技术，减少现场施工扬尘，采用电子计量，节约建筑材料。

③ 施工组织设计应结合桩基施工特点，有针对性地制定相应绿色施工措施，主要内容应包括：组织管理措施、资源节约措施、环境保护措施、职业健康与安全措施等。

④ 桩基施工现场应优先选用低噪、环保、节能、高效的机械设备和工艺。

⑤ 土石方工程施工应加强场地保护，施工中减少场地干扰，保护基地环境。施工时应当识别场地内现有的自然、文化和构筑物特征，并通过合理的措施将这些特征保存。

⑥ 土石方工程在选择施工方法、施工机械、安排施工顺序、布置施工场地时应结合气候特征，减少因为气候原因而带来施工措施和资源消耗的增加，同时还有满足以下要求：

a. 合理安排施工顺序，易受不利气候影响的施工工序应在不利气候到来前完成；

b. 安排好全场性排水、防洪，减少对现场及周遍环境的影响。

⑦ 土石方工程施工应符合以下要求：

a. 应选用高性能、低噪声、少污染的设备，采用机械化程度高的施工方式，减少使用污染排放高的各类车辆；

b. 施工区域与非施工区域间设置标准的分隔设施，做到连续、稳固、整洁、美观；

c. 易产生泥浆的施工，应实行硬地坪施工；所有土堆、料堆须采取加盖防止粉尘污染的遮盖物或喷洒覆盖剂等措施；

d. 土石方施工现场大门位置应设置限高栏杆、冲洗车装置；渣土运输车应有防止遗洒和扬尘的措施；

e. 土石方类建筑废料、渣土的综合利用，可采用地基填埋、铺路等方式提高再利用率，再利用率应大于50%；

f. 搬迁树木应手续齐全；在绿化施工中应科学、合理地使用处置农药，尽量减少对环境的污染。

⑧ 土石方工程开挖过程应详细勘察，逐层开挖，弃土应合理分类堆放、运输，遇到有腐蚀性的渣土应进行深埋处理，回填土质应满足设计要求。

⑨ 基坑支护结构中有侵入占地红线外的预应力锚杆时，宜采用可拆式锚杆。

（2）土石方工程

① 土石方工程在开挖前应进行挖、填方的平衡计算，综合考虑土石方最短运距和各个项目施工的工序衔接，减少重复挖填，并与城市规划和农田水利相结合，保护环境，减少资源浪费。

② 粉尘控制应符合下列规定。

a. 土石方挖掘施工中，表层土和砂卵石覆盖层可以用一般常用的挖掘机械直接挖装，对岩石层的开挖宜采用凿裂法施工，或者采用凿裂法适当辅以钻爆法施工；凿裂和钻孔施工宜采用湿法作业。

b. 爆破施工前，做好扬尘控制计划。应采用清理积尘、淋湿地面、外设高压喷雾状水系统、搭设防尘排栅和直升机投水弹等综合降尘。同时应选择风力小的天气进行爆破作业。

c. 土石方爆破要对爆破方案进行设计，对用药量进行准确计算，注意控制噪声和粉尘扩散。

d. 土石方作业采取洒水、覆盖等措施，达到作业区目测扬尘高度小于 1.5m，不扩散到场区外。

e. 四级以上大风天气，不应进行土石方工程的施工作业。

③ 土方作业对施工区域的所有障碍物，包括地下文物、树木、地上高压电线、电杆、塔架和地下管线、电缆、坟墓、沟渠以及原有旧房屋等应按照以下要求采取保护措施。

a. 在文物保护区内进行土方作业时，应采用人工挖土，禁止机械作业。

b. 施工区域内有地下管线或电缆时，禁止用机械挖土，应采用人工挖土，并按施工方案对地下管线、电缆采取保护或加固措施。

c. 高压线塔 10m 范围内，禁止机械土方作业。

d. 发现有土洞、地道（地窖）、废井时，要探明情况，制定专项措施方可施工。

④ 喷射混凝土施工应采用湿喷或水泥裹砂喷射工艺。采用干法喷射混凝土施工时，应宜采用下列综合防尘措施。

a. 在保证顺利喷射的条件下，增加骨料含水率。

b. 在距喷头 3～4m 处增加一个水环，用双水环加水。

c. 在喷射机或混合料搅拌处，设置集尘器或除尘器。

d. 在粉尘浓度较高地段，设置除尘水幕。

e. 加强作业区的局部通风。

f. 采用增黏剂等外加剂。

（3）桩基工程

① 工程施工中成桩工艺应根据工程设计，结合当地实际情况，并参照附表控制指标进行优选。综合常用桩基成桩工艺对绿色施工的影响见表 7-2。

表 7-2 常用桩基成桩工艺对绿色施工的控制指标

| 桩基类型 | | 绿色施工控制指标 | | | | |
|---|---|---|---|---|---|---|
| | | 环境保护 | 节材与材料资源利用 | 节水与水资源利用 | 节能与能源资源利用 | 节土与土地资源利用 |
| 混凝土灌注桩 | 人工挖孔 | √ | √ | √ | √ | √ |
| | 干作业成孔 | √ | √ | √ | √ | √ |
| | 泥浆护壁钻孔 | √ | √ | √ | √ | √ |
| | 长螺旋或旋挖钻钻孔 | √ | √ | √ | √ | √ |
| | 沉管和内夯沉管 | √ | √ | √ | √ | ○ |
| 混凝土预制桩与钢桩 | 锤击沉桩 | √ | ○ | √ | √ | √ |
| | 静压沉桩 | ○ | √ | √ | √ | ○ |

注:"√"表明该类型桩基对对应绿色施工指标有重要影响;"○"表明该类型桩基对对应绿色施工指标有一定影响。

② 混凝土预制桩和钢桩施工时,施工方案应充分考虑施工中的噪声、振动、地层扰动、废气、废油、烟火等对周边环境的影响,制定针对性措施。

③ 混凝土灌注桩施工。

a. 施工现场应设置专用泥浆池,用以存储沉淀施工中产生的泥浆,泥浆池应可以有效防止污水渗入土壤,污染土壤和地下水源;当泥浆池沉积泥浆厚度超过容量的1/3时,应及时清理。

b. 钻孔、冲孔、清孔时清出的残渣和泥浆,应及时装车运至泥浆池内处置。

c. 泥浆护壁正反循环成孔工艺施工现场应设置泥浆分离净化处理循环系统。循环系统由泥浆池、沉淀池、循环槽、废浆池、泥浆泵、泥浆搅拌设备、钻渣分离装置,并配有排水、清渣、排废浆设施和钻渣运转通道等。施工时泥浆应集中搅拌,集中向钻孔输送。清出的钻渣应及时采用封闭容器运出。

d. 桩身钢筋笼进行焊接作业时,应采取遮挡措施,避免电焊弧光外泄;同时焊渣应随清理随装袋,待焊接完成后,及时将收集的焊渣运至指定地点处置。

e. 市区范围内严禁敲打导管和钻杆。

④ 人工挖孔灌注桩施工。人工挖孔灌注桩施工时,开挖出的土方不得长时间在桩边堆放,应及时运至现场集中堆土处集中处置,并采取覆盖等防尘措施。

⑤ 混凝土预制桩。

a. 混凝土预制桩的预制场地必须平整、坚实,并设沉淀池、排水沟渠等设施。混凝土预制桩制作完成后,作为隔离桩使用的塑料薄膜、油毡等,不得随意丢弃,应收集并集中进行处理。

b. 现场制作预制桩用水泥、砂、石等物料存放应满足混凝土工程中的材料储存要求。水泥应入库存放,成垛码放,砂石应表面覆盖,减少扬尘。

c. 沉淀池、排水沟渠应能防止污水溢出;当污水沉淀物超过容量1/3时,应进行清掏;沉淀池中污水无悬浮物后方可排入市政污水管道或进行绿化降尘等循环利用。

⑥ 振动、振动冲击沉管灌注桩施工:控制振动箱振动频率,防止产生较大噪声,同时应避免对桩身生成破坏,浪费资源。

⑦ 采用射水法沉桩工艺施工时,应为射水装置配备专用供水管道,同时布置好排水沟渠、

沉淀池,有组织将射水产生的多余水或泥浆排入沉淀池沉淀后,循环利用,并减少污水排放。

⑧ 钢桩。

a. 现场制作钢桩应有平整坚实的场地及挡风防雨及排水设施。

b. 钢桩切割下来的剩余部分,应运至专门位置存放,并尽可能再利用,不得随意废弃,浪费资源。

⑨ 地下连续墙。

a. 泥浆制作前应先通过试验确定施工配合比。

b. 施工时应随时测定泥浆性能并及时予以调整和改善满足循环使用的要求。

c. 施工中产生的建筑垃圾应及时清理干净,使用后的旧泥浆应该在成槽之前进行回收处理和利用。

(4)地基处理工程

① 污染土地基处理应遵照以下规定。

a. 进行污染土地基勘察、监测、地基处理施工和检验时,应采取必要的防护措施以防止污染土、地下水等对人体造成伤害或对勘察机具、监测仪器与施工设备造成有腐蚀。

b. 处理方法应能够防止污染土对周边地质和地下水环境的二次污染。

c. 污染土地基处理后,必须防止污染土地基与地表水、周边地下水或其他污染物的物质交换,防止污染土地基因化学物质的变化而引起工程性质及周边环境的恶化。

② 换垫法施工。

a. 在回填施工前,填料应采取防止扬尘的措施,避免在大风天气作业。不能及时回填土方应及时覆盖,控制回填土含水率。

b. 冲洗回填砂石应采用循环水,减少水资源浪费。需要混合和过筛的砂石应保持一定湿润。

c. 机械碾压优先选择静作用压路机。

③ 强夯法施工。

a. 强夯施工前应平整场地,周围做好排水沟渠。同时,应挖设应力释放沟(宽 1m×深 2m)。

b. 施工前须进行试夯,确定有关技术参数,如夯锤重量、底面直径及落距、下沉量及相应的夯击遍数和总下沉量。在达到夯实效果前提下,应减少夯实次数。

c. 单夯击能不宜超过 3000kN·m。

④ 高压喷射注浆法施工。

a. 浆液拌制应在浆液搅拌机中进行,不得超过设备设计允许容量。同时搅拌机应尽量靠近灌浆孔布置和灌浆泵。

b. 在灌浆过程中,压浆泵压力数值应控制在设计范围内,不得超压,避免对设备造成损害,浪费资源。压浆泵与注浆管间各部件应密封严密,防止发生泄漏。

c. 灌浆完成后,应及时对设备四周遗洒的垃圾及浆液进行清理收集,并集中运至指定地点处置。

d. 现场应设置适用、可靠的储浆池和排浆沟渠,防止泥浆污染周边土壤及地下水源。

⑤ 挤密桩法施工。

a. 采用灰土回填时,应对灰土提前进行拌和采用砂石回填时,砂石应过筛,并冲洗干净,冲洗衣砂石应采用循环水,减少水资源浪费;砂石应保持一定湿润,避免在过筛和混合过程中产生较大扬尘。

b. 桩位填孔完成后，应及时将桩四周洒落的灰土砂石等收集清扫干净。

（5）地下水控制

① 在缺水地区或地下水位持续下降的地区，基坑施工应选择抽取地下水量较少的施工方案，达到节水的目的。宜选择止水帷幕、封闭降水等隔水性能好的边坡支护技术进行施工。

② 地下水控制、降排水系统应满足以下要求：

a. 降水系统的平面布置图，应根据现场条件合理设计场地，布置应紧凑，并应尽量减少占地；

b. 降水系统中的排水沟管的埋设及排水地点的选择要防止地面水、雨水流入基坑（槽）；

c. 降水再利用的水收集处理后应就近用于施工中车辆冲洗、降尘、绿化、生活用水等；

d. 降水系统使用的临时用电应设置合理，采用能源利用率高、节能环保型的施工机械设备；

e. 应考虑到水位降低区域内地表及建筑物可能产生的沉降和水平位移，并制定相应的预防措施。

③ 井点降水。

a. 根据水文地质、井点设备等因素计算井点管数量、井点管埋入深度，保持井点管连续工作，且地下水抽排量适当，避免过度抽水对地质、周围建筑物产生影响。

b. 排水总管铺设时，避免直接敲击总管。总管应进行防锈处理，防止锈蚀污染地面。

c. 采用冲孔时应避免孔径过大产生过多泥浆，产生的泥浆排入现场泥浆池沉淀处置。

d. 钻井成孔时，采用泥浆护壁，成孔完成并用水冲洗干净后才准使用；钻井产生的泥浆，应排入泥浆池循环使用。

e. 抽水设备设置专用机房，并有隔声防噪功能，机房内设置接油盘防止油污染。

④ 采用集水明排降水时，应符合下列规定：

a. 基坑降水应储存使用，并应设立循环用水装置；

b. 降水设备应采用能源利用效率高的施工机械设备，同时建立设备技术档案，并应定期进行设备维护、保养。

⑤ 地下水回灌。

a. 施工现场基坑开挖抽水量大于 50 万 $m^3$ 时，应采取地下水回灌，以保证地下水资源平衡。

b. 回灌时，水质应符合《地下水质量标准》（GB/T 14848—1993）要求，并按《中华人民共和国水污染污染防治法》和《中华人民共和国水法》有关规定执行。

**3. 基础及主体结构工程**

（1）一般规定

① 在图纸会审时，应增加高强高效钢筋（钢材）、高性能混凝土应用，利用大体积混凝土后期强度等绿色施工的相关内容。

② 钢、木、装配式结构等构件，应采取工厂化加工、现场安装的生产方式；构件的加工和进场顺序应与现场安装顺序一致；构件的运输和存放应采取防止变形和损坏的可靠措施。

③ 钢结构、钢混组合结构、预制装配式结构等大型结构件安装所需的主要垂直运输机械，应与基础和主体结构施工阶段的其他工程垂直运输统一安排，减少大型机械的投入。

④ 应选用能耗低、自动化程度高的施工机械设备，并由专人使用，避免空转。

⑤ 施工现场应采用预拌混凝土和预拌砂浆，未经批准不得采用现场拌制。

⑥ 应制订垃圾减量化计划，每万平方米的建筑垃圾不宜超过 200t，并分类收集、集中堆

放，定期处理，合理利用，回收利用率须达到 30%以上；钢材、板材等下脚料和撒落混凝土及砂浆回收利用率达到 70%以上。

⑦ 施工使用的乙炔、氧气、油漆、防腐剂等危险品、化学品的运输、储存、使用及污物排放应采取隔离措施。

⑧ 夜间焊接作业和大型照明灯具工作时，应采取挡光措施，防止强光线外泄。

⑨ 基础与主体结构施工阶段，作业区目测扬尘高度小于 0.5m。对易产生扬尘的堆放材料应采取覆盖措施。

（2）混凝土结构工程

① 钢筋宜采用专用软件优化配料，根据优化配料结果合理确定进场钢筋的定尺长度；在满足相关规范要求的前提下，合理利用短筋。

② 积极推广钢筋加工工厂化与配送方式、应用钢筋网片或成型钢筋骨架；现场加工时，宜采取集中加工方式。

③ 钢筋连接优先采用直螺纹套筒、电渣压力焊等接头方式。

④ 进场钢筋原材料和加工半成品应存放有序、标识清晰、储存环境适宜，采取防潮、防污染等措施，保管制度健全。

⑤ 钢筋除锈时应采取可靠措施，避免扬尘和土壤污染。

⑥ 钢筋加工中使用的冷却水，应过滤后循环使用。排放时，应按照方案要求处理后排放。

⑦ 钢筋加工产生的粉末状废料，应按建筑垃圾进行处理，不得随地掩埋或丢弃。

⑧ 钢筋安装时，绑扎丝、焊剂等材料应妥善保管和使用，散落的应及时收集利用，防止浪费。

⑨ 模板及其支架应优先选用周转次数多、能回收再利用的材料，减少木材的使用。

⑩ 积极推广使用大模板、滑动模板、爬升模板和早拆模板等工业化模板体系。

⑪ 采用木制或竹制模板时，应采取工厂化定型加工、现场安装方式，不得在工作面上直接加工拼装；在现场加工时，应设封闭场所集中加工，采取有效的隔声和防粉尘污染措施。

⑫ 提高模板加工和安装精度，达到混凝土表面免抹灰或减少抹灰厚度。

⑬ 脚手架和模板支架宜优先选用碗扣式架、门式架等管件合一的脚手架材料搭设。

⑭ 高层建筑结构施工，应采用整体提升、分段悬挑等工具式脚手架。

⑮ 模板及脚手架施工应及时回收散落的铁钉、铁丝、扣件、螺栓等材料。

⑯ 短木方应采用叉接接长后使用，木、竹胶合板的边角余料应拼接使用。

⑰ 模板脱模剂应专人保管和涂刷，剩余部分应及时回收，防止污染环境。

⑱ 模板拆除，应采取可靠措施，防止损坏，及时检修维护、妥善保管，提高模板周转率。

⑲ 合理确定混凝土配合比，混凝土中宜添加粉煤灰、磨细矿渣粉等工业废料和高效减水剂。

⑳ 现场搅拌混凝土时，应使用散装水泥；搅拌机棚应有封闭降噪和防尘措施；现场存放的砂、石料应采取有效的遮盖或洒水防尘措施。

㉑ 混凝土应优先采用泵送、布料机布料浇筑，地下大体积混凝土可采用溜槽或串筒浇筑。

㉒ 混凝土振捣应采用低噪声振捣设备或围挡降噪措施。

㉓ 混凝土应采用塑料薄膜和塑料薄膜加保温材料覆盖保湿、保温养护；当采用洒水或喷雾养护时，养护用水宜使用回收的基坑降水或雨水。

㉔ 混凝土结构冬季施工优先采用综合蓄热法养护，减少热源消耗。

㉕ 浇筑剩余的少量混凝土，应制成小型预制件，严禁随意倾倒或作为建筑垃圾处理。

㉖ 清洗泵送设备和管道的水应经沉淀后回收利用，浆料分离后可作室外道路、地面、散水等垫层的回填材料。

（3）砌体结构工程

① 砌筑砂浆使用干粉砂浆时，应采取防尘措施。

② 采取现场搅拌砂浆时，应使用散装水泥。

③ 砌块运输应采用托板整体包装，减少破损。

④ 块体湿润和砌体养护宜使用经检验合格的非传统水源。

⑤ 混合砂浆掺合料可使用电石膏、粉煤灰等工业废料。

⑥ 砌筑施工，落地灰应及时清理收集再利用。

⑦ 砌块砌筑时应按照排块图进行；非标准砌块应在工厂加工按比例进场，现场切割时应集中加工，并采取防尘降噪措施。

⑧ 毛石砌体砌筑时产生的碎石块，应用于填充毛石块间空隙，不得随意丢弃。

（4）钢结构工程

① 钢结构深化设计时，应结合加工、安装方案和焊接工艺要求，合理确定分段、分节数量和位置，优化节点构造，尽量减少钢材用量。

② 合理选择钢结构安装方案，大跨度钢结构优先采用整体提升、顶升和滑移（分段累积滑移）等安装方法。

③ 钢结构加工应制订废料减量化计划，优化下料、综合利用下脚料，废料分类收集、集中堆放、定期回收处理。

④ 钢材、零（部）件、成品、半成品件和标准件等产品应堆放在平整、干燥场地或仓库内，防止在制作、安装和防锈处理前发生锈蚀和构件变形。

⑤ 大跨度复杂钢结构的制作和安装前，应采用建筑信息三维技术模拟施工过程，以避免或减少错误或误差。

⑥ 钢结构现场涂装应采取适当措施，减少涂料浪费和对环境的污染。

（5）其他

① 装配式构件应按安装顺序进场，存放应支、垫可靠或设置专用支架，防止变形或损伤。

② 装配式混凝土结构安装所需的埋件和连接件、与室内外装饰装修所需的连接件，应在工厂制作时准确预留、预埋。

③ 钢混组合结构中的钢结构件，应结合配筋情况，在深化设计时确定与钢筋的连接方式，钢筋连接套筒焊接及预留孔应在工厂加工时完成，严禁安装时随意割孔或后焊接。

④ 木结构件连接用铆榫、螺栓孔应在工厂加工时完成，不得在现场制榫和钻孔。

⑤ 建筑工程在升级或改造时，可采用碳纤维等新颖结构加固材料进行加固处理。

⑥ 索膜结构施工时，索、膜应工厂化制作和裁减完成，现场安装。

**4. 建筑装饰装修**

（1）一般规定

① 建筑装饰装修工程的施工设施和施工技术措施应与基础及结构、机电安装等工程施工相结合，统一安排，综合利用。

② 建筑装饰装修工程的块材、卷材用料等应进行排板深化设计，在保证质量的前提下，应减少块材的切割量及其产生的边角余料量。

③ 建筑装饰装修工程采用的块材、板材、门窗等应采用工厂化加工。

④ 建筑装饰装修工程的五金件、连接件、构造性构件宜采用工厂化标准件。

⑤ 建筑装饰装修工程使用的动力线路，如施工用电线路、压缩空气管线、液压管线等，应优化缩短线路长度、严禁跑、冒、滴、漏。

⑥ 建筑装饰装修工程施工，宜选用节能、低噪的施工机具，具备电力条件的施工工地，不宜选用燃油施工机具。

⑦ 建筑装饰装修工程中采用的需要用水泥或白灰类拌合的材料，如砌筑砂浆、抹灰砂浆、粘贴砂浆、保温专用砂浆等，宜采用预拌，条件不允许的情况下宜采用干拌砂浆，不宜进行现场配制。

⑧ 建筑装饰装修工程中使用的易扬尘材料，如水泥、砂石料、粉煤灰、聚苯颗粒、陶粒、白灰、腻子粉、石膏粉等，应封闭运输、封闭存储。

⑨ 建筑装饰装修工程中使用的易挥发、易污染材料，如油漆涂料、黏接剂、稀释剂、清洗剂、燃油、燃气等，必须采用密闭容器储运，使用时，应使用相应容器盛放，不得随意溢洒或放散。

⑩ 建筑装饰装修工程室内装修前，宜先进行外墙封闭、室外窗户安装封闭、屋面防水等工序。

⑪ 建筑装饰装修工程中受环境温度限制的工序，不易成品保护的工序，应合理工序的安排。

⑫ 建筑装饰装修工程应采取成品保护措施。

⑬ 建筑装饰装修工程所用材料的包装物应全部分类回收。

⑭ 民用建筑工程室内装修严禁采用沥青、煤焦油类防腐、防潮处理剂。

⑮ 高处作业清理现场时，严禁将施工垃圾从窗口、洞口、阳台等处向外抛撒。

⑯ 建筑装饰装修工程应制定材料节约措施。节材与材料资源利用应满足以下指标：

a. 材料损耗不应超出预算定额损耗率的 70%；

b. 应充分利用当地材料资源。施工现场 300km 以内的材料用量宜占材料总用量的 70% 以上，或达到材料总价值的 50% 以上；

c. 材料包装回收率应达到 100%。有毒有害物资分类回收率应达到 100%。可再生利用的施工废弃物回收率应达到 70% 以上。

（2）楼、地面工程

① 楼、地面基层处理。

a. 基层粉尘清理应采用吸尘器，如没有防潮要求的，可采用洒水降尘等措施。

b. 基层需要剔凿的，应采用噪声小的剔凿方式，如手钎、电铲等低噪音工具。

② 楼、地面找平层、隔音层、隔热层、防水保护层、面层等使用的砂浆、轻集料混凝土、混凝土等应采用预拌或干拌料，干拌料现场运输、仓储应采用袋装等措施。

③ 水泥砂浆、水泥混凝土、现制水磨石、铺贴板块材等楼、地面在养护期内严禁上人，地面养护用水，应采用喷洒方式，保持表面湿润为宜，严禁养护用水溢流。

④ 水磨石楼、地面磨制。

a. 应有污水回收措施，对污水进行集中处理。

b. 对楼、地面洞口、管线口进行封堵，防止泥浆等进入。

c. 高出楼、地面 400mm 范围内的成品面层应采取贴膜等防护措施，避免污染。

d. 现制水磨石楼、地面房间装饰装修，宜先进行现制水磨石工序的作业。

⑤ 板块面层楼、地面。

a. 应进行排板设计，在保证质量和观感的前提下，应减少板块材的切割量。

b. 板块才宜采用工厂化下料加工（包括非标尺寸块材），需要现场切割时，对切割用水应有收集装置，室外机械切割应有隔声措施。

c. 采用水泥砂浆铺贴时，砂浆宜边用边拌。

d. 石材、水磨石等易渗透、易污染的材料，应在铺贴前做防腐处理。

e. 严禁采用电焊、火焰对板块材进行切割。

（3）抹灰工程

① 墙体抹灰基层处理。

② 基层粉尘清理应采用吸尘器，如没有防潮要求的，可采用洒水降尘等措施。

③ 基层需要剔凿的，应采用噪声小的剔凿方式，如手钎、电铲等低噪音工具。

④ 落地灰应采取回收措施，经过处理后用于抹灰利用，抹灰砂浆损耗率不应大于 5%，落地砂浆应全部回收利用。

⑤ 抹灰砂浆应严格按照设计要求控制抹灰厚度。

⑥ 采用的白灰宜选用白灰膏。如采用生石灰，必须采用袋装，熟化要有容器或熟化池。

⑦ 墙体抹灰砂浆养护用水，应保持表面湿润为宜，严禁养护用水溢流。

⑧ 混凝土面层抹灰，在混凝土施工工艺选择时，宜采用清水混凝土支模工艺，取消抹灰层。

（4）门窗工程

① 外门窗宜采用断桥型、中空玻璃等密封、保温、隔音性能好的型材和玻璃等。

② 门窗固定件、连接件等，宜选用标准件。

③ 门窗制作应采用工厂化加工。

④ 应进行门窗型材的优化设计，减少型材彼边角余料的剩余量。

⑤ 门窗洞口预留，应严格控制洞口尺寸。

⑥ 门窗制作尺寸应采用现场实际测量，进行核对，避免尺寸有误。

⑦ 门窗油漆应在工厂完成。

⑧ 木制门窗存放应做好防雨、防潮等措施，避免门窗损坏。

⑨ 木制门窗应用铁皮、木板或木架进行保护，塑钢或金属门窗口用贴膜或胶带贴严加保护，玻璃搬运应妥善运输，避免磕碰。

⑩ 外门窗安装操作应与外墙装修同步进行，宜同时使用外墙操作平台。

⑪ 门窗框与墙体之间的缝隙，不得采用含沥青的水泥砂浆、水泥麻刀灰等材料填嵌。

（5）吊顶工程

① 吊顶龙骨间距等在满足质量、安全要求的情况下，应进行优化。

② 吊顶高度应充分考虑吊顶内隐蔽的各种管线、设备，进行优化设计。

③ 应进行隐蔽验收合格后，方可进行吊顶封闭。

④ 吊顶应进行块材排板设计，在保证质量、安全的前提下，应减少板材、型材切割量。

⑤ 吊顶板块材（非标板材）、龙骨、连接件等宜采用工厂化材料，现场安装。

⑥ 吊顶龙骨、配件以及金属面板、塑料面板等下脚料应全部回收。

⑦ 在满足使用功能的前提下，不宜进行吊顶。

（6）轻质隔墙工程

① 预制板轻质隔墙。

a. 预制板轻质隔墙应对预制板尺寸进行排板设计，避免现场切割。

b. 预制板请质隔墙应采取工厂加工，现场安装。

c. 预制板轻质隔墙固定件宜采用标准件。

d. 预制板运输应有可靠的保护措施。

e. 预制板的固定需要电锤打孔时，应有降噪、防尘措施。

② 龙骨隔墙。

a. 在满足使用和安全的前提下，宜选用轻钢龙骨隔墙。

b. 轻钢龙骨应采用标准化龙骨。

c. 龙骨隔墙面板应进行排板设计，减少板材切割量。

d. 墙内管线、盒等预埋应进行验收后，方可进行面板安装。

③ 活动隔墙、玻璃隔墙应采用工厂制作，现场安装。

（7）饰面板（砖）工程

① 饰面板应进行排板设计，宜采用工厂下料制作。

② 饰面板（砖）粘贴剂应采用封闭容器存放，应严格计量配合比，应采用容器拌制。

③ 用于安装饰面块材的龙骨和连接件，宜采用标准件。

（8）幕墙工程

① 幕墙应进行安全计算和深化设计。

② 用于安装饰面块材的龙骨和连接件，宜采用标准件。

③ 幕墙玻璃、石材、金属板材采用工厂加工，现场安装。

④ 幕墙与主体结构的连接件，宜采取预埋方式施工。幕墙构件宜采用标准件。

（9）涂饰工程

① 基层处理找平、打磨应进行扬尘控制。

② 涂料应采用容器存放。

③ 涂料施工应采取措施，防止对周围设施的污染。

④ 涂料施涂宜采用涂刷或滚涂，采用喷涂工艺时，应采取有效遮挡。

⑤ 废弃涂料必须全部回收处理，严禁随意倾倒。

（10）裱糊与软包工程

① 裱糊、软包施工，一般应在其环境中其他易污染工序完成后进行。

② 基层处理打磨应防止扬尘。

③ 裱糊黏贴剂应采用密闭容器存放。

（11）细部工程

① 橱柜、窗帘盒、窗台板、暖气罩、门窗套、楼梯扶手等成品或半成品等宜采用工厂制作，现场安装。

② 橱柜、窗帘盒、窗台板、暖气罩、门窗套、楼梯扶手等成品或半成品固定打孔，应有防止粉尘外泄措施。

③ 现场需要木材切割设备，应有降噪、防尘及木屑回收措施。

④ 木屑等下脚料应全部回收。

5. 屋面工程

（1）屋面施工应搭设可靠的安全防护设施、防雷击设施。

（2）屋面结构基层处理应洒水湿润，防止扬尘。

（3）屋面保温层施工，应根据保温材料的特点，制定防扬尘措施。

（4）屋面用砂浆、混凝土应采用预拌。

（5）瓦屋面应进行屋面瓦排板设计，各种屋面瓦及配件应采用工厂制作。屋面瓦应按照屋面瓦的型号、材质特征，进行包装运输，减少破损。

（6）屋面焊接应有防弧光外泄遮挡措施。

（7）有种植土的屋面，种植土应有防扬尘措施。

（8）遇 5 级以上大风天气，应停止屋面施工。

6. 建筑保温及防水工程

（1）一般规定

① 建筑保温及防水工程的施工设施和施工技术措施应与基础及结构、建筑装饰装修、机电安装等工程施工相结合，统一安排，综合利用。

② 建筑保温及防水工程的块材、卷材用料等应进行排板深化设计，在保证质量的前提下，应减少块材的切割量及其产生的边角余料量。

③ 对于保温材料、防水材料应根据其性能，制订相应的防火、防潮等措施。

（2）建筑保温

① 外墙保温材料选用时，除应考虑材料的吸水率、燃烧性能、强度等指标外，其材料的导热系数应满足外墙保温要求。

② 现浇发泡水泥保温。

a. 加气混凝土原材料（水泥、砂浆）宜采用干拌，袋装。

b. 加气混凝土设备应有消音棚。

c. 拌制的加气混凝土宜采用混凝土泵车、管道输送。

d. 搅拌设备、泵送设备、管道等冲洗水应有收集措施。

e. 养护用水应采用喷洒方式，严禁养护用水溢流。

③ 陶瓷保温。

a. 陶瓷外墙板应进行排板设计，减少现场切割。

b. 陶瓷保温外墙的干挂件宜采用标准挂件。

c. 陶瓷切割设备应有消音棚。

d. 固定件打孔产生的粉末应有回收措施。

e. 固定件宜采用机械连接，如需要焊接，应对弧光进行遮挡。

④ 浆体保温。

a. 浆体保温材料宜采用干拌半成品，袋装，避免扬尘。

b. 现场拌合应随用随拌，以免浪费。

c. 现场拌合用搅拌机，应有消音棚。

d. 落地浆体应及时收集利用。

⑤ 泡沫塑料类保温。

a. 当外墙为全现浇混凝土外墙时，宜采用混凝土及外保温一体化施工工艺。

b. 当外露混凝土构件、砌筑外墙采用聚苯板外墙保温材料时，应采取措施，防止锚固件打孔等产生扬尘。

c. 外墙如采用装饰性干挂板时，宜采用保温板及外饰面一体化挂板。

d. 屋面泡沫塑料保温时，应对聚苯板进行覆盖，防止风吹，造成颗粒飞扬。

e. 聚苯板下脚料应全部回收。

⑥ 屋面工程保温和防水宜采用防水保温一体化材料。

⑦ 玻璃棉、岩棉保温材料，应封闭存放，剩余材料全部回收。

（3）防水工程

① 防水基层应验收合格后方可进行防水材料的作业，基层处理应防止扬尘。

② 卷材防水层。

a. 在符合质量要求的前提下，对防水卷材的铺贴方向和搭接位置进行优化，减少卷材剪裁量和搭接量。

b. 宜采用自粘型防水卷材。

c. 采用热熔粘贴的卷材时，使用的燃料应采用封闭容器存放，严禁倾洒或溢出。

d. 采用胶粘的卷材时，黏贴剂应为环保型，封闭存放。

e. 防水卷材余料应全部回收。

③ 涂膜防水层。

a. 液态涂抹原料应采用封闭容器存放，严禁溢出污染环境，剩余原料应全部回收。

b. 粉末状涂抹原料，应袋装或封闭容器存放，严禁扬尘污染环境，剩余原料应全部回收。

c. 涂膜防水宜采用滚涂或涂刷方式，采用喷洒方式的，应有预防对周围环境污染的措施。

d. 涂膜固化期内严禁上人。

④ 刚性防水层。

a. 混凝土结构自防水施工，严格按照混凝土抗渗等级配置混凝土，混凝土施工缝的留置，在保证质量的前提下，应进行优化，减少施工缝的数量。

b. 采用防水砂浆抹灰的刚性防水，应严格控制抹灰厚度。

c. 采用水泥基渗透结晶型防水涂料的，对混凝土基层进行处理时，防止扬尘。

⑤ 金属板防水。

a. 采用金属板材作为防水材料的，应对金属板材进行下料设计，提高材料利用率。

b. 金属板焊接时，应有防弧光外泄措施。

⑥ 防水作业宜在干燥、常温环境下进行。

⑦ 闭水试验时，应有防止漏水的应急措施，以免漏水造成对环境的污染和对其他物品的损坏。

⑧ 闭水试验前，应制定有效地回收利用闭水试验用水的措施。

7. 机电安装工程

（1）一般规定

① 机电工程的施工设施和施工技术措施应与基础及结构、装饰装修等工程施工相结合，统一安排，综合利用。

② 机电工程施工前，应包括土建工程在内，进行图纸会审，对管线空间布置、对管线线路长度进行优化。

③ 机电工程的预留预埋应与结构施工、装修施工同步进行，严禁重新剔凿、重新开洞。

④ 机电工程材料、设备的存放、运输应制定保护措施。

（2）建筑给水排水及采暖工程

① 给排水及采暖管道安装前应与通风空调、强弱电、装修等专业做好管绘图的绘制工作，专业间确认无交叉问题且标高满足装修要求后方可进行管道的制作及安装。

② 应加强给排水及采暖管道打压、冲洗及试验用水的排放管理工作。

③ 加强节点处理，严禁冷热桥产生。

④ 管道预埋、预留应与土建及装修工程同步进行，严禁重新剔凿、重新开洞现象。

⑤ 管道工程进行冲洗、试压时，应制定合理的冲洗、试压方案，成批冲洗、试压，合理安排冲洗、试压次数。

8. 通风与空调工程

（1）通风管道安装前应与给排水、强弱电、装修等专业做好管绘图的绘制工作，专业间确认无交叉问题且标高满足装修要求后方可进行通风管道的制作及安装。

（2）风管制作宜采用工厂电脑下料，集中加工，下料应对不同规格风管优化组合，做到先下大管料，然后再下小管料，先下长料，后下短料，能拼接的材料在允许范围内要拼接使用，边角料按规格码放，做到物尽其用避免材料浪费。

（3）空调系统各设备间应进行联锁控制，耗电量大的主要设备应采用变频控制。

（4）设备基础的施工宜在空调设备采购订货完成后进行。

（5）加强节点处理，严禁冷热桥产生。

（6）空调水管道打压、冲洗及试验用水的排放应有排放措施。系统中排出水应进行收集再利用。

（7）管道打压、冲洗及试验用水应优先利用施工现场收集的雨水或中水。多层建筑宜采用分层试压的方法，先进行上一楼层管道的水压试验，合格后，将水放至下一层，层层利用，以节约施工用水。

（8）风管、水管管道预埋、预留应与土建及装修工程同步进行，严禁重新剔凿、重新开洞。

（9）机房设备位置及排列形式应合理布置，宜使管线最短，弯头最少，管路便于连接并留有一定的空间，便于管理操作和维修。

9. 建筑电气工程及智能建筑工程

（1）加强与土建的施工配合，提高施工质量，缩短工期，降低施工成本。

① 施工前，电气安装人员应会同土建施工工程师共同审核土建和电气施工图纸，了解土建施工进度计划和施工方法，尤其是梁、柱、地面、屋面的做法和相互间的连接方式，并仔细地校核自己准备采用的电气安装方法能否和这一项目的土建施工相适应。

② 针对交叉作业制定科学、详细的技术措施，合理安排施工工序。

③ 在基础工程施工时，应及时配合土建做好强、弱电专业的进户电缆穿墙管及止水挡板的预留预埋工作。

④ 在主体结构施工时，根据土建浇捣混凝土的进度要求及流水作业的顺序，逐层逐段地做好预留预埋配合工作。

⑤ 在土建工程砌筑隔断墙之前应与土建工长和放线员将水平线及隔墙线核实一遍，电气人员将按此线确定管路预埋的位置及确定各种灯具、开关插座的位置、高程。抹灰之前，电气施工人员应将所有电气工程的预留孔洞按设计和规范要求查对核实一遍，符合要求后将箱盒稳定好。

（2）采用高性能、低材耗、耐久性好的新型建筑材料；选用可循环、可回用和可再生的建材；采用工业化生产的成品，减少现场作业；遵循模数协调原则，减少施工废料；减少不可再生资源的使用。

（3）电气管线的预埋、预留应与土建及装修工程同步进行，严禁重新剔凿、重新开洞。

（4）电线导管暗敷时，宜沿最近的线路敷设并应减少弯曲，注意短管的回收利用，节约材料。

（5）不间断电源柜试运行时应有噪声监测，其噪声标准应满足：正常运行时产生的 A 级噪声不应大于 45dB；输出额定电流为 5A 及以下的小型不间断电源噪声，不应大于 30 dB。

（6）不间断电源安装应注意防止电池液泄漏污染环境，废旧电池应注意回收。

（7）锡焊时，为减少焊剂加热时挥发出的化学物质对人体的危害，减少有害气体的吸入量，一般情况下，电烙铁到人体的距离应不少于 20cm，通常以 30cm 为宜。

（8）推广免焊接头，尽量减少焊锡锅的使用。

（9）电气设备的试运行时间按规定运行，但不应超过规定时间的 1.5 倍。

（10）临时用电宜选用低耗低能供电导线，临电线路合理设计、布置，临电设备宜采用自动控制装置，采用声控、光控等节能照明灯具。

（11）放线时应由施工员计算好剩余线量，避免浪费。

（12）建筑物内大型电气设备的电缆供应应在设计单位对实际用电负荷核算后进行。

10. 电梯工程

（1）电梯井结构施工前应确定电梯的有关技术参数，以便做好预留预埋工作。

（2）电梯安装过程中，应对导轨、导靴、对重、轿厢、钢丝绳及其他附件按说明书要求进行防护，露天存放时防止受潮。

（3）井道内焊接作业应保证良好通风。

11. 拆除工程

（1）一般规定

① 拆除工程应贯彻环保拆除的原则，应重视建筑拆除物的再生利用，积极推广拆除物分类处理技术。建筑拆除过程产生的废弃物的再利用和回收率应大于 40%。

② 拆除工程施工应制订拆除施工方案。

③ 拆除工程应对其施工时间及施工方法予以公告。

④ 建筑拆除后，场地不应成为废墟，应对拆除后的场地进行生态复原。

⑤ 在恶劣的气候条件下，严禁进行拆除工作。

⑥ 实行"四化管理"。"四化管理"包括强化建筑拆除物"减量化"管理，加强并推进建筑拆除物的"资源化"研究和实践，实行"无害化"处理，推进建筑拆除物利用的"产业化"。

⑦ 应按照"属地负责、合理安排、统一管理、资源利用"的原则，合理确定建筑拆除物临时消纳处置场所。

（2）施工准备

① 拆除施工前应对周边 50m 以内的建筑物及环境情况进行调查，对将受影响的区域予以界定；对周边建筑现状采用裂缝素描，摄影摄像等方法予以记录。

② 拆除施工前应对周边进行必要的围护。围护结构应以硬质板材为主，且应在围护结构上设置警示性标示。

③ 拆除施工前应制订应急救援方案。

④ 在拆除工程作业中，发现不明物体，应停止施工并采取相应的应急措施，保护现场，及时向有关部门报告。

⑤ 根据拆除工程施工现场作业环境，应制定消防安全措施。施工现场应设置消防车通道，保证充足的消防水源，配备足够的灭火器材。

（3）绿色拆除施工措施

① 拆除工程按建筑构配件的破坏与否可分为保护性拆除和破坏性拆除；按施工方法可分为人工拆除、机械拆除和爆破拆除。

② 保护性拆除。

a. 装配式结构、多层砖混结构和构配件直接利用价值高的建筑应采用完好性拆除。

b. 可采用人工拆除或机械拆除，亦可两种方法配合拆除。

c. 拆除时应按建造施工顺序逆向拆除。

d. 为防粉尘，应对拆除部位用水淋洒，但淋洒后的水不应污染环境。

③ 对建筑构配件直接利用价值不高的建筑物、构筑物可采用破坏性拆除。

a. 破坏性拆除可选用人工拆除、机械拆除或爆破拆除方法，亦可几种方法配合使用。

b. 在正式爆破之前，应进行小规模范围试爆，根据试爆结果修改原设计，采取必要的防护措施确保爆破飞石控制在有效范围内。

c. 当用钻机钻成爆破孔时，可采用钻杆带水作业或减少粉尘的措施。

d. 爆破拆除时，可采用悬挂塑料水袋于待爆破拆除建构物各爆点四周或多孔微量爆破方法。

e. 在爆破完成后，可及时用消防高压水枪进行高空喷洒水雾消尘。

f. 防护材料可选择铁丝网，草袋子和胶皮带等。

g. 对于需要重点防护的范围，应在其附近架设防护排架，其上挂金属网。

④ 当采用爆破拆除时，尽量采用噪声小、对环境影响小的措施，如静力破碎、线性切割等。

a. 采用具有腐蚀性的静力破碎剂作业时，灌浆人员必须戴防护手套和防护眼镜。孔内注入破碎剂后，作业人员应保持安全距离，严禁在注孔区域行走。

b. 静力破碎剂严禁与其他材料混放。

c. 在相邻的两孔之间，严禁钻孔与注入破碎剂同步进行施工。

d. 使用静力破碎发生异常情况时，必须停止作业，查清原因并采取相应措施确保安全后，方可继续施工。

⑤ 对烟囱、水塔等高大建构筑物进行爆破拆除时，爆破拆除设计时应考虑控制建构筑物倒塌时的触地振动，必要时应采取在倒塌范围内铺设缓冲垫层和开挖减震沟。

（4）拆除物的综合利用

① 建筑拆除物处置单位应不得将建筑拆除物混入生活垃圾，不得将危险废弃物混入建筑拆除物。

② 拆除的门窗、管材、电线等完好的材料应回收重新利用。

③ 拆除的砌体部分，能够直接利用的砖应回收重新利用，不能直接利用的宜运送统一的管理场地，可作为路基垫层的填料。

④ 拆除的混凝土经破碎筛分级，处理后，可作为再生骨料配制低强度等级再生骨料混凝土，用于地基加固、道路工程垫层、室内地坪及地坪垫层。

⑤ 拆除的钢筋和钢材（铝材）：经分拣、集中、再生利用，经再加工制成各种规格的钢材

（铝材）。

⑥ 拆除的木材或竹材可作为模板和建筑用材再生利用。亦可用于制造人造木材或将木材经破碎机粉碎，作为造纸原料或作为燃料使用。

（5）拆除场地的生态复原

① 拆除工程的拆除场地应进行生态复原。

② 拆除工程的生态复原贯彻生态性与景观性原则和安全性与经济性原则。

③ 当需要生态复原时，拆除施工单位应按拆除后的土地用途进行生态复原。

④ 建筑物拆除后应恢复地表环境，避免土壤被有害物质侵蚀、流失。

⑤ 建筑拆除场地内的沉淀池、隔油池、化粪池等不发生堵塞、渗漏、溢出等现象，并应有应急预案，避免因堵塞、渗漏、溢出等现象而导致对土壤、水等环境的污染。

## 本 章 小 结

绿色施工作为建筑全寿命周期中的一个重要阶段，是实现建筑领域资源节约和节能减排的关键环节。绿色施工是指工程建设中，在保证质量、安全等基本要求的前提下，通过科学管理和技术进步，最大限度地节约资源并减少对环境负面影响的施工活动，实现节能、节地、节水、节材和环境保护（"四节一环保"）。

环境保护是按照法律法规、各级主管部门和企业的要求，保护和改善作业现场的环境，控制现场的各种粉尘、废水、废气、固体废弃物、噪声、振动等对环境的污染和危害。环境保护也是文明施工的重要内容之一。

为保障作业人员的身体健康和生命安全，改善作业人员的工作环境与生活环境，防止施工过程中各类疾病的发生，建设工程施工现场应加强卫生与防疫工作。

绿色施工技术要点包括绿色施工管理、环境保护技术要点、节材与材料资源利用技术要点、节水与水资源利用的技术要点、节能与能源利用技术要点、节地与施工用地保护的技术要点六方面内容，每项内容又有若干项要求。

为了在建筑工程中实施绿色施工，达到节约资源、保护环境和施工人员健康的目的，国家制定《建筑工程绿色施工规范》（GB/T 50905—2014），对绿色施工提出具体要求。

## 习题与思考

7-1 什么是绿色施工？包括哪些内容？

7-2 什么是文明施工？其总体要求有哪些？

7-3 落实文明施工的各项管理措施有哪些？

7-4 建设工程项目对环境保护的基本要求有哪些？

7-5 建设工程环境保护措施有哪些？

7-6 何谓噪声污染，其来源有哪些？

7-7 施工现场噪声的控制措施有哪些？

7-8 固体废物的主要处理方法有哪些？

7-9 施工现场职业健康安全卫生的要求有哪些？

7-10 绿色施工基本原则有哪些？

7-11 绿色施工基本要求有哪些？

7-12 绿色施工环境保护技术要点有哪些？

7-13 绿色施工节材与材料资源利用技术要点有哪些？

7-14 绿色施工节水与水资源利用技术要点有哪些？

7-15 绿色施工节能与能源利用技术要点有哪些？

7-16 绿色施工节地与施工用地保护技术要点有哪些？

7-17 土石方与地基工程绿色施工有何要求？

7-18 基础及主体结构工程绿色施工有何要求？

7-19 装饰装饰工程绿色施工有何要求？

7-20 建筑保温工程绿色施工有何要求？

## 【学习目标】

通过本章的学习，学生应掌握建筑工程项目风险管理的基本概念、等级划分、类型，风险管理的任务和对策等基本点，了解建筑工程项目风险管理的工作流程、风险分析等内容。

# 8.1 建设工程项目风险管理概述

## 8.1.1 项目的风险类型

1. 风险、风险量和风险等级的内涵

（1）风险指的是损失的不确定性，对建设工程项目管理而言，风险是指可能出现的影响项目目标实现的不确定因素。

（2）风险量反映不确定的损失程度和损失发生的概率。若某个可能发生的事件其可能的损失程度和发生的概率都很大，则其风险量就很大，如图 8-1 所示的风险区 A。

若某事件经过风险评估，它处于风险区 A，则应采取措施，降低其概率，即使它移位至风险区 B；或采取措施降低其损失量，即使它移位至风险区 C。风险区 B 和 C 的事件则应采取措施，使其移位至风险区 D。

（3）风险等级。在《建设工程项目管理规范》（GB/T 50326—2006）的条文说明中所列风险等级评估见表 8-1。

表 8-1 风险等级评估

| 可能性后果风险等级 | 轻度损失 | 中度损失 | 重大损失 |
|---|---|---|---|
| 很大 | 3 | 4 | 5 |
| 中等 | 2 | 3 | 4 |
| 很小 | 1 | 2 | 3 |

按表 8-1 的风险等级划分，图 8-1 中的各风险区的风险等级如下：

① 风险区 A——5 等风险；

② 风险区 B——3 等风险；

③ 风险区 C——3 等风险；

④ 风险区 D——1 等风险。

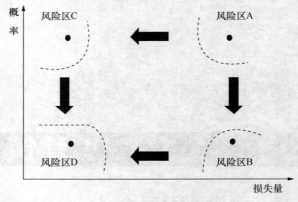

图 8-1　事件风险量的区域

**2. 建设工程项目的风险类型**

业主方和其他项目参与方都应建立风险管理体系，明确各层管理人员的相应管理责任，以减少项目实施过程不确定因素对项目的影响。建设工程项目的风险有如下几种类型。

（1）组织风险，如：

① 组织结构模式；

② 工作流程组织；

③ 任务分工和管理职能分工；

④ 业主方（包括代表业主利益的项目管理方）人员的构成和能力；

⑤ 设计人员和监理工程师的能力；

⑥ 承包方管理人员和一般技工的能力；

⑦ 施工机械操作人员的能力和经验；

⑧ 损失控制和安全管理人员的资历和能力等。

（2）经济与管理风险，如：

① 宏观和微观经济情况；

② 工程资金供应的条件；

③ 合同风险；

④ 现场与公用防火设施的可用性及其数量；

⑤ 事故防范措施和计划；

⑥ 人身安全控制计划；

⑦ 信息安全控制计划等。

（3）工程环境风险，如：

① 自然灾害；

② 岩土地质条件和水文地质条件；

③ 气象条件；

④ 引起火灾和爆炸的因素等。

（4）技术风险，如：

① 工程勘测资料和有关文件；

② 工程设计文件；

③ 工程施工方案；

④ 工程物资；

⑤ 工程机械等。

## 8.1.2　项目风险管理的工作流程

**1．风险管理**

风险管理是为了达到一个组织的既定目标，而对组织所承担的各种风险进行管理的系统过程，其采取的方法应符合公众利益、人身安全、环境保护以及有关法规的要求。风险管理包括策划、组织、领导、协调和控制等方面的工作。

**2．项目风险管理的工作流程**

风险管理过程包括项目实施全过程的项目风险识别、项目风险评估、项目风险响应和项目风险控制。

（1）项目风险识别。项目风险识别的任务是识别项目实施过程存在哪些风险，其工作程序包括：

① 收集与项目风险有关的信息；

② 确定风险因素；

③ 编制项目风险识别报告。

（2）项目风险评估。项目风险评估包括以下工作：

① 利用已有数据资料（主要是类似项目有关风险的历史资料）和相关专业方法分析各种风险因素发生的概率；

② 分析各种风险的损失量，包括可能发生的工期损失、费用损失，以及对工程的质量、功能和使用效果等方面的影响；

③ 根据各种风险发生的概率和损失量，确定各种风险的风险量和风险等级。

（3）项目风险响应。常用的风险对策包括风险规避、减轻、自留、转移及其组合等策略。对难以控制的风险，向保险公司投保是风险转移的一种措施。项目风险响应指的是针对项目风险的对策进行风险响应。

项目风险对策应形成风险管理计划，它包括：

① 风险管理目标；

② 风险管理范围；

③ 可使用的风险管理方法、工具以及数据来源；

④ 风险分类和风险排序要求；

⑤ 风险管理的职责和权限；

⑥ 风险跟踪的要求；

⑦ 相应的资源预算。

（4）项目风险控制。在项目进展过程中应收集和分析与风险相关的各种信息，预测可能发生的风险，对其进行监控并提出预警。

# 8.2 建设工程施工风险管理

在任何经济活动中，要取得盈利，必然要承担相应的风险。这里的风险是指经济活动中的不确定性。它如果发生，就会导致经济损失。一般风险应与盈利机会同时存在，并成正比，即经济活动的风险越大，盈利机会（或盈利率）就应越大。

这个体现在工程承包合同中，合同条款应公平合理；合同双方责权利关系应平衡；合同中如果包含的风险较大，则承包商应提高合同价格，加大不可预见风险费。

由于承包工程的特点和建筑市场的激烈竞争，承包工程风险很大，范围很广，是造成承包商失败的主要原因。现在，风险管理已成为衡量承包商管理水平的主要标志之一。

## 8.2.1 承包商风险管理的任务

承包商风险管理的任务主要包括风险分析和预测、风险对策和计划、风险有效的控制等几方面。

1. 风险分析和预测

在合同签订前对风险做全面分析和预测，主要考虑如下问题。

（1）工程实施中可能出现的风险的类型和种类。

（2）风险发生的规律，如发生的可能性，发生的时间及分布规律。

（3）风险的影响，即风险如果发生，对承包商的施工过程，对工期和成本（费用）有哪些影响；承包商要承担哪些经济的和法律的责任等。

（4）各风险之间的内在联系，例如一齐发生或伴随发生的可能。

2. 风险对策和计划

对风险进行有效的对策和计划，即考虑如果风险发生应采取什么措施予以防止，或降低它的不利影响，为风险作组织、技术、资金等方面的准备。

3. 风险有效的控制

在合同实施中对可能发生，或已经发生的风险进行有效的控制。

（1）采取措施防止或避免风险的发生。

（2）有效地转移风险，争取让其他方面承担风险造成的损失。

（3）降低风险的不利影响，减少自己的损失。

（4）在风险发生的情况下进行有效的决策，对工程施工进行有效的控制，保证工程项目的顺利实施。

## 8.2.2 承包工程的风险

承包工程中常见的风险主要包括工程的技术、经济、法律等方面的风险、业主资信风险、外界环境的风险、合同风险等四个方面。

### 1. 工程的技术、经济、法律等方面的风险

（1）现代工程规模大，功能要求高，需要新技术，特殊的工艺，特殊的施工设备，工期紧迫。

（2）现场条件复杂，干扰因素多；施工技术难度大，特殊的自然环境，如场地狭小，地质条件复杂，气候条件恶劣；水电供应、建材供应不能保证等。

（3）承包商的技术力量、施工力量、装备水平、工程管理水平不足，在投标报价和工程实施过程中会有这样或那样的失误，例如：技术设计、施工方案、施工计划和组织措施存在缺陷和漏洞，计划不周，报价失误。

（4）承包商资金供应不足，周转困难。

（5）在国际工程中还常常出现对当地法律、语言不熟悉，对技术文件、工程说明和规范理解不正确或出错的现象。

在国际工程中，以工程所在国的法律作为合同的法律基础，这本身就隐藏着很大的风险。而许多承包商对此常常不够重视，最终导致经济损失。另外，我国许多建筑企业初涉国际承包市场，不了解情况，不熟悉国际工程惯例和国际承包业务。这里也包含很大的风险。

### 2. 业主资信风险

业主是工程的所有者，是承包商的最重要的合作者。业主资信情况对承包商的工程施工和工程经济效益有决定性影响。属于业主资信风险的有如下几方面。

（1）业主的经济情况变化，如经济状况恶化，濒于倒闭，无力继续实施工程，无力支付工程款，工程被迫中止。

（2）业主的信誉差，不诚实，有意拖欠工程款。

（3）业主为了达到不支付，或少支付工程款的目的，在工程中苛刻刁难承包商，滥用权力，施行罚款或扣款。

（4）业主经常改变主意，如改变设计方案、实施方案，打乱工程施工秩序，但又不愿意给承包商以补偿等。

这些情况无论在国际和国内工程中，都是经常发生的。在国内的许多地方，长期拖欠工程款已经成为妨碍施工企业正常生产经营的主要原因之一。在国际工程中，也常有工程结束数年，而工程款仍未完全收回的实例。

### 3. 外界环境的风险

（1）在国际工程中，工程所在国政治环境的变化，如发生战争、禁运、罢工、社会动乱等造成工程中断或终止。

（2）经济环境的变化，如通货膨胀、汇率调整、工资和物价上涨。物价和货币风险在承包工程中经常出现，而且影响非常大。

（3）合同所依据的法律的变化，如新的法律颁布，国家调整税率或增加新税种，新的外汇管理政策等。

（4）自然环境的变化，如百年未遇的洪水、地震、台风等，以及工程水文、地质条件的不确定性。

### 4. 合同风险

上述列举的几类风险，反映在合同中，通过合同定义和分配，则成为合同风险。工程承包合同中一般都有风险条款和一些明显的或隐含着的对承包商不利的条款。它们常造成承包商的损失，是进行合同风险分析的重点。

## 8.2.3　承包合同中的风险分析

**1．承包合同风险的特性**

合同风险是指合同中的不确定性。它有如下两个特性。

（1）合同风险事件，可能发生，也可能不发生；但一经发生就会给承包商带来损失。风险的对立面是机会，它会带来收益。

但在一个具体的环境中，双方签订一个确定内容的合同，实施一个确定规模和技术要求的工程，则工程风险有一定的范围，它的发生和影响有一定的规律性。

（2）合同风险是相对的，通过合同条文定义风险及其承担者。在工程中，如果风险成为现实，则由承担者主要负责风险控制，并承担相应损失责任。所以对风险的定义属于双方责任划分问题，不同的表达，则有不同的风险和不同的风险承担者。如在某合同中规定：

"……乙方无权以任何理由要求增加合同价格，如……国家调整海关税……等"。

"……乙方所用进口材料，机械设备的海关税和相关的其他费用都由乙方负责交纳……"。

国家对海关的调整完全是承包商的风险，如果国家提高海关税率，则承包商要蒙受损失。

而如果在该条中规定，进口材料和机械设备的海关税由业主交纳，乙方报价中不包括海关税，则这对承包商已不再是风险，海关税风险已被转嫁给业主。

而如果按国家规定，该工程进口材料和机械设备免收海关税，则不存在海关税风险。

作为一份完备的合同，不仅应对风险有全面地预测和定义，而且应全面地落实风险责任，在合同双方之间公平合理地分配风险。

**2．承包合同风险的种类**

具体地说，承包合同中的风险可能有如下几种。

（1）合同中明确规定的承包商应承担的风险。一般工程承包合同中都有明确规定承包商应承担的风险条款，常见的有：

① 工程变更的补偿范围和补偿条件。例如，某合同规定，工程变更在15%的合同金额内，承包商得不到任何补偿。则在这个范围内的工程量可能的增加是承包商的风险。

② 合同价格的调整条件。如对通货膨胀、汇率变化、税收增加等，合同规定不予调整，则承包商必须承担全部风险；如果在一定范围内可以调整，则承担部分风险。

③ 业主和工程师对设计、施工、材料供应的认可权和各种检查权。在工程中，合同和合同条件常赋予业主和工程师对承包商工程和工作的认可权和各种检查权。但这必须有一定的限制和条件，应防止写有"严格遵守工程师对本工程任何事项（不论本合同是否提出）所作的指示和指导"。如果有这一条，业主可能使用这个"认可权"或"满意权"提高工程的设计、施工、材料标准，而不对承包商补偿。则承包商必须承担这方面变更风险。

在工程过程中，业主和工程师有时提出对已完工程、隐蔽工程、材料、设备等的附加检查和试验要求。就会造成承包商材料、设备或已完工程的损坏和检查试验费用的增加。对此，合同中如果没有相应的限制和补偿条款，极容易造成承包商的损失。所以在合同中应明确规定，如果承包商的工程或工作符合合同规定的质量标准，则业主应承担相应的检查费用和工期延误的责任。

④ 其他形式的风险型条款，如索赔有效期限制等。

（2）合同条文不全面，不完整。合同条文不全面，不完整，没有将合同双方的责权利关系全面表达清楚，没有预计到合同实施过程中可能发生的各种情况。这样导致合同过程中的激烈争执，最终导致承包商的损失。例如：

缺少工期拖延罚款的最高限额的条款；

缺少工期提前的奖励条款；

缺少业主拖欠工程款的处罚条款。

对工程量变更、通货膨胀、汇率变化等引起的合同价格的调整没有具体规定调整方法，计算公式，计算基础等，如对材料价差的调整没有具体说明是否对所有的材料，是否对所有相关费用（包括基价、运输费、税收、采购保管费等）作调整，以及价差支付时间。

合同中缺少对承包商权益的保护条款，如在工程受到外界干扰情况下的工期和费用的索赔权等。

在某国际工程施工合同中遗漏工程价款的外汇额度条款。

由于没有具体规定，如果发生这些情况，业主完全可以以"合同中没有明确规定"为理由，推卸自己的合同责任，使承包商受到损失。

（3）合同条文不清楚，不细致，不严密。

承包商不能清楚地理解合同内容，造成失误。这里有招标文件的语言表达方式，表达能力，承包商的外语水平，专业理解能力或工作不细致等问题。

例如，在某些工程承包合同中有如下条款："承包商为施工方便而设置的任何设施，均由他自己付款"。这种提法对承包商很不利，在工程过程中业主可能对某些永久性设施以"施工方便"为借口而拒绝支付。

又如合同中对一些问题不作具体规定，仅用"另行协商解决"等字眼。

对业主供应的材料和生产设备，合同中未明确规定详细的送达地点，没有"必须送达施工和安装现场"。这样很容易对场内运输，甚至场外运输责任引起争执。

（4）发包商为了转嫁风险提出单方面约束性的、过于苛刻的、责权利不平衡的合同条款明显属于这类条款的是，对业主责任的开脱条款。这在合同中经常表达为："业主对……不负任何责任"。例如：

① 业主对任何潜在的问题，如工期拖延、施工缺陷、付款不及时等所引起的损失不负责；

② 业主对招标文件中所提供的地质资料、试验数据、工程环境资料的准确性不负责；

③ 业主对工程实施中发生的不可预见风险不负责；

④ 业主对由于第三方干扰造成的工程拖延不负责等。

这样将许多属于业主责任的风险推给承包商。与这一类条款相似的是，在承包合同有这样的表达形式："在……情况下，不得调整合同价格"，或"在……情况下，一切损失由承包商负责"。例如，某合同规定："乙方无权以任何理由要求增加合同价格，如市场物价上涨，货币价格浮动，生活费用提高，工资的基限提高，调整税法，关税，国家增加新的赋税等"。

这类风险型条款在分包合同中也特别明显。例如，某分包合同规定："由总包公司通知分包公司的有关业主的任何决定，将被认为是总包公司的决定而对本合同有效"。则分包商承担了总包合同的所有相关的风险。

又如，分包合同规定："总承包商同意在分包商完成工程，经监理工程师签发证书并在业主支付总承包商该项工程款后若干天内，向分包商付款"。这样，如果总包其他方面工程出现问题，业主拒绝付款，则分包商尽管按分包合同完成工程，但仍得不到工程款。

例如，某分包合同规定，对总承包商因管理失误造成的违约责任，仅当这种违约造成分包商人员和物品的损害时，总承包商才给分包商以赔偿，而其他情况不予赔偿。这样，总承包商管理失误造成分包商成本和费用的增加不在赔偿之内。

有时有些特殊的规定应注意，如有一承包合同规定，合同变更的补偿仅对重大的变更，且仅按单个建筑物和设施地平以上体积变化量计算补偿。这实质上排除了工程变更索赔的可能。在这种情况下承包商的风险很大。

### 3. 合同风险分析的影响因素

合同风险管理完全依赖风险分析的准确程度、详细程度和全面性。合同风险分析主要依靠如下几方面因素。

（1）承包商对环境状况的了解程度。要精确地分析风险必须做详细的环境调查，大量占有第一手资料。

（2）对招标文件分析的全面程度、详细程度和正确性，当然同时又依赖于招标文件的完备程度。

（3）对业主和工程师资信和意图了解的深度和准确性。

（4）对引起风险的各种因素的合理预测及预测的准确性。

（5）做标期的长短。

## 8.2.4　合同风险的防范对策

对于承包商，在任何一份工程承包合同中，问题和风险总是存在的，没有不承担风险，绝对完美和双方责权利关系绝对平衡的合同（除了成本加酬金合同）。对分析出来的合同风险必须认真地进行对策研究。对合同风险有对策和无对策，有准备和无准备是大不一样的。这常常关系到一个工程的成败，任何承包商都不能忽视这个问题。

在合同签订前，风险分析全面、充分，风险对策周密、科学，在合同实施中如果风险成为现实，则可以从容应付，立即采取补救措施。这样可以极大地降低风险的影响，减少损失。

反之，如果没有准备，没有预见风险，没有对策措施，一经风险发生，管理人员手足无措，不能及时地、有效地采取补救措施。这样会扩大风险的影响，增加损失。

对合同风险一般有如下几种对策。

### 1. 在报价中考虑

（1）提高报价中的不可预见风险费。对风险大的合同，承包商可以提高报价中的风险附加费，为风险作资金准备。风险附加费的数量一般依据风险发生的概率和风险一经发生承包商将要受到的费用损失量确定。所以风险越大，风险附加费应越高。但这受到很大限制。风险附加费太高对合同双方都不利：业主必须支付较高的合同价格；承包商的报价太高，失去竞争力，难以中标。

（2）采取一些报价策略。采用一些报价策略，以降低、避免或转移风险。例如：开口升级报价法、多方案报价法等。在报价单中，建议将一些花费大、风险大的分项工程按成本加酬金的方式结算。

但由于业主和监理工程师管理水平的提高，招标程序的规范化和招标规定的健全，这些策略的应用余地和作用已经很小，弄得不好承包商会丧失承包工程资格或造成报价失误。

（3）在法律和招标文件允许的条件下，在投标书中使用保留条件、附加或补充说明。

## 2. 通过谈判，完善合同条文，双方合理分担风险

合同双方都希望签认一个有利的，风险较少的合同。但在工程过程中许多风险是客观存在的，问题是由谁来承担。减少或避免风险，是承包合同谈判的重点。合同双方都希望推卸和转嫁风险，所以在合同谈判中常常几经磋商，有许多讨价还价。

通过合同谈判，完善合同条文，使合同能体现双方责权利关系的平衡和公平合理。这是在实际工作中使用最广泛，也是最有效的对策。

（1）充分考虑合同实施过程中可能发生的各种情况，在合同中予以详细地具体地规定，防止意外风险。所以，合同谈判的目标，首先是对合同条文拾遗补缺，使之完整。

（2）使风险型条款合理化，力争对责权利不平衡条款，单方面约束性条款做修改或限定，防止独立承担风险。例如：

合同规定，业主和工程师可以随时检查工程质量。同时又应规定，如由此造成已完工程损失，影响工程施工，而承包商的工程和工作又符合合同要求，业主应予以赔偿损失；

合同规定，承包商应按合同工期交付工程，否则，必须支付相应的违约罚款。合同同时应规定，业主应及时交付图纸，交付施工场地、行驶道路，支付已完工程款等，否则工期应予以顺延；

对不符合工程惯例的单方面约束性条款，在谈判中可列举工程惯例，劝说业主取消。

（3）将一些风险较大的合同责任推给业主，以减少风险。当然，常常也相应地减少收益机会。例如，让业主负责提供价格变动大，供应渠道难保证的材料；由业主支付海关税，并完成材料、机械设备的入关手续；让业主承担业主的工程管理人员的现场办公设施、办公用品、交通工具、食宿等方面的费用。

（4）通过合同谈判争取在合同条款中增加对承包商权益的保护性条款。

## 3. 保险公司投保

工程保险是业主和承包商转移风险的一种重要手段。当出现保险范围内的风险，造成财务损失时，承包商可以向保险公司索赔，以获得一定数量的赔偿。一般在招标文件中，业主都已指定承包商投保的种类，并在工程开工后就承包商的保险作出审查和批准。通常承包工程保险有：工程一切险；施工设备保险；第三方责任险；人身伤亡保险等。

承包商应充分了解这些保险所保的风险范围、保险金计算、赔偿方法、程序、赔偿额等详细情况。

## 4. 采取技术的、经济的和管理的措施

在承包合同的实施过程中，采取技术的、经济的和管理的措施，以提高应变能力和对风险的抵抗能力。例如：

对风险大的工程派遣最得力的项目经理、技术人员、合同管理人员等，组成精干的项目管理小组；

施工企业对风险大的工程，在技术力量、机械装备、材料供应、资金供应、劳务安排等方面予以特殊对待，全力保证合同实施；

对风险大的工程，应作更周密的计划，采取有效的检查、监督和控制手段；

风险大的工程应该作为施工企业的各职能部门管理工作的重点，从各个方面予以保证。

## 5. 在工程过程中加强索赔管理

用索赔和反索赔来弥补或减少损失，这是一个很好的，也是被广泛采用的对策。通过索赔可以提高合同价格，增加工程收益，补偿由风险造成的损失。

许多有经验的承包商在分析招标文件时就考虑其中的漏洞、矛盾和不完善的地方，考虑到可能的索赔，甚至在报价和合同谈判中为将来的索赔留下伏笔。但这本身常常又会有很大的风险。

6. 其他对策

（1）将一些风险大的分项工程分包出去，向分包商转嫁风险。

（2）与其他承包商合伙承包，或建立联合体，共同承担风险等。

## 本章小结

风险指的是损失的不确定性，对建设工程项目管理而言，风险是指可能出现的影响项目目标实现的不确定因素。风险量反映不确定的损失程度和损失发生的概率。

业主方和其他项目参与方都应建立风险管理体系，明确各层管理人员的相应管理责任，以减少项目实施过程不确定因素对项目的影响。

风险管理是为了达到一个组织的既定目标，而对组织所承担的各种风险进行管理的系统过程，其采取的方法应符合公众利益、人身安全、环境保护以及有关法规的要求。风险管理包括策划、组织、领导、协调和控制等方面的工作。

承包工程中常见的风险主要包括工程的技术、经济、法律等方面的风险、业主资信风险、外界环境的风险、合同风险等四个方面。

用索赔和反索赔来弥补或减少损失，这是一个很好的，也是被广泛采用的对策。通过索赔可以提高合同价格，增加工程收益，补偿由风险造成的损失。

## 习题与思考

8-1 什么是风险？风险等级如何划分？

8-2 建设工程项目的风险有哪几种类型？

8-3 何谓风险管理？风险管理包括哪些内容？

8-4 承包商风险管理的任务有哪些？

8-5 承包工程中常见的风险有哪些？

8-6 工程的技术、经济、法律等方面的风险有哪些？

8-7 业主资信风险有哪些？

8-8 外界环境的风险有哪些？

8-9 合同风险有哪些？

8-10 合同风险的防范对策有哪些？

# 第9章

## 建筑工程项目合同管理

### 【学习目标】

通过本章的学习，学生应掌握建筑工程合同的基本概念、类型等基本点。熟悉建筑工程合同的签订、履行和实施管理，以及合同变更和索赔管理。了解建筑工程项合同谈判技巧以及合同分析等内容。

合同管理是建筑工程项目管理的重要内容之一。

在建筑工程项目的实施过程中，往往会涉及许多合同，比如设计合同、咨询合同、科研合同、施工承包合同、供货合同、总承包合同、分包合同等。大型建筑工程的合同数量可能达数百上千。所谓合同管理，不仅包括对每个合同的签订、履行、变更和解除等过程的控制和管理，还包括对所有合同进行筹划的过程，因此，合同管理的主要工作内容有：根据项目的特点和要求确定设计任务委托模式和施工任务承包模式（合同结构）、选择合同文本、确定合同计价方法和支付方法、合同履行过程的管理与控制、合同索赔等。本章主要以施工合同为例进行讲述。

## 9.1 建筑工程项目合同管理概述

### 9.1.1 工程承包合同管理的概念

工程承包合同管理指工程承包合同双方当事人在合同实施过程中自觉地、认真严格地遵守所签订的合同的各项规定和要求，按照各自的权力、履行各自的义务、维护各自的利益，发扬协作精神，处理好"伙伴关系"，做好各项管理工作，使项目目标得到完整的体现。

虽然工程承包合同是业主和承包商双方的一个协议，包括若干合同文件，但合同管理的深层涵义，应该引申到合同协议签订之前，从下面三个方面来理解合同管理，才能做好合同管理工作。

**1. 做好合同签订前的各项准备工作**

虽然合同尚未签订，但合同签订前各方的准备工作，对做好合同管理至关重要。

业主一方的准备工作包括合同文件草案的准备和各项招标工作的准备，做好评标工作，特别是要做好合同签订前的谈判和合同文稿的最终定稿。

合同中既要体现出在商务上和技术上的要求，有严谨明确的项目实施程序，又要明确合同双方的义务和权利。对风险的管理要按照合理分担的精神体现到合同条件中去。

业主方的另一个重要准备工作即是选择好监理工程师（或业主代表、CM 经理等）。最好能提前选定监理单位，以使监理工程师能够参与合同的制定（包括谈判、签约等）过程，依据他们的经验，提出合理化建议，使合同的各项规定更为完善。

承包商一方在合同签订前的准备工作主要是制定投标战略，做好市场调研，在买到招标文件之后，要认真细心地分析研究招标文件，以便比较好地理解业主方的招标要求。在此基础上，一方面可以对招标文件中不完善以至错误之处向业主方提出建议，另一方面也必须做好风险分析，对招标文件中不合理的规定提出自己的建议，并力争在合同谈判中对这些规定进行适当的修改。

**2. 加强合同实施阶段的合同管理**

这一阶段是实现合同内容的重要阶段，也是一个相当长的时期。在这个阶段中合同管理的具体内容十分丰富，而合同管理的好坏直接影响到合同双方的经济利益。

**3. 提倡协作精神**

合同实施过程中应该提倡项目中各方的协作精神，共同实现合同的既定目标。在合同条件中，合同双方的权利和义务有时表现为相互间存在矛盾，相互制约的关系，但实际上，实现合同标的必然是一个相互协作解决矛盾的过程，在这个过程中工程师起着十分重要的协调作用。一个成功的项目，必定是业主、承包商以及工程师按照一种项目伙伴关系，以协作的团队精神来共同努力完成项目。

## 9.1.2 工程承包合同各方的合同管理

**1. 业主对合同的管理**

业主对合同的管理主要体现在施工合同的前期策划和合同签订后的监督方面。业主主要为承包商的合同实施提供必要的条件；向工地派驻具备相应资质的代表，或者聘请监理单位及具备相应资质的人员负责监督承包商履行合同。

**2. 承包商的合同管理**

承包商的工程承包合同管理是最细致、最复杂，也是最困难的合同管理工作，我们主要以它作为论述对象。

在市场经济中，承包商的总体目标是，通过工程承包获得盈利。这个目标必须通过两步来实现：

（1）通过投标竞争，战胜竞争对手，承接工程，并签订一个有利的合同。

（2）在合同规定的工期和预算成本范围内完成合同规定的工程施工和保修责任，全面地正确地履行自己的合同义务，争取盈利。同时，通过双方圆满的合作，工程顺利实施，承包商赢得了信誉，为将来在新的项目上的合作和扩展业务奠定基础。

这要求承包商在合同生命期的每个阶段都必须有详细的计划和有力的控制，以减少失误，减少双方的争执，减少延误和不可预见费用支出。这一切都必须通过合同管理来实现。

承包合同是承包商在工程中的最高行为准则。承包商在工程施工过程中的一切活动都是为了履行合同责任。所以，广义地说，承包工程项目的实施和管理全部工作都可以纳入合同管理的范围。合同管理贯穿于工程实施的全过程和工程实施的各个方面。在市场经济环境中，施工企业管理和工程项目管理必须以合同管理为核心。这是提高管理水平和经济效益的关键。

但从管理的角度出发，合同管理仅被看作项目管理的一个职能，它主要包括项目管理中所有涉及合同的服务性工作。其目的是，保证承包商全面地、正确地、有秩序地完成合同规定的责任和任务，它是承包工程项目管理的核心和灵魂。

3. 监理工程师的合同管理

业主和承包商是合同的双方，监理单位受业主雇佣为其监理工程，进行合同管理，负责进行工程的进度控制、质量控制、投资控制以及做好协调工作。他是业主和承包商合同之外的第三方，是独立的法人单位。

监理工程师对合同的监督管理与承包商在实施工程时的管理的方法和要求都不一样。承包商是工程的具体实施者，他需要制定详细的施工进度和施工方法，研究人力、机械的配合和调度，安排各个部位施工的先后次序以及按照合同要求进行质量管理，以保证高速优质地完成工程。监理工程师则不去具体地安排施工和研究如何保证质量的具体措施，而是宏观上控制施工进度，按承包商在开工时提交的施工进度计划以及月计划、周计划进行检查督促，对施工质量则是按照合同中技术规范，图纸内的要求进行检查验收。监理工程师可以向承包商提出建议，但并不对如何保证质量负责，监理工程师提出的建议是否采纳，由承包商自己决定，因为他要对工程质量和进度负责。对于成本问题，承包商要精心研究如何降低成本，提高利润率。而工程师主要是按照合同规定，特别是工程量表的规定，严格为业主把住支付这一关，并且防止承包商提出不合理的索赔要求，监理工程师的具体职责是在合同条件中规定的，如果业主要对监理工程师的某些职权做出限制，他应在合同专用条件中做出明确规定。

4. 合同管理与企业管理的关系

对于企业来说，企业管理都是以盈利为目的的。而赢利来自于所实施的各个项目，各个项目的利润来自于每一个合同的履行过程，而在合同的履行过程中能否获利，又取决于合同管理的好坏。因此说，合同管理是企业管理的一部分，并且其主线应围绕着合同管理，否则就会与企业的盈利目标不一致。

## 9.1.3 建设工程施工合同的签订

1. 合同签订过程中的合同管理

开标之后，如果投标人列上了第一标或排在前几标，则说明投标人已具有进一步谈判和取得项目的可能性。从招标的程序上说，就进入了评标和决标阶段。对承包商来讲，这个阶段是通过谈判手段力争拿到项目的阶段。本阶段的主要任务：

（1）合同谈判战略的确定；

（2）做好合同谈判工作。承包商应选择最熟悉合同，最有合同管理和合同谈判方面知识、经验和能力的人作为主谈者进行合同谈判。

### 2. 合同谈判战略的确定

按照常规，业主和承包商之间的合同谈判一般分两步走。即评标和决标阶段谈判和商签合同阶段的谈判。前一阶段中，业主与通过评审委员会初步评审出的最有可能被接受的几个投标人进行商谈。商谈的主要问题主要是技术答辩，也包括价格问题和合同条件等问题。通过商谈，双方讨价还价，反复磋商逐步达成谅解和一致，最终选定中标人。当业主已最终选定一家承包商作为唯一的中标者，并只和这家承包商进一步商谈时，就进入了商签合同阶段。一般先由业主发出中标通知函，然后约见和谈判，即将过去双方通过谈判达成的一致意见具体化，形成完整的合同文件，进一步协商和确认，并最终签订合同。有时由于规定的评标阶段长，业主也往往采用先选定中标者，进行商谈后再发中标通知函，同时发出合同协议书，进一步商谈并最终签订合同协议书。

本阶段的谈判必须要坚持运用建设型谈判方式，谋求双方的共同利益，建立新的合作伙伴关系，使双方能在履行合同的过程中创立最佳的合作意愿和气氛，保证项目的顺利实施和建设成功。本阶段的谈判重点一般都放在合同文件的组成、顺序，合同条款的内容和条件以及合同价款的确认上。

### 3. 做好合同谈判工作

在谈判阶段，不但要做好谈判的各项准备工作，选用恰当的谈判技巧和策略，而且要注意下列问题。

（1）符合承包商的基本目标。承包商的基本目标是取得工程利润，所以"合于利而动，不合于利而止"（孙子兵法，火攻篇）。这个"利"可能是该工程的盈利，也可能为承包商的长远利益。合同谈判和签订应服从企业的整体经营战略。"不合于利"，即使丧失工程承包资格，失去合同，也不能接受责权利不平衡，明显导致亏损的合同。这应作为基本方针。

（2）积极争取自己的正当权益。合同法和其他经济法规赋予合同双方以平等的法律地位和权力。按公平原则，合同当事人双方应享有对等的权利和应尽的义务，任何一方得到的利益应与支付给对方的代价之间平衡。但在实际经济活动中，这个地位和权力还要靠承包商自己争取。而且在合同中，这个"平等"常常难以具体地衡量。如果合同一方自己放弃这个权力，盲目地、草率地签订合同，致使自己处于不利地位，受到损失，常常法律对他难以提供帮助和保护。所以在合同签订过程中放弃自己的正当权益，草率地签订合同是"自杀"行为。

承包商在合同谈判中应积极地争取自己的正当权益，争取主动。如有可能，应争取合同文本的拟稿权。对业主提出的合同文本，应进行全面地分析研究。在合同谈判中，双方应对每个条款做出具体商讨，争取修改对自己不利的苛刻的条款，增加承包商权益的保护条款。对重大问题不能客气和让步，针锋相对。承包商切不可在观念上把自己放在被动地位上，有处处"依附于人"的感觉。

当然，谈判策略和技巧是极为重要的。通常，在决标前，即承包商尚要与几个对手竞争时，必须慎重，处于守势，尽量少提出对合同文本进行大修改。在中标后，即业主已选定承包商作为中标人，应积极争取修改风险型条款和过于苛刻的条款，对原则问题不能退让和客气。

（3）重视合同的法律性质。分析国际和国内承包工程的许多案例可以看出，许多承包合同失误是由于承包商不了解或忽视合同的法律性质，没有合同意识造成的。

合同一经签订，即成为合同双方的最高法律，它不是道德规范。合同中的每一条都与双方利害相关。签订合同是个法律行为，所以在合同谈判和签订中，既不能用道德观念和标准要求和指望对方，也不能用它们来束缚自己。

在合同签订前，双方需要对合同条件、中标函、投标书中的部分内容做修改，或取消这些内容，则必须直接修改上述文件，通常不能以附加协议、信件、会谈纪要等修改或确认。因为合同签订前的这些确认文件、协议等法律优先地位较低。当它们与合同协议书、合同条件、中标函、投标书等内容不一致或相矛盾时，后者优先。同样，在工作量表，规范中也不能有违反合同条件的规定。

（4）重视合同的审查和风险分析。不计后果地签订合同是危险的，也很少有不失败的。在合同签订前，承包商应认真地，全面地进行合同审查和风险分析，弄清楚自己的权益和责任，完不成合同责任的法律后果。对每一条款的利弊得失都应清楚了解。承包商应委派有丰富合同工作经验和经历的专家承担这项工作。

合同风险分析和对策一定要在报价和合同谈判前进行，以作为投标报价和合同谈判的依据。在合同谈判中，双方应对各合同条款和分析出来的风险进行认真商讨。

在合同谈判中，合同主谈人是关键。他的合同管理和合同谈判知识、能力和经验对合同的签订至关重要。但他的谈判必须依赖于合同管理人员和其他职能人员的支持：对复杂的合同，只有充分地审查，分析风险，合同谈判才能有的放矢，才能在合同谈判中争取主动。

（5）尽可能使用标准的合同文本。现在，无论在国际工程中或在国内工程中都有通用的，标准的合同文本。由于标准的合同文本内容完整，条款齐全；双方责权利关系明确，而且比较平衡；风险较小，而且易于分析；承包商能得到一个合理的合同条件。这样可以减少招标文件的编制和审核时间，减少漏洞，双方理解一致，极大地方便合同的签订和合同的实施控制，对双方都有利。作为承包商，如果有条件（如有这样的标准合同文本）则应建议采用标准合同文本。

（6）加强沟通和了解。在招标投标阶段，双方本着真诚合作的精神多沟通，达到互相了解和理解。实践证明，双方理解越正确、越全面、越深刻，合同执行中对抗越少，合作越顺利，项目越容易成功。国际工程专家曾指出："虽然工程项目的范围、规模、复杂性各不相同，但一个被业主、工程师、承包商都认为成功的项目，其最主要的原因之一是，业主、工程师、承包商能就项目目标达成共识，并将项目目标建立在各种完备的书面合同上，……它们应是平等的，并能明确工程的施工范围……"。

作为承包商应抓住如下几个环节：

① 正确理解招标文件，理解业主的意图和要求；

② 有问题可以利用标前会议，或通过通讯手段向业主提出。一定要多问，不可自以为是地解释合同；

③ 在澄清会议上将自己的投标意图和依据向业主说明，同时又可以进一步了解业主的要求；

④ 在合同谈判中进一步沟通，详细地交换意见。

# 9.2 建筑工程项目合同实施管理

合同签订后，作为企业层次的合同管理工作主要是进行合同履行分析、协助企业建立合适的项目经理部及履行过程中的合同控制。

## 9.2.1 合同履行概述

**1. 承包合同履行分析的必要性**

承包商在合同实施过程中的基本任务是使自己圆满地完成合同责任。整个合同责任的完成是靠在一段段时间内，完成一项项工程和一个个工程活动实现的，所以合同目标和责任必须贯彻落实在合同实施的具体问题上和各工程小组以及各分包商的具体工程活动中。承包商的各职能人员和各工程小组都必须熟练地掌握合同，用合同指导工程实施和工作，以合同作为行为准则。国外的承包商都强调必须"天天念合同经"。

但在实际工作中，承包商的各职能人员和各工程小组不能都手执一份合同，遇到具体问题都由各人查阅合同，因为合同本身有如下不足之处。

（1）合同条文往往不直观明了，一些法律语言不容易理解。在合同实施前进行合同分析，将合同规定用最简单易懂的语言和形式表达出来，使人一目了然。这样才能方便日常管理工作。承包商、项目经理、各职能人员和各工程小组也不必经常为合同文本和合同式的语言所累。

工程各参加者，包括业主、监理工程师和承包商、承包商的各工程小组、职能人员和分包商，对合同条文的解释必须有统一性和同一性。在业主与承包商之间，合同解释权归监理工程师。而在承包商的施工组织中，合同解释权必须归合同管理人员。如果在合同实施前，不对合同做分析和统一的解释，而让各人在执行中翻阅合同文本，极容易造成解释不统一，而导致工程实施的混乱。特别对复杂的合同，各方面关系比较复杂的工程，这个工作极为重要。

（2）合同内容没有条理，有时某一个问题可能在许多条款，甚至在许多合同文件中规定，在实际工作中使用极不方便。例如，对一分项工程，工程量和单价在工程量清单中，质量要求包含在工程图纸和规范中，工期按网络计划，而合同双方的责任、价格结算等又在合同文本的不同条款中。这容易导致执行中的混乱。

（3）合同事件和工程活动的具体要求（如工期、质量、技术、费用等），合同各方的责任关系，事件和活动之间的逻辑关系极为复杂。要使工程按计划有条理地进行，必须在工程开始前将它们落实下来，从工期、质量、成本、相互关系等各方面定义合同事件和工程活动。

（4）许多工程小组，项目管理职能人员所涉及的活动和问题不是全部合同文件，而仅为合同的部分内容。他们没有必要在工程实施中死抱着合同文件。

（5）在合同中依然存在问题和风险，这是必然的。它们包括两个方面：合同审查时已经发现的风险和还可能隐藏着的尚未发现的风险。合同中还必然存在用词含糊，规定不具体、不全面、甚至矛盾的条款。在合同实施前有必要做进一步的全面分析，对风险进行确认和定界，具体落实对策和措施。风险控制，在合同控制中占有十分重要的地位。如果不能透彻地分析出风险，就不可能对风险有充分的准备，则在实施中很难进行有效的控制。

（6）合同履行分析是对合同执行的计划，在分析过程中应具体落实合同执行战略。

（7）在合同实施过程中，合同双方会有许多争执。合同争执常常起因于合同双方对合同条款理解的不一致。要解决这些争执，首先必须作合同分析，按合同条文的表达分析它的意思，以判定争执的性质。要解决争执，双方必须就合同条文的理解达成一致。

在索赔中，索赔要求必须符合合同规定，通过合同分析可以提供索赔理由和根据。

合同履行分析，与前述招标文件的分析内容和侧重点略有不同。合同履行分析是解决"如何做"的问题，是从执行的角度解释合同。它是将合同目标和合同规定落实到合同实施的具体问题上和具体事件上，用以指导具体工作，使合同能符合日常工程管理的需要，使工程按合同施工。合同分析应作为承包商项目管理的起点。

2. 合同分析的基本要求

（1）准确性和客观性。合同分析的结果应准确，全面地反映合同内容。如果分析中出现误差，它必然反映在执行中，导致合同实施更大的失误。所以不能透彻、准确地分析合同，就不能有效全面地执行合同。许多工程失误和争执都起源于不能准确地理解合同。

客观性，即合同分析不能自以为是和"想当然"。对合同的风险分析，合同双方责任和权益的划分，都必须实事求是地按照合同条文，按合同精神进行，而不能以当事人的主观愿望解释合同，否则，必然导致实施过程中的合同争执，导致承包商的损失。

（2）简易性。合同分析的结果必须采用使不同层次的管理人员、工作人员能够接受的表达方式，如图表形式。对不同层次的管理人员提供不同要求，不同内容的合同分析资料。

（3）合同双方的一致性。合同双方，承包商的所有工程小组、分包商等对合同理解应有一致性。合同分析实质上是承包商单方面对合同的详细解释。分析中要落实各方面的责任界面，这极容易引起争执。所以合同分析结果应能为对方认可。如有不一致，应在合同实施前，最好在合同签订前解决，以避免合同执行中的争执和损失，这对双方都有利。合同争执的最终解决不是以单方面对合同理解为依据的。

（4）全面性。

① 合同分析应是全面的，对全部的合同文件做解释。对合同中的每一条款、每句话，甚至每个词都应认真推敲，细心琢磨，全面落实。合同分析不能只观其大略，不能错过一些细节问题，这是一项非常细致的工作。在实际工作中，常常一个词，甚至一个标点能关系到争执的性质，关系到一项索赔的成败，关系到工程的盈亏。

② 全面地、整体地理解，而不能断章取义，特别当不同文件、不同合同条款之间规定不一致，有矛盾时，更要注意这一点。

3. 合同履行分析的内容和过程

按合同分析的性质、对象和内容，它可以分为：

（1）合同总体分析；

（2）合同详细分析；

（3）特殊问题的合同扩展分析。

## 9.2.2　合同总体分析

合同总体分析的主要对象是合同协议书和合同条件等。通过合同总体分析，将合同条款和合同规定落实到一些带全局性的具体问题上。总体分析通常在如下两种情况下进行。

（1）在合同签订后实施前，承包商首先必须确定合同规定的主要工程目标，划定各方面的义务和权利界限，分析各种活动的法律后果。合同总体分析的结果是工程施工总的指导性文件，此时分析的重点是：

① 承包商的主要合同责任，工程范围；

② 业主（包括工程师）的主要责任；

③ 合同价格、计价方法和价格补偿条件；

④ 工期要求和补偿条件；

⑤ 工程受干扰的法律后果；

⑥ 合同双方的违约责任；

⑦ 合同变更方式、程序和工程验收方法等；

⑧ 争执的解决等。

在分析中应对合同中的风险，执行中应注意的问题做出特别的说明和提示。

合同总体分析后，应将分析的结果以最简单的形式和最简洁的语言表达出来，交项目经理、备职能部门和各职能人员，以作为日常工程活动的指导。

（2）在重大的争执处理过程中，例如在重大的或一揽子索赔处理中，首先必须做合同总体分析。

这里总体分析的重点是合同文本中与索赔有关的条款。对不同的干扰事件，则有不同的分析对象和重点。它对整个索赔工作起如下作用：

① 提供索赔（反索赔）的理由和根据；

② 合同总体分析的结果直接作为索赔报告的一部分；

③ 作为索赔事件责任分析的依据；

④ 提供索赔值计算方式和计算基础的规定；

⑤ 索赔谈判中的主要攻守武器。

合同总体分析的内容和详细程度与如下因素有关。

第一，分析目的。如果在合同履行前做总体分析，一般比较详细、全面；而在处理重大索赔和合同争执时作总体分析，一般仅需分析与索赔和争执相关的内容。

第二，承包商的职能人员、分包商和工程小组对合同文本的熟悉程度。如果是一个熟悉的，以前经常采用的文本（例如国际工程中使用 FIDIC 文本），则分析可简略，重点分析特殊条款和应重视的地方。

第三，工程和合同文本的特殊性。如果工程规模大，结构复杂，使用特殊的合同文本（如业主自己起草的非标准文本），合同条款复杂，合同风险大，变更多，工程的合同关系复杂，相关的合同多，则应详细分析。

### 9.2.3　合同详细分析

承包合同的实施由许多具体的工程活动和合同双方的其他经济活动构成。这些活动也都是为了实现合同目标，履行合同责任，也必须受合同的制约和控制，所以它们又可以被称为合同事件。对一个确定的承包合同，承包商的工程范围，合同责任是一定的，则相关的合同事件也应是一定的。通常在一个工程中，这样的事件可能有几百，甚至几千件。在工程中，合同事件之间存在一定的技术的、时间上的和空间上的逻辑关系，形成网络，所以在国外又被称为合同事件网络。

为了使工程有计划、有秩序、按合同实施，必须将承包合同目标、要求和合同双方的责权利关系分解落实到具体的工程活动上。这就是合同详细分析。

合同详细分析的对象是合同协议书、合同条件、规范、图纸、工作量表。它主要通过合同事件表、网络图、横道图和工程活动的工期表等定义各工程活动。合同详细分析的结果最重要的部分是合同事件表，见表9-1。

表9-1　　　　　　　　　　　合同事件表

| 子　项　目 | 事　件　编　码 | 日期<br>变更次数 |
| --- | --- | --- |
| 事件名称和简要说明 | | |
| 前提条件 | | |
| 本事件的主要活动 | | |
| 负责人（单位） | | |
| 费用<br>计划<br>实际 | 其他参加者 | 工期<br>计划<br>实际 |

1.　事件编码

这是为了计算机数据处理的需要，对事件的各种数据处理都靠编码识别。所以编码要能反映这事件的各种特性，如所属的项目、单项工程、单位工程、专业性质、空间位置等。通常它应与网络事件的编码有一致性。

2.　事件名称和简要说明

事件名称和简要说明是对事件名称和事件经过做简要介绍。

3.　变更次数和最近一次的变更日期

它记载着与本事件相关的工程变更。在接到变更指令后，应落实变更，修改相应栏目的内容。最近一次的变更日期表示，从这一天以来的变更尚未考虑到。这样可以检查每个变更指令的落实情况，既防止重复，又防止遗漏。

4.　事件的内容说明

这里主要为该事件的目标，如某一分项工程的数量、质量、技术要求以及其他方面的要求。这由合同的工程量清单、工程说明、图纸、规范等定义，是承包商应完成的任务。

5.　前提条件

该事件进行前应有哪些准备工作？应具备什么样的条件？这些条件有的应由事件的责任人

承担，有的应由其他工程小组、其他承包商或业主承担。这里不仅确定事件之间的逻辑关系，而且划定各参加者之间的责任界限。

例如，某工程中，承包商承包了设备基础的土建和设备的安装工程。按合同和施工进度计划规定：

在设备安装前 3 天，基础土建施工完成，并交付安装场地；

在设备安装前 3 天，业主应负责将生产设备运送到安装现场，同时由工程师、承包商和设备供应商一齐开箱检验；

在设备安装前 15 天，业主应向承包商交付全部的安装图纸；

在安装前，安装工程小组应做好各种技术的和物资的准备工作等。

这样对设备安装这个事件可以确定它的前提条件，而且各方面的责任界限十分清楚。

### 6. 本事件的主要活动

本事件的主要活动即完成该事件的一些主要活动和它们的实施方法、技术、组织措施。这完全从施工过程的角度进行分析。这些活动组成该事件的子网络，例如上述设备安装可能有如下活动：现场准备；施工设备进场、安装；基础找平、定位；设备就位；吊装；固定；施工设备拆卸、出场等。

### 7. 责任人

责任人即负责该事件实施的工程小组负责人或分包商。

### 8. 成本（或费用）

这里包括计划成本和实际成本。有如下两种情况：

（1）若该事件由分包商承担，则计划费用为分包合同价格。如果有索赔，则应修改这个值。而相应的实际费用为最终实际结算账单金额总和；

（2）若该事件由承包商的工程小组承担，则计划成本可由成本计划得到，一般为直接费成本。而实际成本为会计核算的结果，在该事件完成后填写。

### 9. 计划和实际的工期

计划工期由网络分析得到。这里有计划开始期，结束期和持续时间。实际工期按实际情况，在该事件结束后填写。

### 10. 其他参加人

其他参加人即对该事件的实施提供帮助的其他人员。

从上述内容可见，合同详细分析包容了工程施工前的整个计划工作。详细分析的结果实质上是承包商的合同执行计划，它包括：

（1）工程项目的结构分解，即工程活动的分解和工程活动逻辑关系的安排；

（2）技术会审工作；

（3）工程实施方案，总体计划和施工组织计划。在投标书中已包括这些内容，但在施工前，应进一步细化，做详细的安排；

（4）工程详细的成本计划；

（5）合同详细分析不仅针对承包合同，而且包括与承包合同同级的各个合同的协调，包括各个分合同的工作安排和各分合同之间的协调。

所以合同详细分析是整个项目小组的工作，应由合同管理人员、工程技术人员、计划师、预算师（员）共同完成。

合同事件表是工程施工中最重要的文件，它从各个方面定义了该合同事件。这使得在工程施工中落实责任，安排工作，合同监督、跟踪、分析，索赔（反索赔）处理非常方便。

## 9.2.4　特殊问题的合同扩展分析

在合同的签订和实施过程中常常会有一些特殊问题发生，会遇到一些特殊情况：它们可能属于在合同总体分析和详细分析中发现的问题，也可能是在合同实施中出现的问题。这些问题和情况在合同签订时未预计到，合同中未明确规定或它们已超出合同的范围。而许多问题似是而非，合同管理人员对它们把握不准，为了避免损失和争执，则宜提出来进行特殊分析。由于实际工程问题非常复杂，千奇百怪，所以对特殊问题分析要非常细致和耐心，需要实际工程经验和经历。

对重大的、难以确定的问题应请专家咨询或做法律鉴定。特殊问题的合同扩展分析一般用问答的形式进行。

1．特殊问题的合同分析

针对合同实施过程中出现的一些合同中未明确规定的特殊的细节问题做分析。它们会影响工程施工、双方合同责任界限的划分和争执的解决。对它们的分析通常仍在合同范围内进行。

由于这一类问题在合同中未明确规定，其分析的依据通常有两个：

（1）合同意义的拓广。通过整体地理解合同，再做推理，以得到问题的解答。当然这个解答不能违背合同精神；

（2）工程惯例。在国际工程中则使用国际工程惯例，即考虑在通常情况下，这一类问题的处理或解决方法。

这是与调解人或仲裁人分析和解决问题的方法和思路一致的。

由于实际工程非常复杂，这类问题面广量大，稍有不慎就会导致经济损失。

例如，某工程，合同实施和索赔处理中有几个问题难以判定，提出做进一步分析：

① 按合同规定的总工期，应于××年×月×日开始现场搅拌混凝土。因承包商的混凝土拌和设备迟迟运不上工地，承包商决定使用商品混凝土，但为业主否决。而在承包合同中未明确规定使用何种混凝土。问：只要商品混凝土符合合同规定的质量标准，它是否也要经过业主批准才能使用？

答：因为合同中未明确规定一定要用工地现场搅拌的混凝土，则商品混凝土只要符合合同规定的质量标准也可以使用，不必经过业主批准。因为按照惯例，实施工程的方法由承包商负责。在这一前提下，业主拒绝承包商使用商品混凝土，是一个变更指令，对此可以进行工期和费用索赔。但该项索赔必须在合同规定的索赔有效期内提出。

② 合同规定，进口材料的关税不包括在承包商的材料报价中，由业主支付。但合同未规定业主的支付日期，仅规定，业主应在接到到货通知单30天内完成海关放行的一切手续。现承包商急需材料，先垫支关税，以便及早取得材料，避免现场停工待料。问：对此，承包商是否可向业主提出补偿关税要求？这项索赔是否也要受合同规定的索赔有效期的限制？

答：对此，如果业主拖延海关放行手续超过30天，造成停工待料，承包商可将它作为不可预见事件，在合同规定的索赔有效期内提出工期和费用索赔。而承包商先垫付了关税，以便及早取得材料，对此承包商可向业主提出海关税的补偿要求，因为按照国际工程惯例，承包商有责任和权力为降低损失采取措施。而业主行为对承包商并非违约，故这项索赔不受合同所规定的索赔有效期限制。

### 2. 特殊问题的合同法律扩展分析

在工程承包合同的签订、实施或争执处理、索赔（反索赔）中，有时会遇到重大的法律问题。这通常有两种情况：

（1）这些问题已超过合同的范围，超过承包合同条款本身，例如有的干扰事件的处理合同未规定，或已构成民事侵权行为。

（2）承包商签订的是一个无效合同，或部分内容无效，则相关问题必须按照合同所适用的法律来解决。

在工程中，这些都是重大问题，对承包商非常重要，但承包商对它们把握不准，则必须对它们做合同法律的扩展分析，即分析合同的法律基础，在适用于合同关系的法律中寻求解答。这通常很艰难，一般要请法律专家做咨询或法律鉴定。

例如，某国一公司总承包伊朗的一项工程。由于在合同实施中出现许多问题，有难以继续履行合同的可能，合同双方出现大的分歧和争执。承包商想解约，提出这方面的问题请法律专家做鉴定：

① 在伊朗法律中是否存在合同解约的规定？

② 伊朗法律中是否允许承包商提出解约？

③ 解约的条件是什么？

④ 解约的程序是什么？

法律专家必须精通适用于合同关系的法律，对这些问题做出明确答复，并对问题的解决提供意见或建议。在此基础上，承包商才能决定处理问题的方针、策略和具体措施。

由于这些问题都是一些重大问题，常常关系到承包工程的盈亏成败，所以必须认真对待。

## 9.2.5　项目经理部的建立

### 1. 建立有效运行的项目经理部

根据规范，项目经理是企业法定代表人在承包的建设工程项目上的委托代理人。根据企业法定代表人的授权范围、时间和内容进行管理；负责从开工准备到竣工验收阶段的项目管理。项目经理的管理活动是全过程的，也是全面的即管理内容是全局性的，包含各个方面的管理。项目经理应接受法定代表人的领导，接受企业管理层、发包人和监理机构的检查与监督。

因此，建筑施工承包商在经过投标竞争获得工程项目承包资格后，首要任务是选定工程的项目经理。内部可以通过内部招标或委托方式，选聘项目经理，并由项目经理在企业支持下组建并领导、进行项目管理的组织机构即项目经理部。

项目经理部的作用是：作为企业在项目上的管理层，负责从开工准备到竣工验收的项目管理，对作业层有管理和服务的双重职能；作为项目经理的办事机构，为项目经理的决策提供信息和依据，当好参谋，并执行其决策；凝聚管理人员，形成组织力，代表企业履行施工合同，对发包人和项目产品负责；形成项目管理责任制和信息沟通系统，以形成项目管理的载体，为实现项目管理目标而有效运转。

建立有效运转的项目经理部应做到以下几点。

（1）建立项目经理部应遵守的原则。

① 根据项目管理规划大纲确定的组织形式设立项目经理部。项目管理规划大纲是由企业管理层依据招标文件及发包人对招标文件的解释；企业管理层对招标文件的分析研究结果；工程现场情况；发包人提供的信息和资料；有关市场信息。企业法定代表人的投标决策意见等资料编制的。包括项目概况；项目实施条件分析；项目投标活动及签订施工合同的策略；项目管理目标；项目组织结构；质量目标和施工方案；工期目标和施工总进度计划；成本目标；项目风险预测和安全目标；项目现场管理和施工平面图；投标和签订施工合同；文明施工及环境保护等内容。

② 根据施工项目的规模、复杂程度和专业特点设立项目经理部。

③ 应使项目经理部成为弹性组织，随工程的变化而调整，不成为固化的组织；项目经理部的部门和人员设置应面向现场，满足目标控制的需要；项目经理部组建以后，应建立有益于组织运转的规章制度。

（2）设立项目经理部的步骤。

① 是确定项目经理部的管理任务和组织形式。

② 是确定项目经理部的层次、职能部门和工作岗位。

③ 是确定人员、职责、权限。

④ 是对项目管理目标责任书确定的目标进行分解。

⑤ 是制定规章制度和目标考核、奖惩制度。

（3）选择适当的组织形式。组织形式指组织结构类型，是指一个组织以什么样的结构方式去处理层次、跨度、部门设置和上下级关系。组织形式的选定，对项目经理部的管理效率有极大影响。因此要求做到以下几点：

① 根据施工项目的规模、结构复杂程度、专业特点、人员素质和地域范围确定组织形式。

② 当企业有多个大中型项目需要同时进行项目管理时，宜选用矩阵式组织形式。这种形式既能发挥职能部门的纵向优势，又能发挥项目的横向优势；既能满足企业长期例行性管理的需要，又能满足项目一次性管理的需要；一人多职，节省人员；具有弹性，调整方便，有利于企业对专业人才的有效使用和锻炼培养。

③ 远离企业管理层的大中型项目，且在某一地区有长期市场的,宜选用事业部式组织形式。这种形式的项目经理部对内可作为职能部门，对外可作为实体，有相对独立的经营权，可以迅速适应环境的变化，提高项目经理部的应变能力。

④ 如果企业在某一地区只有一个大型项目,而没有长期市场,可建立工作队式项目经理部，以使它具有独立作战能力，完成任务后能迅速解体。

⑤ 如果企业有许多小型施工项目，可设立部门控制式的项目经理部，几个小型项目组成一个较大型的项目，由一个项目经理部进行管理。这种项目经理部可以固化，不予解体。但是大中型项目不应采用固化的部门控制式项目经理部。

（4）合理设置项目经理部的职能部门，适当配置人员。

职能部门的设置应紧紧围绕各项项目管理内容的需要，贯彻精干高效的原则。对项目经理部人员的配置，《规范》提出了两项关键要求：大型项目的项目经理必须有一级项目经理资质；管理人员中的高级职称人员不应低于10%。

为了使项目部能有效而顺利地运行，正确地履行合同，企业的合同管理人员与项目的合同管理人员不要绝对分离，即应让项目部的有关人员进入前期工作，使他们熟悉项目及在投标准备过程中的对策和策略，很好地理解合同，以便缩短合同的准备时间，在签订合同后能尽快制定科学、合理、操作性更强的施工组织设计。

（5）制定必要的规章制度。项目经理部必须执行企业的规章制度，当企业的规章制度不能满足项目经理部的需要时，项目经理部可以自行制定项目管理制度，但是应报企业或其授权的职能部门批准。

（6）使项目经理部正常运行并解体。为使项目经理部有效运行，《规范》提出了三项要求：一是项目经理部应按规章制度运行，并根据运行状况检查信息控制运行，以实现项目目标；二是项目经理部应按责任制运行，以控制管理人员的管理行为；三是项目经理部应按合同运行，通过加强组织协调，以控制作业队伍和分包人员的行为。

项目经理部解体的理由有四点：一是有利于建立适应一次性项目管理需要的组织机构；二是有利于建立弹性的组织机构，以适时地进行调整；三是有利于对已完成的项目进行审计、总结、清算和清理；四是有利于企业管理层和项目管理层的两层分离和两层结合，既强化企业管理层，又强化项目管理层。实行项目经理部解体，是在组织体制改革中改变传统组织习惯的一项艰巨任务。

**2．签订"项目管理目标责任书"**

企业法定代表人与项目经理签订"项目管理目标责任书"。

"项目管理目标责任书"是企业法定代表人根据施工合同和经营管理目标要求明确规定项目经理应达到的成本、质量、进度和安全等控制目标的文件。"项目管理目标责任书"由企业法定代表人从企业全局利益出发确定的项目经理的具体责任、权限和利益。"项目管理目标责任书"应包括五项内容：企业各部门与项目经理部之间的关系；项目经理部所需作业队伍、材料、机械设备等的供应方式；应达到的项目质量、安全、进度和成本目标；在企业制度规定以外的、由企业法定代表人委托的事项；企业对项目经理部人员进行奖惩的依据、标准、办法及应承担的风险。

**3．进行合同交底**

企业的合同管理机构组织项目经理部的全体成员学习合同文件和合同分析的结果，对合同的主要内容做出解释和说明，统一认识。使大家熟悉合同中的主要内容、各种规定、管理程序，了解承包商的合同责任和工程范围，各种行为的法律后果等。

## 9.2.6　合同实施控制

工程施工的过程就是施工合同的实施过程。要使合同顺利实施，合同双方必须共同完成各自的合同责任。不利的合同使合同实施和合同管理非常艰难，但通过有力的合同管理可以减轻损失或避免更大的损失。而如果在合同实施过程中管理不善，没有进行有效的合同管理，即使是一个有利的合同同样也不会有好的经济效益。

**1．合同控制概述**

（1）合同控制的必要性

所谓控制就是行为主体为保证在变化的条件下实现其目标，按照拟定的计划和标准，通过各种方法，对被控制对象实施中发生的各种实际值与计划值进行检查、对比、分析和纠正，以保证工程实施按预定的计划进行，顺利地实现预定的目标。合同控制指承包商的合同管理组织为保证合同所约定的各项义务的全面完成及各项权利的实现，以合同分析的成果为基准，对整个合同实施过程进行全面监督、检查、对比和纠正的管理活动。

合同控制是保证合同目标实现、了解合同执行情况、解决合同执行中的问题的方法和手段；是调整合同目标和合同计划的依据；是提高项目管理水平、人员管理能力、项目控制能力的重要手段。因此，在合同履行过程中，必须对合同进行有效的控制。

（2）合同实施控制程序

合同实施控制程序如图 9-1 所示。

图 9-1　合同实施控制程序

① 工程实施监督。工程实施监督是工程合同管理的日常事务性工作，首先应表现在对工程活动的监督上，即保证按照预先确定的各种计划、设计、施工方案实施工程。工程实际状况反映在原始的工程资料（数据）上，如质量检查报告、分项工程进度报告、记工单、用料单、成本核算凭证等。

② 合同跟踪。合同跟踪即将收集到的工程资料和实际数据进行整理，得到能够反映工程实施状况的各种信息，如各种质量报告，各种实际进度报表，各种成本和费用收支报表及它们的分析报告。将这些信息与工程目标（如合同文件、合同分析文件、计划、设计等）进行对比分析，就可以发现两者的差异。差异的大小，即为工程实施偏离目标的程度。如果没有差异，或差异较小，则可以按原计划继续实施工程。

③ 合同诊断。合同诊断对合同执行情况的评价、判断和趋向进行分析和预测。

④ 调整与纠偏。调整与纠偏详细分析差异产生的原因和它的影响，并对症下药，采取措施进行调整。

（3）工程实施控制的主要内容

工程实施控制包括成本控制、质量控制、进度控制、合同控制几方面的内容。各种控制的目的、目标、依据可见表 9-2。成本、质量、工期是由合同定义的三大目标，承包商最根本的合同责任是达到这三大目标，所以合同控制是其他控制的保证。通过合同控制可以使质量控制、进度控制、成本控制协调一致，形成一个有序的项目管理过程。

表 9-2　　　　　　　　　　　　工程实施控制的主要内容

| 项　目 | 控　制　内　容 | 控制目的 | 控　制　依　据 |
|---|---|---|---|
| 成本控制 | 保证按计划成本完成工程，防止成本超支和费用增加 | 计划成本 | 各分项工程，分部工程，总工程的计划成本，人力、材料、资金计划，计划成本曲线 |
| 质量控制 | 保证按合同规定的质量完成工程，使工程顺利通过验收，交付使用，达到预定的功能要求 | 合同规定的质量标准 | 工程说明、规范、图纸、工作量表 |
| 进度控制 | 按预定进度计划进行施工，按期交付工程，防止承担工期拖延责任 | 合同规定的工期 | 合同规定的总工期计划，业主批准的详细的施工进度计划，网络图，横道图等 |
| 合同控制 | 按合同全面完成承包商的责任，防止违约 | 合同规定的各项责任 | 合同范围内的各种文件，合同分析资料 |

### 2. 合同实施控制

合同控制是动态的，因为合同实施常常受到外界干扰，偏离目标，而且合同目标本身不断地变化，如在工程过程中不断出现合同变更，使工程的质量、工期、合同价格变化，合同双方的责任和权益发生变化，合同实施要不断地进行调整。

（1）合同实施监督

合同责任是通过具体的合同实施工作完成的。有效的合同监督可以分析合同是否按计划或修正的计划实施进行，是正确分析合同实施状况的有利保证。合同监督的主要工作有：

① 落实合同实施计划。落实合同实施计划，为各工程队（小组）、分包商的工作提供必要的保证，如施工现场的平面布置，人、材、机等计划的落实，各工序间搭接关系的安排和其他一些必要的准备工作。

② 对合同执行各方进行合同监督。

a. 现场监督各工程小组、分包商的工作。合同管理人员与项目的其他职能人员对各工程小组和分包商进行工作指导，做经常性的合同解释，使各工程小组都有全局观念，对工程中发现的问题提出意见、建议或警告。

b. 对业主、监理工程师进行合同监督。在工程施工过程中，业主、监理工程师常常变更合同内容，包括本应由其提供的条件未及时提供，本应及时参与的检查验收工作不及时参与。对这些问题，合同管理人员应及时发现，及时解决或提出补偿要求。此外，当承包方与业主或监理工程师就合同中一些未明确划分责任的工程活动发生争执时，合同管理人员要协助项目部，及时进行判定和调解工作。

c. 对其他合同方的合同监督。在工程施工过程中，不仅与业主打交道，还要在材料、设备的供应，运输，供用水、电、气，租赁、保管、筹集资金等方面，与众多企业或单位发生合同关系，这些关系在很大程度上影响施工合同的履行，因此，合同管理部门和人员对这类合同的监督也不能忽视。

③ 对文件资料及原始记录的审查和控制。文件资料和原始记录不仅包括各种产品合格证、检验、检测、验收、化验报告，施工实施情况的各种记录，而且包括与业主（监理工程师）的各种书面文件进行合同方面的审查和控制。

④ 会同监理工程师对工程及所用材料和设备质量进行检查监督。按合同要求，对工程所用材料和设备进行开箱检查或验收，检查是否符合质量，符合图纸和技术规范等的要求。进行隐蔽工程和已完工程的检查验收，负责验收文件的起草和验收的组织工作。

【例 9-1】

背景资料：在钢筋混凝土框架结构工程中，有钢结构杆件的安装分项工程。钢结构杆件由业主提供，承包商负责安装。在业主提供的技术文件上，仅用一道弧线表示了钢杆件，而没有详细的图纸或说明。施工中业主将杆件提供到现场，两端有螺纹，承包商接收了这些杆件，没有提出异议，在混凝土框架上用了螺母和子杆进行连接。在工程检查中承包商也没提出额外的要求。但当整个工程快完工时，承包商提出，原安装图纸表示不清楚，自己因工程难度增加导致费用超支，要求索赔。法院调查后表示，虽然合同曾对结构杆系的种类有含糊，但当业主提供了杆系，承包商无异议地接收了杆系，则这方面的疑问就不存在了。合同已因双方的行为得到了一致的解释，即业主提供的杆系符合合同要求。所以承包商索赔无效。

⑤ 对工程款申报表进行检查监督。会同造价工程师对向业主提出的工程款申报表和分包商

提交来的工程款申报表进行审查和确认。

⑥ 处理工程变更事宜。合同管理工作一经进入施工现场后，合同的任何变更，都应由合同管理人员负责提出；对向分包商的任何指令，向业主的任何文字答复、请示，都须经合同管理人员审查，并记录在案。承包商与业主、与总（分）包商的任何争议的协商和解决都必须有合同管理人员的参与，并对解决结果进行合同和法律方面的审查、分析和评价。这样不仅保证工程施工一直处于严格的合同控制中，而且使承包商的各项工作更有预见性，能及早地预计行为的法律后果。

（2）合同的跟踪

在工程实施过程中，由于实际情况千变万化，导致合同实施与预定目标（计划和设计）的偏离。如果不采取措施，这种偏差常常由小到大，逐渐积累。合同跟踪可以不断地找出偏离，不断地调整合同实施，使之与总目标一致。合同跟踪是合同控制的主要手段。通过合同实施情况分析，在整个工程过程中，使项目管理人员清楚地了解合同实施现状、趋向和结果，出现问题时，找出偏离，以便及时采取措施，调整合同实施过程，达到合同总目标。

① 合同跟踪的依据。合同跟踪时，判断实际情况与计划情况是否存在差异的依据主要有：合同和合同分析的结果，如各种计划、方案、合同变更文件等，它们是比较的基础，是合同实施的目标和方向；各种实际的工程文件，如原始记录、各种工程报表、报告、验收结果、量方结果等；工程管理人员每天对现场情况的直观了解，如通过施工现场的巡视、与各种人谈话、召集小组会议、检查工程质量、量方，通过报表、报告等。

② 合同跟踪的对象。

a. 对具体的合同事件进行跟踪。对照合同事件表的具体内容，分析该事件的实际完成情况。一般包括，完成工作的数量、质量、时间、费用等情况，检查每个合同活动或合同事件的执行情况。当实际与计划存在较大偏差时，找出偏差的原因和责任。

b. 对工程小组或分包商的工程和工作进行跟踪。在实际工程中常常因为某一工程小组或分包商的工作质量不高或进度拖延而影响整个工程施工。合同管理人员应协调他们之间的工作；对工程缺陷提出意见、建议或警告。

c. 对业主和工程师的工作进行跟踪。业主和工程师是承包商的主要合同伙伴，对他们的工作进行监督和跟踪是十分重要的。承包商应积极主动地做好工作，及时收集各种工程资料，有问题及时与工程师沟通。如提前催要图纸、材料，对工作事先通知。这样不仅让业主和工程师及早准备，而且还建立良好的合作关系，保证工程顺利实施。

d. 对工程项目进行跟踪。在工程施工中，对这个工程项目的跟踪也非常重要。对工程整体施工环境进行跟踪；对已完工程没通过验收或验收不合格、出现大的工程质量问题、工程试生产不成功、或达不到预定的生产能力等进行跟踪；对计划和实际的进度、成本进行描绘。

（3）合同的诊断

在合同跟踪的基础上对合同进行诊断。合同诊断是对合同执行情况的评价、判断和趋向进行分析、预测。它包括如下内容。

① 合同执行差异的原因分析。通过对不同监督和跟踪对象的计划和实际的对比分析，不仅可以得到合同执行的差异，而且可以探索引起这个差异的原因。原因分析可以采用鱼刺图、因果关系分析图（表）、成本量差、价差、效率差分析等方法定性或定量地进行。

例如，通过计划成本和实际成本累计曲线的对比分析，如图 9-2 所示，不仅可以得到总成本的偏差值，而且可以进一步分析差异产生的原因。引起上述计划和实际成本累计曲线偏离的原因可能有：整个工程加速或延缓；工程施工次序被打乱；工程费用支出增加，如材料费、人工费上升；增加新的附加工程，使主要工程的工程量增加；工作效率低下，资源消耗增加等。

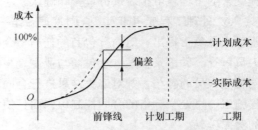

图 9-2　计划成本和实际成本累计曲线对比

上述每一类偏差原因还可进一步细分，如引起工作效率低下可以分为：内部干扰，如施工组织不周，夜间加班或人员调遣频繁；机械效率低，操作人员不熟悉新技术，违反操作规程，缺少培训；经济责任不落实，工人劳动积极性不高等。外部干扰，如图纸出错，设计修改频繁；气候条件差；场地狭窄，现场混乱，施工条件如水、电、道路等受到影响等。在上述基础上还应分析出各原因对偏差影响的权重。

② 合同差异责任分析。即分析合同执行差异产生的原因，造成合同执行差异的责任人或有关的人员，这常常是索赔的理由。只要以合同为依据，分析详细，有根有据，则责任自然清楚。

③ 合同实施趋向预测。考虑不采取调控措施和采取调控措施，以及采取不同的调控措施情况下合同的最终执行结果。

a. 最终的工程状况，包括总工期的延误、总成本的超支、质量标准、所能达到的生产能力（或功能要求）等。

b. 承包商将承担什么样的后果，如被罚款、被清算，甚至被起诉，对承包商资信、企业形象、经营战略的影响等。

c. 最终工程经济效益（利润）水平。

（4）合同实施情况偏差处理

根据合同实施情况偏差分析的结果，承包商应采取相应的调整措施。调整措施可分为：

① 组织措施，如增加人员投入，重新进行计划或调整计划，派遣得力的管理人员；

② 技术措施，例如变更技术方案，采用新的更高效率的施工方案；

③ 经济措施，如增加投入；对工作人员进行经济激励等；

④ 合同措施，例如进行合同变更，签订新的附加协议、备忘录，通过索赔解决费用超支问题等。合同措施是承包商的首选措施，该措施主要有承包商的合同管理机构来实施。承包商采取合同措施时通常应考虑如何保护和充分行使自己的合同权利，以及充分限制对方的合同权利，找出业主的责任。

（5）合同实施后评价

在合同执行后进行合同评价。将合同签订和执行过程中的利弊得失、经验教训总结出来，作为以后工程合同管理的借鉴，包括合同签订情况评价、合同执行情况评价、合同管理工作评价、合同条款分析。

# 9.3 建筑工程项目合同变更与索赔管理

## 9.3.1 合同变更管理

任何工程项目在实施过程中由于受到各种外界因素的干扰，都会发生程度不同的变更，它无法事先做出具体的预测，而在开工后又无法避免。由于合同变更涉及工程价款的变更及时间的补偿等，这直接关系到项目效益。因此，变更管理在合同管理中就显得相当重要。

合同变更是指合同成立以后履行之前，或者在合同履行开始后尚未履行完之前，合同当事人不变而合同的内容、客体发生变化的情形。一般是在工程施工过程中，根据合同的约定对施工的程序、工程的数量、质量要求及标准等做出的变更。

### 1. 合同变更产生的原因

合同内容频繁变更是工程合同的特点之一。一个较为复杂的工程合同，实施中的变更可能有几百项。合同变更一般主要有如下几方面原因：

（1）工程范围发生变化。业主新的指令，对建设新的要求，要求增加或删减某些项目、改变质量标准，项目用途发生变化；

（2）政府部门对工程新的要求。政府部门对工程项目有新的要求如国家计划变化、环境保护要求、城市规划变动等；

（3）设计变化。由于设计考虑不周，不能满足业主的需要或工程施工的需要，或设计错误等，必须对设计图纸进行修改。

【例 9-2】

背景资料：在我国某工程中采用固定总价合同，合同条件规定，承包商若发现施工图中的任何错误和异常应通知业主代表。在技术规范中规定，从安全的要求出发，消防用水管道必须与电缆分开铺设；而在图纸上，将消防用水管道和电缆放到了一个管道沟中。承包商按图报价并施工，该项工程完成后，工程师拒绝验收，指令承包商按规范要求施工，重新铺设管道沟，并拒绝给承包商任何补偿，其理由是：两种管道放一个沟中极不安全，违反工程规范。在工程中，一般规范（即本工程的说明）是优先于图纸的；即使施工图上注明两管放在一个管道沟中，这是一个设计错误。但作为一个有经验的承包商是应该能够发现这个常识性的错误的。而且合同中规定，承包商若发现施工图中任何错误和异常，应及时通知业主代表。承包商没有遵守合同规定。当然，工程师这种处理是比较苛刻，而且存在推卸责任的行为，因为：不管怎么说设计责任应由业主承担，图纸错误应由业主负责；施工中，工程师一直在"监理"，他应当能够发现承包商施工中出现的问题，应及时发出指令纠正；在本原则使用时应该注意到承包商承担这个责任的合理性和可能性。例如，必须考虑承包商投标时有无合理的做标期。如果做标期太短，则这个责任就不应该由承包商负担。在国外工程中也有不少这样处理的案例。所以对招标文件中发现的问题、错误、不一致，特别是施工图与规范之间的不一致，在投标前应向业主澄清，以获得正确的解释，否则承包商可能处于不利的地位。

（4）工程环境的变化。在施工中遇到的实际现场条件同招标文件中的描述有本质的差异，或发生不可抗力等。即预定的工程条件不准确。

（5）合同的原因。由于合同实施出现问题，必须调整合同目标，或修改合同条款。

（6）监理工程师、承包商的原因。监理工程师指令错误；承包商的合同执行错误，质量缺陷，工期延误。

### 2. 合同变更的影响

合同变更实质上是对原合同条件和合同条款的修改，是双方新的要约和承诺。这种修改对合同实施影响很大，造成原"合同状态"的变化，必须对原合同规定的双方的责权利做出相应的调整。合同变更的影响主要表现在如下几方面。

（1）导致工程变更。合同变更常常导致工程目标和工程实施情况的各种文件，如设计图纸、成本计划和支付计划、工期计划、施工方案、技术说明和适用的规范等的修改和变更。合同变更最常见和最多的是工程变更。

（2）导致工程参与各方合同责任的变化。合同变更往往引起合同双方、承包商的工程小组之间、总承包商和分包商之间合同责任的变化。如工程量增加，则增加了承包商的工程责任，增加了费用开支和延长了工期。

（3）引起已完工程的返工，现场工程施工的停滞，施工秩序打乱，已购材料的损失以及工期的延误。

通常，合同变更不能免除或改变承包商的合同责任。

### 3. 合同变更范围

合同变更的范围很广，一般在合同签订后所有工程范围、进度、工程质量要求、合同条款内容、合同双方责权利关系的变化等都可以被看做合同变更。最常见的变更有两种：

（1）涉及合同条款的变更，合同条件和合同协议书所定义的双方责权利关系或一些重大问题的变更。

（2）工程变更，即工程的质量、数量、性质、功能、施工次序和实施方案的变化。工程变更包括设计变更、施工方案变更、进度计划变更和新增工程。

### 4. 合同变更程序

工程变更应有一个正规的程序，应有一整套申请、审查、批准手续。工程变更程序如图9-3所示。

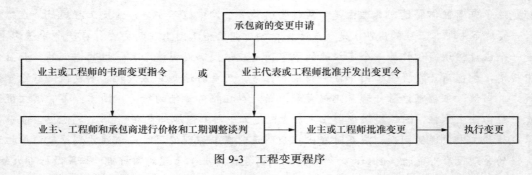

图9-3 工程变更程序

（1）提出工程变更要求。监理工程师、业主和承包商均可提出工程变更请求。表9-3为业主、监理工程师、承包商通用的工程变更申请单。

① 监理工程师提出工程变更。在施工过程中，由于设计中的不足或错误或施工时环境发生变化，监理工程师以节约工程成本、加快工程进度和保证工程质量为原则，提出工程变更。

② 承包商提出工程变更。承包商在两种情况下提出工程变更，其一是工程施工中遇到不能预见的地质条件或地下障碍；其二是承包商考虑为便于施工，降低工程费用，缩短工期的目的，提出工程变更。

③ 业主提出工程变更。业主提出工程的变更则常常是为了满足使用上的要求。也要说明变更原因，提交设计图纸和有关计算书。

（2）监理工程师的审查和批准。对工程的任何变更，无论是哪一方提出的，监理工程师都必须与项目业主进行充分协商，最后由监理工程师发出书面变更指示。项目业主可以委任监理工程师一定的批准工程变更的权限（一般是规定工程变更的费用额），在此权限内，监理工程师可自主批准工程变更，超出此权限则由业主批准。

（3）编制工程变更文件，发布工程变更指示。一项工程变更应包括：工程变更指令，主要说明工程变更的原因及详细的变更内容说明，工程变更指令的附件。

（4）承包商项目部的合同管理负责人员向监理工程师发出合同款调整和（或）工期延长的意向通知。

（5）工程变更价款和工期延长量的确定。

（6）变更工作的费用支付及工期补偿。

**5．工程变更的管理**

（1）对业主（监理工程师）的口头变更指令，承包商也必须遵照执行，但应在规定的时间内向监理工程师索取书面确认。如果监理工程师在规定的时间内未予书面否决，则承包商的书面要求信即可作为监理工程师对该工程变更的书面指令（见表9-3）。监理工程师的书面变更指令是支付变更工程款的先决条件之一。

（2）工程变更不能超过合同规定的工程范围。如果超过这个范围，承包商有权不执行变更或坚持先商定价格再进行变更。

表 9-3　　　　　　　　　　　　　　工程变更申请单

```
致：_____（单位）
由于_____原因，兹提出_____
_____。
工程变更 （内容见附件），请予批准。
  附件：
                                    提出单位_____
                                    代  表  人_____
                                    日      期_____

一致意见：_____
_____。

建设单位代表：_____  设计单位代表：_____  项目监理机构：_____
签字：              签字：              签字：
日期：              日期：              日期：
```

（3）注意变更程序上的矛盾性。合同通常都规定，承包商必须无条件执行变更指令（即使是口头指令），所以应特别注意工程变更的实施，价格谈判和业主批准三者之间在时间上的矛盾性。在工程中常有这种情况，工程变更已成为事实，而价格谈判仍达不成协议，或业主对承包商的补偿要求不批准，价格的最终决定权却在监理工程师。这样承包商已处于被动地位。

（4）在合同实施中，合同内容的任何变更都必须由合同管理人员提出。与业主，与总（分）包之间的任何书面信件、报告、指令等都应经合同管理人员进行技术和法律方面的审查。这样才能保证任何变更都在控制中，不会出现合同问题。

（5）在商讨变更，签订变更协议过程中，承包商必须提出变更补偿（即索赔）问题。在变更执行前就应明确补偿范围、补偿方法、索赔值的计算方法，补偿款的支付时间等。双方应就这些问题达成一致。

在工程变更中，特别应注意因变更造成返工、停工、窝工、修改计划等引起的损失，注意这方面证据的收集。在变更谈判中应对此进行商谈。

## 9.3.2　施工索赔管理

**1．施工索赔的概念**

索赔是在合同实施过程中，根据法律、合同规定及惯例，对不应由自己承担责任的情况造成的损失，向合同的另一方当事人提出给予赔偿或补偿要求的行为。索赔是双向的，既可以是承包商向业主的索赔，也可以是业主向承包商提出的索赔，一般后者为反索赔。在工程建设的各个阶段，都有可能发生索赔，但在施工阶段索赔发生较多。

施工索赔是承包商由于非自身原因，发生合同规定之外的额外工作或损失时，向业主提出费用或时间补偿要求的活动。施工索赔是法律和合同赋予承包商的正当权利。索赔的损失结果与被索赔人的行为并不一定存在法律上的因果关系。索赔工作是承发包双方之间经常发生的管理业务，是双方合作的方式，而不是对立的。

**2．索赔的起因**

引起工程索赔的原因非常多和复杂，主要有以下几方面。

（1）工程项目的特殊性。现代工程规模大、技术性强、投资额大、工期长、材料设备价格变化快。工程项目的差异性大、综合性强、风险大，使得工程项目在实施过程中存在许多不确定的变化因素，而合同则必须在工程开始前签订，它不可能对工程项目所有的问题都能做出合理的预见和规定，而且发包人在实施过程中还会有许多新的决策，这一切使得合同变更极为频繁，而合同变更必然会导致项目工期和成本的变化。

（2）工程项目内外部环境的复杂性和多变性。工程项目的技术环境、经济环境、社会环境、法律环境的变化，诸如地质条件变化、材料价格上涨、货币贬值、国家政策、法规的变化等，会在工程实施过程中经常发生，使得工程的计划实施过程与实际情况不一致，这些因素同样会导致工程工期和费用的变化。

（3）参与工程建设主体的多元性。由于工程参与单位多，一个工程项目往往会有发包人、总包人、工程师、分包人、指定分包人、材料设备供应商等众多参加单位。各方面的技术、经济关系错综复杂，相互联系又相互影响，只要一方失误，不仅会造成自己的损失，而且会影响其他合作者，造成他人损失，从而导致索赔。

（4）工程合同的复杂性及易出错性。建设工程合同文件多且复杂，经常会出现措词不当、缺陷、图纸错误，以及合同文件前后自相矛盾或者可做不同解释等问题，容易造成合同双方对合同文件理解不一致，从而出现索赔。

以上这些问题会随着工程的逐步开展而不断暴露出来，必然使工程项目受到影响，导致工程项目成本和工期的变化，这就是索赔形成的根源。因此，索赔的发生，不仅是一个索赔意识或合同观念的问题，从本质上讲，索赔也是一种客观存在。

3. 索赔的作用

（1）索赔可以促进双方内部管理，保证合同正确、完全履行。索赔的权利是施工合同的法律效力的具体体现，索赔的权利可以对施工合同的违约行为起到制约作用。索赔有利于促进双方加强内部管理，更加紧密的合作，严格履行合同，有助于提高管理素质，加强合同管理，维护市场正常秩序。

（2）索赔有助于对外承包的开展。工程索赔的健康开展，能促使双方迅速掌握索赔和处理索赔的方法和技巧，有利于他们熟悉国际惯例，有助于对外开放，有助于对外承包的展开。

（3）有助于政府转变职能。工程索赔的健康开展，可使双方依据合同和实际情况实事求是地协商调整工程造价和工期，有助于政府转变职能，从微观管理到宏观管理。

（4）促使工程造价更加合理。工程索赔的健康开展，把原来打入工程报价的一些不可预见费用，改为按实际发生的损失支付，有助于降低工程报价，使工程造价更加合理。

4. 索赔的特征

从索赔的基本含义，可以看出索赔具有以下基本特征。

（1）索赔是双向的，不仅承包人可以向发包人索赔，发包人同样也可以向承包人索赔。由于实践中发包人向承包人索赔发生的频率相对较低，而且在索赔处理中，发包人始终处于主动和有利地位，对承包人的违约行为他可以直接从应付工程款中扣抵、扣留保留金或通过履约保函向银行索赔来实现自己的索赔要求。因此在工程实践中大量发生的、处理比较困难的是承包人向发包人的索赔，也是工程师进行合同管理的重点内容之一。

（2）只有实际发生了经济损失或权利损害，一方才能向对方索赔。经济损失是指因对方因素造成合同外的额外支出，如人工费、材料费、机械费、管理费等额外开支；权利损害是指虽然没有经济上的损失，但造成了一方权利上的损害，如由于恶劣气候条件对工程进度的不利影响，承包人有权要求工期延长等。因此发生了实际的经济损失或权利损害，应是一方提出索赔的一个基本前提条件。有时上述两者同时存在，如发包人未及时交付合格的施工现场，既造成承包人的经济损失，又侵犯了承包人的工期权利，因此，承包人既要求经济赔偿，又要求工期延长；有时两者则可单独存在，如恶劣气候条件影响、不可抗力事件等，承包人根据合同规定或惯例则只能要求工期延长，不应要求经济补偿。

（3）索赔是一种未经对方确认的单方行为。它与我们通常所说的工程签证不同。在施工过程中签证是承发包双方就额外费用补偿或工期延长等达成一致的书面证明材料和补充协议，它可以直接作为工程款结算或最终增减工程造价的依据，而索赔则是单方面行为，对对方尚未形成约束力，这种索赔要求能否得到最终实现，必须要通过双方确认（如双方协商、谈判、调解或仲裁、诉讼）后才能实现。

5. 索赔的分类

（1）按索赔依据的范围分类。

① 合同内索赔。此种索赔是以合同条款为依据，在合同中有明文规定的索赔。如工期延误，工程变更，工程师的错误指令，业主不按合同规定支付进度款等。承包商可根据合同规定提出

索赔要求，这是最常见的索赔。

② 合同外索赔。此种索赔一般是难于直接从合同的某条款中找到依据，一般必须根据适用于合同关系的法律解决索赔问题。如：施工过程中发生的重大民事侵权行为造成承包商损失。

③ 道义索赔。这种索赔无合同和法律依据，例如：发生业主没有违约或业主不应承担责任的干扰事件；可能由于承包商失误（如报价失误、环境调查失误等）；发生承包商应负责的风险，造成承包商重大的损失。损失极大影响承包商的财务能力、履约积极性、履约能力、甚至危及承包企业的生存。承包商提出索赔要求，希望业主从道义或从工程整体利益的角度给予一定的经济补偿。

（2）按索赔的目的分类。

① 工期延长索赔。它是指由于非承包人直接或间接责任事件造成计划工期延误，要求批准顺延合同式期的索赔。

② 费用索赔。它是指承包人对施工中发生的非承包人直接或间接责任事件造成的合同价外费用支出向发包人提出的经济补偿。

（3）按索赔事件的性质分类。

① 工程延误索赔：因发包人未按合同要求提供施工条件，如未及时交付设计图纸、施工现场、道路等，或因发包人指令工程暂停或不可抗力事件等原因造成工期拖延的，承包人对此提出索赔。这是工程中常见的一类索赔。

② 工程变更索赔：由于发包人或监理工程师指令增加或减少工程量或增加附加工程、修改设计、变更工程顺序等，造成工期延长和费用增加，承包人对此提出索赔。

③ 合同被迫终止的索赔：由于发包人或承包人违约以及不可抗力事件等原因造成合同非正常终止，无责任的受害方因其蒙受经济损失而向对方提出索赔。

④ 工程加速索赔：由于发包人或工程师指令承包人加快施工速度，缩短工期，引起承包人人、财、物的额外开支而提出的索赔。

⑤ 意外风险和不可预见因素索赔：在工程实施过程中，因人力不可抗拒的自然灾害、特殊风险以及一个有经验的承包人通常不能合理预见的不利施工条件或外界障碍，如地下水、地质断层、溶洞、地下障碍物等引起的索赔。

⑥ 其他索赔：如因货币贬值、汇率变化、物价、工资上涨、政策法令变化等原因引起的索赔。

6. 索赔程序

如图 9-4 所示，承包人的索赔程序通常可分为以下几个步骤。

（1）承包人提出索赔要求。索赔事件发生后，承包人应在索赔事件发生后的 28 天内向工程师递交索赔意向通知，声明将对此事件提出索赔。该意向通知是承包人就具体的索赔事件向工程师和发包人表示的索赔愿望和要求。如果超过这个期限，工程师和发包人有权拒绝承包人的索赔要求。索赔事件发生后，承包人有义务做好现场施工的同期记录，工程师有权随时检查和调阅，以判断索赔事件造成的实际损害。

（2）递交索赔报告。索赔意向通知提交后的 28 天内，或工程师可能同意的其他合理时间，承包人应递送正式的索赔报告。索赔报告的内容应包括：事件发生的原因，对其权益影响的证据资料，索赔的依据，此项索赔要求补偿的款项和工期展延天数的详细计算等有关材料。

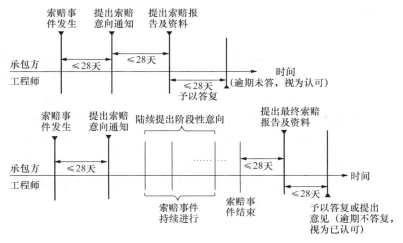

图 9-4　索赔程序

如果索赔事件的影响持续存在，28 天内还不能算出索赔额和工期展延天数时，承包人应按工程师合理要求的时间间隔（一般为 28 天），定期陆续报出每一个时间段内的索赔证据资料和索赔要求。在该项索赔事件的影响结束后的 28 天内，报出最终详细报告，提出索赔论证资料和累计索赔额。

承包人发出索赔意向通知后，可以在工程师指示的其他合理时间内再报送正式索赔报告，也就是说，工程师在索赔事件发生后有权不马上处理该项索赔。如果事件发生时，现场施工非常紧张，工程师不希望立即处理索赔而分散各方抓施工管理的精力，可通知承包人将索赔的处理留待施工不太紧张时再去解决。但承包人的索赔意向通知必须在事件发生后的 28 天内提出，包括因对变更估价双方不能取得一致意见，而先按工程师单方面决定的单价或价格执行时，承包人提出的保留索赔权利的意向通知。如果承包人未能按时间规定提出索赔意向和索赔报告，则他就失去了就该项事件请求补偿的索赔权力。此时他所受到损害的补偿，将不超过工程师认为应主动给予的补偿额。

（3）工程师审核索赔报告。接到承包人的索赔意向通知后，工程师应建立自己的索赔档案，密切关注事件的影响，检查承包人的同期记录时，随时就记录内容提出他的不同意见或他希望应予以增加的记录项目。

在接到正式索赔报告以后，认真研究承包人报送的索赔资料。首先在不确认责任归属的情况下，客观分析事件发生的原因，重温合同的有关条款，研究承包人的索赔证据，并检查他的同期记录；其次通过对事件的分析，工程师再依据合同条款划清责任界限，必要时还可以要求承包人进一步提供补充资料。尤其是对承包人与发包人或工程师都负有一定责任的事件影响，更应划出各方应该承担合同责任的比例。最后再审查承包人提出的索赔补偿要求，剔除其中的不合理部分，拟定自己计算的合理索赔款额和工期顺延天数。

工程师判定承包人索赔成立的条件：

① 与合同相对照，事件已造成了承包人施工成本的额外支出，或总工期延误；

② 造成费用增加或工期延误的原因，按合同约定不属于承包人应承担的责任，包括行为责任或风险责任；

③ 承包人按合同规定的程序提交了索赔意向通知和索赔报告。

上述三个条件没有先后主次之分，应当同时具备。只有工程师认定索赔成立后，才处理应给予承包人的补偿额。

（4）确定合理的补偿额。工程师核查后初步确定应予以补偿的额度往往与承包人的索赔报告中要求的额度不一致，甚至差额较大。主要原因大多为对承担事件损害责任的界限划分不一致，索赔证据不充分，索赔计算的依据和方法分歧较大等，因此双方应就索赔的处理进行协商。

对于持续影响时间超过 28 天以上的工期延误事件，当工期索赔条件成立时，对承包人每隔 28 天报送的阶段索赔临时报告审查后，每次均应做出批准临时延长工期的决定，并于事件影响结束后 28 天内承包人提出最终的索赔报告后，批准顺延工期总天数。应当注意的是，最终批准的总顺延天数，不应少于以前各阶段已同意顺延天数之和。规定承包人在事件影响期间必须每隔 28 天提出一次阶段索赔报告，可以使工程师能及时根据同期记录批准该阶段应予顺延工期的天数，避免事件影响时间太长而不能准确确定索赔值。

在经过认真分析研究，与承包人、发包人广泛讨论后，工程师应该向发包人和承包人提出自己的"索赔处理决定"。工程师收到承包人送交的索赔报告和有关资料后，于 28 天内给予答复或要求承包人进一步补充索赔理由和证据。《建设工程施工合同示范文本》规定，工程师收到承包人递交的索赔报告和有关资料后，如果在 28 天内既未予答复，也未对承包人做进一步要求的话，则视为承包人提出的该项索赔要求已经认可。

工程师在"工程延期审批表"和"费用索赔审批表"中应该简明地叙述索赔事项、理由和建议给予补偿的金额及延长的工期，论述承包人索赔的合理方面及不合理方面。通过协商达不成共识时，承包人仅有权得到所提供的证据满足工程师认为索赔成立那部分的付款和工期顺延。不论工程师与承包人协商达到一致，还是他单方面做出的处理决定，批准给予补偿的款额和顺延工期的天数如果在授权范围之内，则可将此结果通知承包人，并抄送发包人。补偿款将计入下月支付工程进度款的支付证书内，顺延的工期加到原合同工期中去。如果批准的额度超过工程师权限，则应报请发包人批准。

通常，工程师的处理决定不是终局性的，对发包人和承包人都不具有强制性的约束力。承包人对工程师的决定不满意，可以按合同中的争议条款提交约定的仲裁机构仲裁或诉讼。

（5）发包人审查索赔处理。当工程师确定的索赔额超过其权限范围时，必须报请发包人批准。

发包人首先根据事件发生的原因、责任范围、合同条款审核承包人的索赔申请和工程师的处理报告，再依据工程建设的目的、投资控制、竣工投产日期要求以及针对承包人在施工中的缺陷或违反合同规定等的有关情况，决定是否同意工程师的处理意见。例如，承包人某项索赔理由成立，工程师根据相应条款规定，既同意给予一定的费用补偿，也批准顺延相应的工期。但发包人权衡了施工的实际情况和外部条件的要求后，可能不同意顺延工期，而宁可给承包人增加费用补偿额，要求他采取赶工措施，按期或提前完工。这样的决定只有发包人才有权做出。

索赔报告经发包人同意后，工程师即可签发有关证书。

（6）承包人是否接受最终索赔处理。承包人接受最终的索赔处理决定，索赔事件的处理即告结束。如果承包人不同意，就会导致合同争议。通过协商双方达到互谅互让的解决方案，是处理争议的最理想方式。如达不成谅解，承包人有权提交仲裁或诉讼解决。

（7）发包人的索赔。《建设工程施工合同（示范文本）》规定，承包人未能按合同约定履行自己的各项义务或发生错误而给发包人造成损失时，发包人也应按合同约定向承包人提出索赔。

FIDIC《施工合同条件》中，业主的索赔主要限于施工质量缺陷和拖延工期等违约行为导致的业主损失。合同内规定业主可以索赔的条款涉及以下方面，见表9-4。

表9-4　　　　　　　　　　　合同内规定业主可以索赔的条款

| 序号 | 条款号 | 内　　容 |
|---|---|---|
| 1 | 7.5 | 拒收不合格的材料和工程 |
| 2 | 7.6 | 承包人未能按照工程师的指示完成缺陷补救工作 |
| 3 | 8.6 | 由于承包人的原因修改进度计划导致业主有额外投入 |
| 4 | 8.7 | 拖期违约赔偿 |
| 5 | 2.5 | 业主为承包人提供的电、气、水等应收款项 |
| 6 | 9.4 | 未能通过竣工检验 |
| 7 | 11.3 | 缺陷通知期延长 |
| 8 | 11.4 | 未能补救缺陷 |
| 9 | 15.4 | 承包人违约终止合同后的支付 |
| 10 | 18.2 | 承包人办理保险未能获得补偿的部分 |

**7.　建设工程施工索赔报告的编写**

索赔报告是向对方提出索赔要求的正式书面文件，是承包商对索赔事件处理的预期结果。业主的反应（认可或反驳）就是针对索赔报告。调解人和仲裁人也是通过索赔报告了解和分析合同实施情况和承包商的索赔权利要求，评价它的合理性，并据此做出决议。所以索赔报告的内容、结构及表达方式对索赔的解决有重大的影响，索赔报告应充满说服力，合情合理，有根有据，逻辑性强，能说服工程师、业主、调解人和仲裁人，同时它又应是有法律效力的正规文件。索赔报告如果撰写不当，会使承包商失去在索赔事件中的有利地位和条件，使正当的索赔要求得不到应有的妥善解决。

（1）索赔报告的基本内容构成。索赔报告的具体内容，应根据索赔事件的性质和特点而有所不同。但从报告的必要内容与文字结构方面而论，一个完整的索赔报告应包括以下四个部分。

① 索赔事件总论。总论部分的阐述要求简明扼要，说明问题。它一般包括序言、索赔事项概述、具体索赔要求、索赔报告编写及审核人员名单。文中首先应概要地叙述索赔事件的发生日期与过程，承包商为该索赔事件所付出的努力和附加开支，以及承包商的具体索赔要求。在总论部分末尾，附上索赔报告编写组主要成员及审核人员的名单，注明有关人员的职称、职务及施工经验，以表示该索赔报告的严肃性及权威性。

② 索赔根据。索赔根据主要是说明自己具有的索赔权利，这是索赔能否成立的关键。该部分的内容主要来自该工程的合同文件，并参照有关法律规定。承包商的索赔要求有合同文件的支持，应直接引用合同中的相应条款。强调这些是为了使索赔理由更充足，使业主和仲裁人在感情上易于接受承包商的索赔要求，从而获得相应的经济补偿或工期延长。

在写法结构上，按照索赔事件发生、发展、处理和最终解决的过程编写，并明确全文引用有关的合同条款，使业主和监理工程师能历史地、逻辑地了解索赔事件的始末，并充分认识该项索赔的合理性和合法性。

③ 索赔费用及工期计算。索赔计算的目的，是以具体的计算方法和计算过程，说明自己应得经济补偿的款额或延长的工期。如果说索赔根据部分的任务是解决索赔能否成立，则计算部分的任务就是决定得到多少索赔款额和工期，前者是定性的后者是定量的。

在款额计算部分，承包商必须阐明下列问题：a.索赔款的要求总额；b.各项索赔款的计算，如额外开支的人工费、材料费、管理费和所损失的利润；c.指明各项开支的计算依据及证据资料。

④ 索赔证据。索赔证据包括该索赔事件所涉及的一切证据资料，以及对这些证据的说明。证据是索赔报告的重要组成部分，没有翔实可靠的证据，索赔是不可能成功的。索赔证据的范围很广，它可能包括工程项目施工过程中所涉及的有关政治、经济、技术、财务等资料，具体可进行如下分类。

a. 政治经济资料：重大新闻报道记录如罢工、动乱、地震以及其他重大灾害等；重要经济政策文件，如税收决定、海关规定、外币汇率变化、工资调整等；政府官员和工程主管部门领导视察工地时的讲话记录；权威机构发布的天气和气温预报，尤其是异常天气的报告等；

b. 施工现场记录报表及来往函件：监理工程师的指令；与业主或监理工程师的来往函件和电话记录；现场施工日志；每日出勤的工人和设备报表；完工验收记录；施工事故详细记录；施工会议记录；施工材料使用记录本；施工进度实况记录；工地风、雨、温度、湿度记录；索赔事件的详细记录本或摄影摄像；施工效率降低的记录等。

c. 工程项目财务报表：施工进度月报表及收款录；索赔款月报表及收款记录；工人劳动记事卡及工资历表；材料、设备及配件采购单；付款收据；收款收据；工程款及索赔款迟付记录；迟付款利息报表；向分包商付款记录；现金流动计划报表；会计日报表；会计总账；财务报告；会计来往信件及文件；通用货币汇率变化等；在引用证据时，要注意该证据的效力或可信程度；为此，对重要的证据资料最好附以文字证明或确认件。例如，对一个重要的电话内容，仅附上自己的记录本是不够的，最好附上经过双方签字确认的电话记录；或附上发给对方要求确认该电话记录的函件，即使对方未给复函，亦可说明责任在对方，因为对方未复函确认或修改，按惯例应理解为他已默认。

（2）编写索赔报告的基本要求。索赔报告是具有法律效力的正规书面文件，对重大的索赔，最好在律师或索赔专家的指导下进行。编写索赔报告的一般要求有以下几个方面。

① 索赔事件应是真实的。这是整个索赔的基本要求，关系到承包商的信誉和索赔的成败，必须保证。如果承包商提出不实的、不合情理、缺乏根据的索赔要求，工程师会立即拒绝，而且会影响对承包商的信任和以后的索赔。索赔报告中所提出的干扰事件必须有可靠得力的证据来证明，这些证据应附于索赔报告之后；对索赔事件的叙述，必须明确、肯定，不含任何的估计和猜测，也不可用估计和猜测式的语言，诸如"可能、大概、也许"等，这会使索赔要求显得苍白无力。

② 责任分析应清楚、准确、有根据。索赔报告应仔细分析事件的责任，明确指出索赔所依据的合同条款或法律条文，且说明承包商的索赔完全按照合同规定程序进行的。一般索赔报告中所针对的干扰事件都是由对方责任引起的，应将责任全部推给对方。不可用含混的字眼和自我批评式的语言，否则会丧失自己在索赔中的有利地位。并应特别强调干扰事件的不可预见性和突然性，即使一个有经验的承包商对它也不可能有预见和准备，对它的发生承包商无法制止，也不可能影响。

③ 充分论证事件造成承包商的实际损失。索赔的原则是赔偿由事件引起的承包商所遭受的实际损失，所以索赔报告中应强调由于事件影响与实际损失之间的直接因果关系，报告中还应说明承包商在干扰事件发生后已立即将情况通知了工程师，听取并执行工程师的处理指令，或承包商为了避免、减轻事件的影响和损失已尽了最大的努力，采用能够采用的措施，在报告中

详细叙述所采取的措施以及效果。

④ 索赔计算必须合理、正确。要采用合理的计算方法和数据，正确计算出应取得的经济补偿款额或工期延长数额。计算中应力求避免漏项或重复计算，不出现计算上的错误。

索赔报告文字要精炼、条理要清楚、语气要中肯，必须做到简洁明了、结论明确、富有逻辑性；索赔报告的逻辑性，主要在于将索赔要求（工期延长、费用增加）与干扰事件的责任、合同条款及影响连成一条完整的链。同时在论述事件的责任及索赔根据时，所用词语要肯定，忌用强硬或命令的口气。

费用（工期）索赔申请表见表 9-5。

表 9-5　　　　　　　　　　　　　费用（工期）索赔申请表

| 工程名称： | 编号： |
|---|---|

致：　　　　　　　　　　　　　　　　　（监理单位）

根据施工合同＿＿＿＿＿＿＿＿条的规定，由于＿＿＿＿＿＿＿＿的原因，我方要求索赔金额（大写）＿＿＿＿＿＿，请予以批准。

索赔的详细理由及经过：

索赔金额的计算：

附：证明材料

承包单位＿＿＿＿＿＿＿

项目经理＿＿＿＿＿＿＿

日　　　期＿＿＿＿＿＿＿

8. 索赔技巧

工程索赔是一门涉及面广，融技术、经济、法律为一体的边缘学科，它不仅是一门科学，又是一门艺术。索赔的技巧是为索赔的战略和策略目标服务的，它是索赔策略的具体体现。索赔技巧应因人、因客观环境条件而异。

（1）建立精干而稳定的索赔管理小组。索赔管理小组人员要精干而稳定，具有合理的技术、经济、法律和外语等知识结构及敏感、深入、耐心、机智等。

（2）商签好合同协议。注意风险防范。

（3）全员参与，建立索赔意识。应组织各个部门的管理人员学习合同文件，同时注意每一个管理部门（如进度管理、成本管理、质量管理、物资管理、财务管理、设计等部门）均应与索赔管理小组密切配合。

（4）对口头变更指令要得到确认。对监理工程师口令指令应予以书面确认。

（5）抓住索赔机会，及时发出"索赔通知书"，否则，过期无效。

（6）索赔事由论证要充足。

（7）索赔计价方法和款额要适当。采用"附加成本法"容易被对方接受。索赔计价不能过高，要价过高，会使索赔报告束之高阁，长期得不到解决。

（8）力争单项索赔，避免一揽子索赔。一般分散及时提交为好，单项索赔事项简单，索赔额小，容易解决，而且能及时得到支付。如果额度很大时，可将以小额索赔作为谈判时筹码，弃小保大，以使对方得到一些满足。

（9）力争友好解决，防止对立情绪。

（10）注意平日与业主和监理工程师搞好关系。便于意见交换且还可争取工程师的公正裁决，竭力避免仲裁或诉讼。

## 9. 建设工程施工索赔案例

**【例 9-3】**

背景资料：某工程项目的原施工进度双代号网络计划如图 9-5 所示，该工程总工期为 18 个月。在网络计划中，工作 C、F、J 三项工作均为土方工程，土方工程量分别为 7000m³、10000m³、6000m³ 共计 23000m³，土方单价为 17 元/m³。合同中规定，土方工程量增加超出原估算工程量 15% 时，新的土方单价可从原来的 17 元/m³ 调整到 15 元/m³。在工程按计划进行 4 个月后（已完成 A、B 两项工作的施工），业主提出增加一项新的土方工程 N，该项工作要求在 F 工作结束以后开始，并在 G 工作开始前完成，以保证 G 工作在 E 和 N 工作完成后开始施工，根据承包商提出并经监理工程师审核批复，该项 N 工作的土方工程量约为 9000m³，施工时间需要 3 个月。

根据施工计划安排，C、F、J 工作和新增加的土方工程 N 使用同一台挖土机先后施工，现承包方提出由于增加土方工程 N 后，使租用的挖土机增加了闲置时间，要求补偿挖土机的闲置费用（每台闲置 1 天为 800 元）和延长工期 3 个月。

问题：

1. 增加一项新的土方工程 N 后，土方工程的总费用应为多少？

2. 监理工程师是否应同意给予承包方施工机械闲置补偿？应补偿多少费用？

3. 监理工程师是否应同意给予承包方工期延长？应延长多长时间？

解析：

问题 1：由于在计划中增加了土方工程 N，土方工程总费用计算如下：

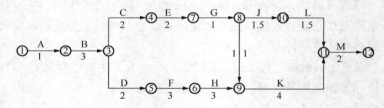

图 9-5　原施工进度双代号网络计划

① 增加 N 工作后，土方工程总量为：

$$23000+9000=32000 \text{ m}^3$$

② 超出原估算土方工程量：

$$\frac{32000-2300}{23000}\times100\% =39.13\% >15\%$$

土方单价应进行调整。

③ 超出 15% 的土方量为：

$$32000-23000\times115\% = 5550\text{m}^3$$

④ 土方工程的总费用为：

$$23000\times115\%\times17+5550\times15=53.29 \text{ 万元}$$

问题 2：施工机械闲置补偿计算。

① 不增加 N 工作的原计划机械闲置时间：

在图 9-6 中，因 E、G 工作的时间为 3 个月，与 F 工作时间相等，所以安排挖土机按 C—F—J 顺序施工可使机械不闲置。

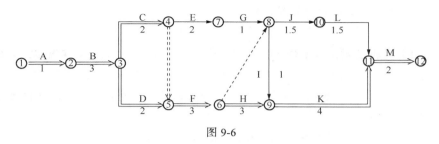

图 9-6

② 增加了土方工作 N 后机械的闲置时间：

在图 9-7 中，安排挖土机 C—F—N—J 按顺序施工，由于 N 工作完成后到 J 工作的开始中间还需施工 G 工作，所以造成机械闲置 1 个月。

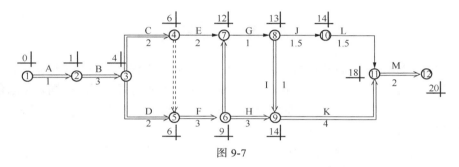

图 9-7

③ 监理工程师应批准给予承包方施工机械闲置补偿费：

$$30 \times 800 = 2.4 \text{ 万元（不考虑机械调往其他处使用或退回租赁处）}$$

问题 3：工期延长计算。

根据图 9-7 节点最早时间的计算，算出增加 N 工作后工期由原来的 18 个月延长到 20 个月，所以监理工程师应批准给承包方顺延工期 2 个月。

【例 9-4】

背景资料：某施工单位承担了某综合办公楼的施工任务，并与建设单位签订了该项目建设工程施工合同，合同价 4600 万元人民币，合同工期 10 个月。工程未进行投保保险。

在工程施工过程中，遭受暴风雨不可抗拒的袭击，造成了相应的损失。施工单位及时地向建设单位提出索赔要求，并附索赔有关材料和证据。索赔报告中的基本要求如下：

（1）遭暴风雨袭击系非施工单位造成的损失，故应由建设单位承担赔偿责任；

（2）给已建部分工程造成破坏，损失 28 万元，应由建设单位承担赔偿责任；

（3）因灾害使施工单位 6 人受伤，处理伤病医疗费用和补偿金总计 3 万元，建设单位应给予补偿；

（4）施工单位进场后使用的机械、设备受到损坏，造成损失 4 万元。由于现场停工造成机械台班费损失 2 万元，工人误工费 3.8 万元，建设单位应承担修复和停工的经济责任；

（5）因灾害造成现场停工 6 天，要求合同工期顺延 6 天；

（6）由于工程被破坏，清理现场需费用 2.5 万元，应由建设单位支付。

问题：

1. 以上索赔是否合理？为什么？

2. 不可抗力发生风险承担的原则是什么？

解析：

问题 1：（1）经济损失由双方分别承担，工作顺延；（2）工程修复、重建 28 万元工程款由建设单位支付；（3）3 万元索赔不成立，由施工单位承担；（4）4 万元、2 万元、3.8 万元索赔不成立，由施工单位承担；（5）现场停工 6 天，顺延合同工期 6 天；（6）清理现场 2.5 万元索赔成立，由建设单位承担。

问题 2：不可抗力风险承担责任的原则为：（1）工程本身的损害由业主承担；（2）人员伤亡由其所在单位负责，并承担相应费用；（3）施工单位的机械设备损坏及停工损失，由施工单位承担；（4）工程所需清理、修复费用，由建设单位承担；（5）延误的工期相应顺延。

# 本 章 小 结

合同管理是建设工程项目管理的重要内容之一。在建设工程项目的实施过程中，往往会涉及许多合同，比如设计合同、咨询合同、科研合同、施工承包合同、供货合同、总承包合同、分包合同等。合同管理，不仅包括对每个合同的签订、履行、变更和解除等过程的控制和管理，还包括对所有合同进行筹划的过程。

建设工程的发包人一般都通过招标或其他竞争方式选择建设工程任务的实施单位，包括设计、咨询、施工承包和供货等单位。

工程承包合同管理指工程承包合同双方当事人在合同实施过程中自觉地、认真严格地遵守所签订的合同的各项规定和要求，按照各自的权力、履行各自的义务、维护各自的权利，发扬协作精神，处理好"伙伴关系"，做好各项管理工作，使项目目标得到完整的体现。

合同签订后，作为企业层次的合同管理工作主要是进行合同履行分析、协助企业建立合适的项目经理部及履行过程中的合同控制。

合同总体分析的主要对象是合同协议书和合同条件等。通过合同总体分析，将合同条款和合同规定落实到一些带全局性的具体问题上。

项目经理是企业法定代表人在承包的建设工程项目上的委托代理人。根据企业法定代表人的授权范围、时间和内容进行管理；负责从开工准备到竣工验收阶段的项目管理。"项目管理目标责任书"是企业法定代表人根据施工合同和经营管理目标要求明确规定项目经理应达到的成本、质量、进度和安全等控制目标的文件。

工程施工的过程就是施工合同的实施过程。要使合同顺利实施，合同双方必须共同完成各自的合同责任。工程实施控制包括成本控制、质量控制、进度控制、合同控制几方面的内容。

合同变更是指合同成立以后履行之前，或者在合同履行开始后尚未履行完之前，合同当事人不变而合同的内容、客体发生变化的情形。一般是在工程施工过程中，根据合同的约定对施工的程序、工程的数量、质量要求及标准等做出的变更。

索赔是在合同实施过程中，根据法律、合同规定及惯例，对不应由自己承担责任的情况造成的损失，向合同的另一方当事人提出给予赔偿或补偿要求的行为。索赔是双向的，既可以是承包商向业主的索赔，也可以是业主向承包商提出的索赔，一般后者为反索赔。

# 习题与思考

9-1 什么是合同管理？

9-2 哪些项目必须采用招标的方式确定承包人？

9-3 招标方式有哪些？

9-4 何谓资格预审？其常见程序如何？

9-5 合同谈判战略如何确定？

9-6 如何做好合同谈判工作？

9-7 合同履行分析的内容有哪些？

9-8 合同实施控制程序如何？

9-9 合同总体分析的重点有哪些？

9-10 合同详细分析的对象有哪些？

9-11 特殊问题的合同扩展分析依据有哪些？

9-12 建立项目经理部应遵守的原则有哪些？

9-13 何谓"项目管理目标责任书"？

9-14 合同实施控制程序如何？

9-15 工程实施控制的主要内容有哪些？

9-16 何谓合同变更，其主要原因有哪些？

9-17 工程变更应的程序如何？

9-18 什么是施工索赔？

9-19 引起索赔的因素有哪些？

9-20 索赔有哪些基本特征？

9-21 施工索赔应遵循什么程序？

9-22 编写索赔报告有哪些基本要求？

9-23 索赔技巧有哪些？

# 第 10 章

## 建筑工程项目信息管理

### 【学习目标】

通过本章的学习，学生应掌握建筑工程项目信息管理的基本概念、工作任务、基本流程等基本点，熟悉建设工程项目信息的分类、编码和处理方法，建筑工程项目信息管理计划与实施。了解建筑工程项目工程项目管理信息系统的功能和意义。

应用信息技术提高建筑业生产效率，以及应用信息技术提升建筑业行业管理和项目管理的水平和能力，是 21 世纪建筑业发展的重要课题。作为重要的物质生产部门，中国建筑业的信息化程度一直低于其他行业，也远低于发达国家的先进水平。因此，我国工程管理信息化任重而道远。

## 10.1 建筑工程项目信息管理基础知识

### 10.1.1 项目信息管理的基本概念

1. 信息

信息指的是用口头的方式、书面的方式或电子的方式传输（传达、传递）的知识、新闻，或可靠的或不可靠的情报。声音、文字、数字和面像等都是信息表达的形式。建设工程项目的实施需要人力资源和物质资源，应认识到信息也是项目实施的重要资源之一。

2. 信息管理

信息管理指的是信息传输的合理组织和控制。

3. 项目的信息管理

项目的信息管理是通过对各个系统、各项工作和各种数据的管理，使项目的信息能方便和有效地获取、存储、存档、处理和交流。项目的信息管理的目的旨在通过有效的项目信息传输的组织和控制为项目建设的增值服务。

4. 建设工程项目的信息

建设工程项目的信息包括在项目决策过程、实施过程（设计准备、设计、施工和物资采购过程等）和运行过程中产生的信息，以及其他与项目建设有关的信息，如项目的组织类信息、管理类信息、经济类信息、技术类信息和法规类信息。

## 10.1.2 项目信息管理的任务

1. 信息管理手册

业主方和项目参与各方都有各自的信息管理任务，为充分利用和发挥信息资源的价值，提高信息管理的效率以及实现有序的和科学的信息管理，各方都应编制各自的信息管理手册，以规范信息管理工作。信息管理手册描述和定义信息管理做什么、谁做、什么时候做和其工作成果是什么等，它的主要内容包括：

（1）信息管理的任务（信息管理任务目录）；

（2）信息管理的任务分工表和管理职能分工表；

（3）信息的分类；

（4）信息的编码体系和编码；

（5）信息输入输出模型；

（6）各项信息管理工作的工作流程图；

（7）信息流程图；

（8）信息处理的工作平台及其使用规定；

（9）各种报表和报告的格式，以及报告周期；

（10）项目进展的月度报告、季度报告、年度报告和工程总报告的内容及其编制；

（11）工程档案管理制度；

（12）信息管理的保密制度等。

2. 信息管理部门的工作任务

项目管理班子中各个工作部门的管理工作都与信息处理有关，而信息管理部门的主要工作任务是：

（1）负责编制信息管理手册，在项目实施过程中进行信息管理手册的必要修改和补充，并检查和督促其执行；

（2）负责协调和组织项目管理班子中各个工作部门的信息处理工作；

（3）负责信息处理工作平台的建立和运行维护；

（4）与其他工作部门协同组织收集信息、处理信息和形成各种反映项目进展和项目目标控制的报表和报告；

（5）负责工程档案管理等。在国际上，许多建设工程项目都专门设立信息管理部门（或称为信息中心），以确保信息管理工作的顺利进行；也有一些大型建设工程项目专门委托咨询公司从事项目信息动态跟踪和分析，以信息流指导物质流，从宏观上对项目的实施进行控制。

**3. 信息工作流程**

各项信息管理任务的工作流程，如：

（1）信息管理手册编制和修订的工作流程；

（2）为形成各类报表和报告，收集信息、录入信息、审核信息、加工信息、信息传输和发布的工作流程；

（3）工程档案管理的工作流程等。

**4. 应重视基于互联网的信息处理平台**

由于建设工程项目大量数据处理的需要，在当今时代应重视利用信息技术的手段进行信息管理。其核心手段是基于互联网信息处理平台。

## 10.1.3　建筑工程项目信息的分类、编码和处理方法

**1. 项目信息的分类**

建筑工程项目有各种信息，业主方和项目参与各方可根据各自项目管理的需求确定其信息的分类，但为了信息交流的方便和实现部分信息共享，应尽可能做一些统一分类的规定，如项目的分解结构应统一。可以从不同的角度对建设工程项目的信息进行分类，如：

（1）按项目管理工作的对象，即按项目的分解结构，如子项目1、子项目2等进行信息分类；

（2）按项目实施的工作过程，如设计准备、设计、招标投标和施工过程等进行信息分类；

（3）按项目管理工作的任务，如投资控制、进度控制、质量控制等进行信息分类；

（4）按信息的内容属性，如组织类信息、管理类信息、经济类信息、技术类信息和法规类信息。

为满足项目管理工作的要求，往往需要对建设工程项目信息进行综合分类，即按多维进行分类，如：

（1）第一维，按项目的分解结构；

（2）第二维，按项目实施的工作过程；

（3）第三维，按项目管理工作的任务。

**2. 项目信息编码的方法**

（1）编码的内涵。编码由一系列符号（如文字）和数字组成，编码是信息处理的一项重要的基础工作。

（2）服务于各种用途的信息编码。一个建设工程项目有不同类型和不同用途的信息，为了有组织地存储信息、方便信息的检索和信息的加工整理，必须对项目的信息进行编码。

① 项目的结构编码，依据项目结构图对项目结构的每一层的每一个组成部分进行编码。

② 项目管理组织结构编码，依据项目管理的组织结构图，对每一个工作部门进行编码。

③ 项目的政府主管部门和各参与单位编码（组织编码），包括：

a. 政府主管部门；

b. 业主方的上级单位或部门；

c. 金融机构；

d. 工程咨询单位；

e. 设计单位；

    f. 施工单位；

    g. 物资供应单位；

    h. 物业管理单位等。

④ 项目实施的工作项编码（项目实施的工作过程的编码）应覆盖项目实施的工作任务目录的全部内容，包括：

    a. 设计准备阶段的工作项；

    b. 设计阶段的工作项；

    c. 招标投标工作项；

    d. 施工和设备安装工作项；

    e. 项目动用前的准备工作项等。

⑤ 项目的投资项编码（业主方）/成本项编码（施工方），它并不是概预算定额确定的分部分项工程的编码，它应综合考虑概算、预算、标底、合同价和工程款的支付等因素，建立统一的编码，以服务于项目投资目标的动态控制。

⑥ 项目的进度项（进度计划的工作项）编码，应综合考虑不同层次、不同深度和不同用途的进度计划工作项的需要，建立统一的编码，服务于项目进度目标的动态控制。

⑦ 项目进展报告和各类报表编码，项目进展报告和各类报表编码应包括项目管理形成的各种报告和报表的编码。

⑧ 合同编码，应参考项目的合同结构和合同的分类，应反映合同的类型、相应的项目结构和合同签订的时间等特征。

⑨ 函件编码，应反映发函者、收函者、函件内容所涉及的分类和时间等，以便函件的查询和整理。

⑩ 工程档案编码，应根据有关工程档案的规定、项目的特点和项目实施单位的需求等而建立。

以上这些编码是因不同的用途而编制的，如投资项编码（业主方）/成本项编码（施工方）服务于投资控制工作/成本控制工作；进度项编码服务于进度控制工作。但是有些编码并不是针对某一项管理工作而编制的，如投资控制/成本控制、进度控制、质量控制、合同管理、编制项目进展报告等都要使用项目的结构编码，因此就需要进行编码的组合。

### 3. 项目信息处理的方法

在当今时代，信息处理已逐步向电子化和数字化的方向发展，但建筑业和基本建设领域的信息化已明显落后于许多其他行业，建设工程项目信息处理基本上还沿用传统的方法和模式。应采取措施，使信息处理由传统的方式向基于网络的信息处理平台方向发展，以充分发挥信息资源的价值，以及信息对项目目标控制的作用。

基于网络的信息处理平台由一系列硬件和软件构成：

（1）数据处理设备（包括计算机、打印机、扫描仪、绘图仪等）；

（2）数据通信网络（包括形成网络的有关硬件设备和相应的软件）；

（3）软件系统（包括操作系统和服务于信息处理的应用软件等）。

数据通信网络主要有如下三种类型：

（1）局域网（LAN——由与各网点连接的网线构成网络，各网点对应于装备有实际网络接口的用户工作站）；

（2）城域网（MAN——在大城市范围内两个或多个网络的互连）；

（3）广域网（WAN——在数据通信中，用来连接分散在广阔地域内的大量终端和计算机的一种多态网络）。

互联网是目前最大的全球性的网络，它连接了覆盖100多个国家的各种网络，如商业性的网络（.com或co）、大学网络（.ac或.edu）、研究网络（.org或net）和军事网络（.mil）等，并通过网络连接数以千万台的计算机，以实现连接互联网的计算机之间的数据通信。互联网由若干个学会、委员会和集团负责维护和运行管理。

建筑工程项目的业主方和项目参与各方往往分散在不同的地点，或不同的城市，或不同的国家，因此其信息处理应考虑充分利用远程数据通信的方式，如：

（1）通过电子邮件收集信息和发布信息；

（2）通过基于互联网的项目专用网站（Project Specific Web Site，PSWS）实现业主方内部、业主方和项目参与各方，以及项目参与各方之间的信息交流、协同工作和文档管理（见图10-1）；或通过基于互联网的项目信息门户（Project Information Portal，PIP）ASP模式为众多项目服务的公用信息平台实现业主方内部、业主方和项目参与各方，以及项目参与各方之间的信息交流、协同工作和文档管理；

（3）召开网络会议；

（4）基于互联网的远程教育与培训等。

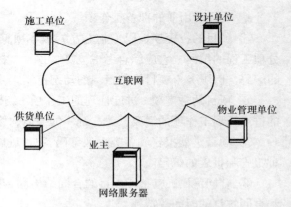

图10-1　基于互联网的信息处理平台

# 10.2 建筑工程项目信息管理计划与实施

信息化是人类社会发展过程中一种特定现象，其表明人类对信息资源的依赖程度越来越高。信息化是人类社会继农业革命、城镇化和工业化后迈入新的发展时期的重要标志。

## 10.2.1　工程管理信息化

信息化最初是从生产力发展的角度来描述社会形态演变的综合性概念，信息化和工业化一样，是人类社会生产力发展的新标志。

1. 工程管理信息化的含义

信息化指的是信息资源的开发和利用，以及信息技术的开发和应用。工程管理信息化指的是工程管理信息资源的开发和利用，以及信息技术在工程管理中的开发和应用。工程管理信息化属于领域信息化的范畴，它和企业信息化也有联系。

我国实施国家信息化的总体思路是：

（1）以信息技术应用为导向；

（2）以信息资源开发和利用为中心；

（3）以制度创新和技术创新为动力；

（4）以信息化带动工业化；

（5）加快经济结构的战略性调整；

（6）全面推动领域信息化、区域信息化、企业信息化和社会信息化进程。

我国建筑业和基本建设领域应用信息技术与工业发达国家相比，尚存在较大的数字鸿沟，它反映在信息技术在工程管理中应用的观念上，也反映在有关的知识管理上，还反映在有关技术的应用方面。

工程管理的信息资源包括：组织类工程信息、管理类工程信息、经济类工程信息、技术类工程信息和法规类信息等。在建设一个新的工程项目时，应重视开发和充分利用国内和国外同类或类似工程项目的有关信息资源。

信息技术在工程管理中的开发和应用，包括在项目决策阶段的开发管理、实施阶段的项目管理和使用阶段的设施管理中开发和应用信息技术。

自 20 世纪 70 年代开始，信息技术经历了一个迅速发展的过程，信息技术在建设工程管理中的应用也有一个相应的发展过程：

（1）20 世纪 70 年代，单项程序的应用，如工程网络计划的时间参数的计算程序，施工图预算程序等；

（2）20 世纪 80 年代，程序系统的应用，如项目管理信息系统、设施管理信息系统（Facility Management Information System，FMIS）等；

（3）20 世纪 90 年代，程序系统的集成，它是随着工程管理的集成而发展的；

（4）20 世纪 90 年代末期至今，基于网络平台的工程管理。

2. 工程管理信息化的意义

工程管理信息化有利于提高建设工程项目的经济效益和社会效益，以达到为项目建设增值的目的。

（1）工程管理信息资源的开发和信息资源的充分利用，可吸取类似项目的正反两方面的经验和教训，许多有价值的组织信息、管理信息、经济信息、技术信息和法规信息将有助于项目决策期多种可能方案的选择，有利于项目实施期的项目目标控制，也有利于项目建成后的运行。

（2）通过信息技术在工程管理中的开发和应用能实现：

① 信息存储数字化和存储相对集中（见图 10-2）；

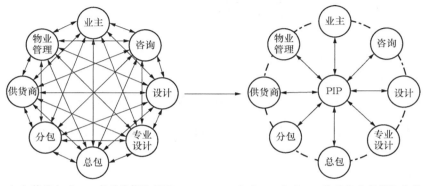

（a）传统方式——点对点信息交流　　　　　（b）PIP 方式——信息集中存储并共享

图 10-2　信息存储方式

② 信息处理和变换的程序化；

③ 信息传输的数字化和电子化；

④ 信息获取便捷；

⑤ 信息透明度提高；

⑥ 信息流扁平化。

信息技术在工程管理中的开发和应用的意义在于：

① "信息存储数字化和存储相对集中"有利于项目信息的检索和查询，有利于数据和文件版本的统一，并有利于项目的文档管理；

② "信息处理和变换的程序化"有利于提高数据处理的准确性，并可提高数据处理的效率；

③ "信息传输的数字化和电子化"可提高数据传输的抗干扰能力，使数据传输不受距离限制并可提高数据传输的保真度和保密性；

④ "信息获取便捷""信息透明度提高"以及"信息流扁平化"有利于项目各参与方之间的信息交流和协同工作。

3. 项目信息门户

项目信息门户是基于互联网技术为建设工程增值的重要管理工具，是当前在建设工程管理领域中信息化的重要标志。但是在工程界，对信息系统（Information System）、项目管理信息系统（Project Management Information System，PMIS）、一般的网页（Home Page）和项目信息门户（Project Information Portal，PIP）的内涵尚有不少误解。应指出，项目管理信息系统是基于数据处理设备的，为项目管理服务的信息系统，主要用于项目的目标控制。由于业主方和承包方项目管理的目标和利益不同，因此它们都必须有各自的项目管理信息系统。管理信息系统（Management Information System，MIS）是基于数据处理设备的信息系统，但主要用于企业的人、财、物、产、供、销的管理。项目管理信息系统与管理信息系统服务的对象和功能是不同的。项目信息门户既不同于项目管理信息系统，也不同于管理信息系统（见图10-3）。

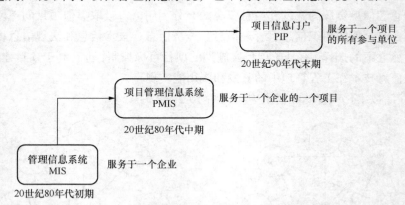

图 10-3　项目信息门户与管理信息系统、项目管理信息系统

（1）项目信息门户的概念。这里所讨论的项目信息门户指的是建设工程的项目信息门户，它可用于各类建设工程的管理，如：

a. 民用建设工程；

b. 工业建设工程；

c. 土木工程建设工程（铁路、公路、桥梁、水坝等）等。

门户是一个网站，或称为互联网门户站（Internet Portal Site），它是进入万维网（World-Wide Web）的入口。搜索引擎（Search Engine）属于门户，Yahoo 和 MSN 也是门户，任何人都可以访问它们，以获取所需要的信息，这些是一般意义上的门户。但是，有些是为了专门的技术领域、专门的用户群或专门的对象而建立的门户，称为垂直门户（Vertical Portal）。项目信息门户属于垂直门户，不同于上述一般意义的门户。

项目信息门户是项目各参与方信息交流、共同工作、共同使用和互动的管理工具。

众多文献对项目信息门户的定义有不同的表述，综合有关研究成果，兹对项目信息门户作如下解释：项目信息门户是在对项目全寿命过程中项目参与各方产生的信息和知识进行集中管理的基础上，为项目参与各方在互联网平台上提供一个获取个性化项目信息的单一入口，从而为项目参与各方提供一个高效率信息交流（Project Communication）和共同工作（Collaboration）的环境。

"项目全寿命过程"包括项目的决策期、实施期（设计准备阶段、设计阶段、施工阶段、动用前准备阶段和保修期）和运行期（或称使用期、运营期）。

"项目各参与方"包括政府主管部门和项目法人的上级部门、金融机构（银行和保险机构以及融资咨询机构等）、业主方、工程管理和工程技术咨询方、设计方、施工方、供货方、设施管理方（其中包括物业管理方）等。

"信息和知识"包括以数字、文字、图像和语音表达的组织类信息、管理类信息、经济类信息、技术类信息及法律和法规类信息。

"提供一个获取个性化项目信息的单一入口"指的是经过用户名和密码认定后而提供的入口。

（2）项目信息门户的类型和用户。

① 类型。项目信息门户按其运行模式分类，有如下两种类型。

PSWS 模式（Project Specific Web Site）：为一个项目的信息处理服务而专门建立的项目专用门户网站，也即专用门户。

ASP 模式（Application Service Provide）：由 ASP 服务商提供的为众多单位和众多项目服务的公用网站，也可称为公用门户。ASP 服务商有庞大的服务器群，一个大的 ASP 服务商可为数以万计的客户群提供门户的信息处理服务。

② 用户。正如前述，项目参与各方包括政府主管部门和项目法人的上级部门、金融机构（银行和保险机构以及融资咨询机构等）、业主方、工程管理和工程技术咨询方、设计方、施工方、供货方、设施管理方（其中包括物业管理方）等都是项目信息门户的用户。从严格的意义而言，以上各方使用项目信息门户的个人是项目信息门户的用户。每个用户有供门户登录用的用户名和密码。系统管理员将对每一个用户使用权限进行设置。

（3）项目信息门户实施的条件。项目信息门户的实施是一个系统工程，既应重视其技术问题，更应重视其与实施有关的组织和管理问题。应认识到，项目信息门户不仅是一种技术工具和手段，它的实施将会引起建设工程实施在信息时代进程中的重大组织变革。组织变革包括政府对建设工程管理的组织的变化、项目参与方的组织结构和管理职能分工的变化，以及项目各阶段工作流程的重组等。

项目信息门户实施的条件包括：

① 组织件；

② 教育件；

③ 软件；

④ 硬件。

组织件起着支撑和确保项目信息门户正常运行的作用，因此，组织件的创建和在项目实施过程中动态地完善组织件是项目信息门户实施最重要的条件。

（4）项目信息门户的价值和意义。据有关国际资料的统计：

① 传统建设工程中三分之二的问题都与信息交流有关；

② 建设工程中 10%～33%的成本增加都与信息交流存在的问题有关；

③ 在大型建设工程中，信息交流问题导致的工程变更和错误约占工程总投资的 3%～5%；

④ 据美国 Rebuz 网站预测，PIP 服务的应用将会在未来 5 年节约 10%～20%的建设总投资，这是一个相当可观的数字。

（5）项目信息门户的应用。

① 在项目决策期建筑工程管理中的应用。项目决策期建设工程管理的主要任务是：

a. 建设环境和条件的调查与分析；

b. 项目建设目标论证（投资、进度和质量目标）与确定项目定义；

c. 项目结构分析；

d. 与项目决策有关的组织、管理和经济方面的论证与策划；

e. 与项目决策有关的技术方面的论证与策划；

f. 项目决策的风险分析等。

为完成以上任务，将有可能会有许多政府有关部门和国内外单位参与项目决策期的工作，如投资咨询、科研、规划、设计和施工单位等。各参与单位和个人往往处于不同的工作地点，在工作过程中有大量信息交流、文档管理和共同工作的任务，项目信息门户的应用必将会为项目决策期的建设工程管理增值。

② 在项目实施期建筑工程管理中的应用。正如前述，项目实施期包括设计准备阶段、设计阶段、施工阶段、动用前准备阶段和保修期，在整个项目实施期往往有比项目决策期更多的政府有关部门和国内外单位参与工作，工作过程中有更多的信息交流、文档管理和共同工作的任务，项目信息门户的应用为项目实施期的建设工程管理增值无可置疑。

③ 在项目运营期建筑工程管理中的应用。项目运营期建筑工程管理在国际上称为设施管理，它比我国现行的物业管理的工作范围深广得多。在整个设施管理中要利用大量项目实施期形成和积累的信息，设施管理过程中，设施管理单位需要和项目实施期的参与单位进行信息交流和共同工作，设施管理过程中也会形成大量工程文档。因此，项目信息门户不仅是项目决策期和实施期建设工程管理的有效手段和工具，也同样可为项目运营期的设施管理服务。

（6）项目信息门户的特征。

① 项目信息门户的领域属性。电子商务（E-Business）有两个分支：

a. 电子商业/贸易（E-Commerce），如电子采购，供应链管理；

b. 电子共同工作（E-Collabomtion），如项目信息门户，在线项目管理。

在以上两个分支中，电子商业/贸易已逐步得到应用和推广，而在互联网平台上的共同工作，即电子共同工作，人们对其意义尚未引起足够重视。应认识到，项目信息门户属于电子共同工作领域。

工程项目的业主方和项目其他参与各方往往分处在不同的地点，或不同的城市，或不同的国家，因此其信息处理应考虑充分利用远程数据通信的方式和远程数据通信的组织，这是电子共同工作的核心。

② 项目信息的门户属性。正如前述，项目信息门户是一种垂直门户，垂直门户也称为垂直社区（Vertical Community），此"社区"可以理解为专门的用户群，垂直门户是为专门的用户群服务的门户。项目信息门户的用户群就是所有与某项目有关的管理部门和某项目的参与方。

③ 项目信息门户运行的组织理论基础。远程学（Telematics）是一门新兴的组织学科，它已运用在很多领域，如：

a. 远程通信（Telecommunication）；

b. 远程银行/网上银行（Telebanking）；

c. 远程商店/网上商店（Teleshopping）；

d. 远程商业/贸易（Telecommerce）；

e. 远程医疗（Telemedicine）；

f. 远程教学（Telelearning）等。

远程学中的一个核心问题是远程合作（Telecooperation），其主要任务是研究和处理分散的各系统和网络服务的组织关系。应认识到项目信息门户的建立和运行的理论基础是远程合作理论。

④ 项目信息门户运行的周期。项目决策期的信息与项目实施期的管理和控制有关，项目决策期和项目实施期的信息与项目运营期的管理和控制也密切相关，为使项目保值和增值，项目信息门户应是为建设工程全寿命过程服务的门户，其运行的周期是建设工程的全寿命期。在项目信息门户上运行的信息包括项目决策期、实施期和运营期的全部信息。把项目信息门户的运行周期仅理解为项目的实施期，这是一种误解。

建设工程全寿命管理是集成化管理的思想和方法在建设工程管理中的应用。项目信息门户的建立和运行应与建设工程全寿命管理的组织、方法和手段相适应。

⑤ 项目信息门户的核心功能。国际上有许多不同的项目信息门户产品（品牌），其功能不尽一致，但其主要的核心功能是类似的，即：

a. 项目各参与方的信息交流（Project Communication）；

b. 项目文档管理（Document Management）；

c. 项目各参与方的共同工作（Project Collaboration）。

⑥ 项目信息门户的主持者。对一个建设工程而言，业主方往往是建设工程的总组织者和总集成者，一般而言，它自然就是项目信息门户的主持者，当然，它也可以委托代表其利益的工程顾问公司作为项目信息门户的主持者。其他项目的参与方往往只参加一个建设工程的一个阶段，或一个方面的工作，并且建设工程的参与方和业主，以及项目参与方之间的利益不尽一致，甚至有冲突，因此，它们一般不宜作为项目信息门户的主持者。

应注意到，不但建设工程的业主方和各参与方可以利用项目信息门户进行高的项目信息交流、项目文档管理和共同工作，政府的建设工程控制和管理的主管部门也可以利用项目信息门户实现众多项目的宏观管理（如美国的 PBS），金融机构也可以利用项目信息门户对贷款客户进行相关的管理。因此，对不同性质、不同用途的项目信息门户而言，其门户的主持者是不相同的。

⑦ 项目信息门户的组织保证。不论采用何种运行模式，门户的主持者必须建立和动态地调整与完善有关项目信息门户运行必要的组织件，它包括：

a. 编制远程工作环境下共同工作的工作制度和信息管理制度；

b. 项目参与各方的分类和权限定义；

c. 项目用户组的建立；

d. 项目决策期、实施期和运营期的文档分类和编码；

e. 系统管理员的工作任务和职责；

f. 各用户方的组织结构、任务分工和管理职能分工；

g. 项目决策期、实施期和运营期建设工程管理的主要工作流程组织等。

⑧ 项目信息门户的安全保证。数据安全有多个层次，如制度安全、技术安全、运算安全、存储安全、传输安全、产品和服务安全等。这些不同层次的安全问题主要涉及：

a. 硬件安全，如硬件的质量、使用、管理和环境等；

b. 软件安全，如操作系统安全、应用软件安全、病毒和后门等；

c. 网络安全，如黑客、保密和授权等；

d. 数据资料安全，如误操作（如误删除、不当格式化）、恶意操作和泄密等。

项目信息门户的数据处理属远程数据处理，它的主要特点是：

a. 用户量大，且其涉及的数据量大；

b. 数据每天需要更新，且更新量很大，但旧数据必须保留，不可丢失；

c. 数据需长期保存等。

因此对项目信息门户的数据安全保证必须予以足够的重视。

## 10.2.2　工程项目管理信息系统的功能

**1. 工程项目管理信息系统的内涵**

工程项目管理信息系统（Project Management Information System，PMIS）是基于计算机的项目管理的信息系统，主要用于项目的目标控制。管理信息系统（Management Information System，MIS）是基于计算机管理的信息系统，但主要用于企业的人、财、物、产、供、销的管理。项目管理信息系统与管理信息系统服务的对象和功能是不同的。

工程项目管理信息系统的应用，主要是用计算机进行项目管理有关数据的收集、记录、存储、过滤和把数据处理的结果提供给项目管理班子的成员。它是项目进展的跟踪和控制系统，也是信息流的跟踪系统。

工程项目管理信息系统可以在局域网上或基于互联网的信息平台上运行。

**2. 工程项目管理信息系统的功能**

工程项目管理信息系统的功能：

（1）投资控制（业主方）或成本控制（施工方）；

（2）成本控制；

（3）进度控制；

（4）合同管理。

有些工程项目管理信息系统还包括质量控制和一些办公自动化的功能。

（1）投资控制的功能

① 项目的估算、概算、预算、标底、合同价、投资使用计划和实际投资的数据计算和分析；

② 进行项目的估算、概算、预算、标底、合同价、投资使用计划和实际投资的动态比较（如概算和预算的比较、概算和标底的比较、概算和合同价的比较、预算和合同价的比较等），并形成各种比较报表；

③ 计划资金投入和实际资金投入的比较分析；

④ 根据工程的进展进行投资预测等。

（2）成本控制的功能

① 投标估算的数据计算和分析；

② 计划施工成本；

③ 计算实际成本；

④ 计划成本与实际成本的比较分析；

⑤ 根据工程的进展进行施工成本预测等。

（3）进度控制的功能

① 计算工程网络计划的时间参数，并确定关键工作和关键路线；

② 绘制网络图和计划横道图；

③ 编制资源需求量计划；

④ 进度计划执行情况的比较分析；

⑤ 根据工程的进展进行工程进度预测。

⑥ 合同管理的功能。

a. 合同基本数据查询；

b. 合同执行情况的查询和统计分析；

c. 标准合同文本查询和合同辅助起草等。

**3. 工程项目管理信息系统的意义**

20 世纪 70 年代末期和 80 年代初期，国际上已有工程项目管理信息系统的商业软件，工程项目管理信息系统现已被广泛地用于业主方和施工方的项目管理。应用工程项目管理信息系统的主要意义是：

（1）实现项目管理数据的集中存储；

（2）有利于项目管理数据的检索和查询；

（3）提高项目管理数据处理的效率；

（4）确保项目管理数据处理的准确性；

（5）可方便地形成各种项目管理需要的报表。

# 本 章 小 结

应用信息技术提高建筑业生产效率，以及应用信息技术提升建筑业行业管理和项目管理的水平和能力，是 21 世纪建筑业发展的重要课题。

信息指的是用口头的方式、书面的方式或电子的方式传输（传达、传递）的知识、新闻，或可靠的或不可靠的情报。声音、文字、数字和面像等都是信息表达的形式。

建设工程项目的信息包括在项目决策过程、实施过程（设计准备、设计、施工和物资采购过程等）和运行过程中产生的信息，以及其他与项目建设有关的信息，它包括：项目的组织类信息、管理类信息、经济类信息、技术类信息和法规类信息。

业主方和项目参与各方都有各自的信息管理任务，为充分利用和发挥信息资源的价值，提高信息管理的效率以及实现有序的和科学的信息管理，各方都应编制各自的信息管理手册，以规范信息管理工作。

建筑工程项目有各种信息，业主方和项目参与各方可根据各自项目管理的需求确定其信息的分类，但为了信息交流的方便和实现部分信息共享，应尽可能做一些统一分类的规定，如项目的分解结构应统一。

信息化最初是从生产力发展的角度来描述社会形态演变的综合性概念，信息化和工业化一样，是人类社会生产力发展的新标志。

## 习题与思考

10-1 什么是信息？什么是信息管理？

10-2 建筑工程项目的信息包括哪些内容？

10-3 信息管理手册包括哪些内容？

10-4 按项目管理工作的任务，项目信息如何分类？

10-5 项目信息如何编码？

10-6 基于网络的信息处理平台如何构成？

10-7 远程数据通信的方式有哪些？

10-8 我国实施国家信息化的总体思路如何？

10-9 通过信息技术在工程管理中的开发和应用能实现哪些目的？

10-10 何谓项目信息门户？

10-11 项目信息门户实施的条件包括哪些内容？

10-12 项目信息门户的核心功能有哪些？

10-13 工程项目管理信息系统的功能有哪些？

10-14 如何利用信息技术进行进度控制？

10-15 应用工程项目管理信息系统的主要意义有哪些？

# 第 **11** 章

## 建筑工程项目收尾管理

### 【学习目标】

通过本章的学习，学生应掌握建筑工程项目竣工验收的概念、条件和验收标准，竣工验收程序，竣工验收资料和竣工验收管理；以及工程竣工结算、项目回访保修要求等基本点，了解建筑工程竣工验收准备、项目回访程序等知识点。

## 11.1 建筑工程项目竣工验收

竣工验收阶段是工程项目建设全过程的终结阶段，当工程项目按设计文件及工程合同的规定内容全部施工完毕后，便可组织验收。通过竣工验收，移交工程项目产品，对项目成果进行总结、评价，交接工程档案资料，进行竣工结算，终止工程施工合同，结束工程项目实施活动及过程，完成工程项目管理的全部任务。

### 11.1.1　竣工验收的概念

**1．项目竣工**

工程项目竣工是指工程项目经过承建单位的准备和实施活动，已完成了项目承包合同规定的全部内容，并符合发包单位的意图，达到了使用的要求，它标志着工程项目建设任务的全面完成。

**2．竣工验收**

竣工验收是工程项目建设环节的最后一道程序，是全面检验工程项目是否符合设计要求和工程质量检验标准的重要环节，也是检查工程承包合同执行情况、促进建设项目交付使用的必然途径。我国《建设工程项目管理规范》对施工项目竣工验收的解释为"施工项目竣工验收是承包人按照施工合同的约定，完成设计文件和施工图纸规定的工程内容，经发包人组织竣工验收及工程移交的过程"。

3. 竣工验收的主体与客体

工程项目竣工验收的主体有交工主体和验收主体两方面，交工主体是承包人，验收主体是发包人，二者均是竣工验收行为的实施者，是互相依附而存在的。工程项目竣工验收的客体应是设计文件规定、施工合同约定的特定工程对象，即工程项目本身。在竣工验收过程中，应严格规范竣工验收双方主体的行为，对工程项目实行竣工验收制度是确保我国基本建设项目顺利投入使用的法律要求。

## 11.1.2　竣工验收的条件和标准

1. 竣工验收的条件

竣工验收的工程项目必须具备规定的交付竣工验收条件。

（1）设计文件和合同约定的各项施工内容已经施工完毕。具体来说：

① 民用建筑工程完工后，承包人按照施工及验收规范和质量检验标准进行自检，不合格品已自行返修或整改，达到验收标准。水、电、暖、设备、智能化、电梯经过试验，符合使用要求。

② 工业项目的各种管道设备、电气、空调、仪表、通信等专业施工内容已全部安装结束，已做完清洁、试压、吹扫、油漆、保温等，经过试运转，全部符合工业设备安装施工及验收规范和质量标准的要求。

③ 其他专业工程按照合同的规定和施工图规定的工程内容全部施工完毕，已达到相关专业技术标准，质量验收合格，达到了交工的条件。

（2）有完整并经核定的工程竣工资料，符合验收规定。

（3）有勘察、设计、施工、监理等单位签署确认的工程质量合格文件。工程施工完毕，勘察、设计、施工监理单位已按各自的质量责任和义务，签署了工程质量合格文件。

（4）有工程使用的主要建筑材料、构配件、设备进场的证明及试验报告。

① 现场使用的主要建筑材料（水泥、钢材、砖、砂、防水材料等）应有材质合格证，必须有符合国家标准、规范要求的抽样试验报告。

② 混凝土预制构件、钢构件、木构件等应有生产单位的出厂合格证。

③ 混凝土、砂浆等施工试验报告，应按施工及验收规范和设计规定的要求取样。

④ 设备进场必须开箱检验，并有出厂质量合格证，检验完毕要如实做好各种进场设备的检查验收记录。

（5）有施工单位签署的工程质量保修书。

2. 竣工验收的标准

（1）达到合同约定的工程质量标准。建设工程合同一经签订，即具有法律效力，对承发包双方都具有约束作用。合同约定的质量标准具有强制性，合同的约束作用规范了承发包双方的质量责任和义务，承包人必须确保工程质量达到双方约定的质量标准，不合格不得交付验收和使用。

（2）符合单位工程质量竣工验收的合格标准。符合国家标准《建筑工程施工质量验收统一标准》（GB 50300—2013）对单位（子单位）工程质量验收合格的规定。

（3）单项工程达到使用条件或满足生产要求。

（4）建设项目能满足建成投入使用或生产的各项要求。组成建设项目的全部单项工程均已完成，符合交工验收的要求，建设项目能满足使用或生产要求，并应达到以下标准：

① 生产性工程和辅助公用设施，已按设计要求建成，能满足生产使用；

② 主要工艺设备配套，设施经试运行合格，形成生产能力，能产出设计文件规定的产品；

③ 必要的设施已按设计要求建成；

④ 生产准备工作能适应投产的需要；

⑤ 其他环保设施、劳动安全卫生、消防系统已按设计要求配套建成。

## 11.1.3　竣工验收准备

### 1. 竣工验收的管理程序

工程项目进入竣工验收阶段，是一项复杂而细致的工作，项目管理的各方应加强协作配合，按竣工验收的管理程序依次进行，认真做好竣工验收工作。

（1）竣工验收准备。工程交付竣工验收前的各项准备工作由项目经理部具体操作实施，项目经理全面负责，要建立竣工收尾小组，搞好工程实体的自检，收集、汇总、整理完整的工程竣工资料，扎扎实实做好工程竣工验收前的各项竣工收尾及管理基础工作。

（2）编制竣工验收计划。计划是行动的指南。项目经理部应认真编制竣工验收计划，并纳入企业施工生产计划，进行实施和管理。项目经理部按计划完工并经自检合格的工程项目应填写工程竣工报告和工程竣工报验单，提交工程监理机构签署意见。

（3）组织现场验收。首先由工程监理机构依据施工图纸、施工及验收规范和质量检验标准、施工合同等对工程进行竣工预验收，提出工程竣工验收评估报告；然后由发包人对承包人提交的工程竣工报告进行审定，组织有关单位进行正式竣工验收。

（4）进行竣工结算。工程竣工结算要与竣工验收工作同步进行。工程竣工验收报告完成后，承包人应在规定的时间内向发包人递交工程竣工结算报告及完整的结算资料。承发包双方依据工程合同和工程变更等资料，最终确定工程价款。

（5）移交竣工资料。整理和移交竣工资料是工程项目竣工验收阶段必不可少且非常细致的一项工作。承包人向发包人移交的工程竣工资料应齐全、完整、准确，要符合国家城市建设档案管理和基本建设项目（工程）档案资料管理和建设工程文件归档整理规范的有关规定。

（6）办理交工手续。工程已正式组织竣工验收，建设、设计、施工、监理和其他有关单位已在工程竣工验收报告上签认，工程竣工结算办完，承包人应与发包人办理工程移交手续，签署工程质量保修书，撤离施工现场，正式解除现场管理责任。

### 2. 竣工验收准备

（1）建立竣工收尾班子。项目进入收尾阶段，大量复杂的工作已经完成，但还有部分剩余工作需要认真处理。一般来说，这些遗留工作大多是零碎的、分散的、工程量不多的工作，往往不被重视，弄不好会影响到项目的进行；同时，临近项目结束，项目团队成员难免会有松懈的心理，也会影响到收尾工作的正常进行。项目经理是项目管理的总负责人，全面负责工程项目竣工验收前的各项收尾工作，加强项目竣工验收前的组织与管理是项目经理应尽的基本职责。

为此，项目经理要亲自挂帅建立竣工收尾班子，成员包括技术负责人、生产负责人、质量负责人、材料负责人、班组负责人等多方面的人员，要明确分工，责任到人，做到因事设岗、以岗定责、以责考核、限期完成工作任务，收尾项目完工要有验证手续，形成完善的收尾工作制度。

（2）制订、落实项目竣工收尾计划。项目经理要根据工作特点、项目进展情况及施工现场的具体条件，负责编制、落实有针对性的竣工收尾计划，并纳入统一的施工生产计划进行管理，以正式计划下达并作为项目管理层和作业层岗位业绩考核的依据之一。竣工收尾计划的内容要准确而全面，应包括收尾项目的施工情况和竣工资料整理，两部分内容缺一不可。竣工收尾计划要明确各项工作内容的起止时间、负责班组及人员。项目经理和技术负责人要把计划的内容层层落实，全面交底，一定要保证竣工收尾计划的完善和可行。竣工收尾计划可参照表 11-1 的格式编制。

表 11-1　　　　　　　　　　　施工项目竣工收尾计划

| 序号 | 竣工项目名称 | 工作内容 | 起止时间 | 作业队伍 | 负责人 | 竣工资料 | 整理人 | 验证人 |
|---|---|---|---|---|---|---|---|---|
|  |  |  |  |  |  |  |  |  |
|  |  |  |  |  |  |  |  |  |
|  |  |  |  |  |  |  |  |  |

项目经理：　　　　　　技术负责人：　　　　　　　编制人：

（3）竣工收尾计划的检查。项目经理和技术负责人应定期和不定期地对竣工收尾计划的执行情况进行严格检查，重要部位要做好详细的检查记录。检查中，各有关方面人员要积极协作配合，对列入竣工收尾计划的各项工作内容要逐项检查，认真核对，要以国家有关法律、行政法规和强制性标准为检查依据，发现偏差要及时纠正，发现问题要及时整改。竣工收尾项目按计划完成一项，则按标准验证一项，消除一项，直至全部完成计划内容。

（4）工程项目竣工自检。项目经理部在完成施工项目竣工收尾计划，并确认已经达到了竣工的条件后，即可向所在企业报告，由企业自行组织有关人员依据质量标准和设计图纸等进行自检，填写工程质量竣工验收记录、质量控制资料核查记录、工程质量观感记录表等资料，对检查结果进行评定，符合要求后向建设单位提交工程验收报告和完整的质量资料，请建设单位组织验收。

具体来说，如果工程项目是承包人一家独立承包，应由企业技术负责人组织项目经理部的项目经理、技术负责人、施工管理人员和企业的生产、质检等部门对工程质量进行检验评定，并做好质量检验记录；如果工程项目实行的是总分包管理模式，则首先由分包人按质量验收标准对工程进行自检，并将验收结论及资料交总包人，总包人据此对分包工程进行复检和验收，并进行验收情况汇总。无论采用总包还是分包方式，自检合格后，总包人都要向工程监理机构递交工程竣工报验单，监理机构据此按《建设工程监理规范》（GB 50319—2013）的规定对工程是否符合竣工验收条件进行审查，符合竣工验收条件的予以签认。

（5）竣工验收预约。承包人全面完成工程竣工验收前的各项准备工作，经监理机构审查验收合格后，承包人向发包人递交预约竣工验收的书面通知，说明竣工验收前的各项工作已准备就绪，满足竣工验收条件。预约竣工验收的通知书应表达两个含义：一是承包人按施工合同的约定已全面完成建设工程施工内容，预验收合格；二是请发包人按合同的约定和有关规定，组织工程项目的正式竣工验收。"交付竣工验收通知书"的内容格式如下。

交付竣工验收通知书

××××（发包单位名称）：

根据施工合同的约定，由我单位承建的××××工程，已于××××年××月××日竣工，经自检合格，监理单位审查签认，可以正式组织竣工验收。请贵单位接到通知后，尽快洽商，组织有关单位和人员于××××年××月××日前进行竣工验收。

附件：1.工程竣工报验单；

2.工程竣工报告。

××××（单位公章）

××××年××月××日

## 11.1.4　工程项目竣工资料

工程项目竣工资料是工程项目承包人按工程档案管理及竣工验收条件的有关规定，在工程施工过程中按时收集，认真整理，竣工验收后移交发包人汇总归档的技术与管理文件，是记录和反映工程项目实施全过程的工程技术与管理活动的档案。

在工程项目的使用过程中，竣工资料有着其他任何资料都无法替代的作用，它是建设单位在使用中对工程项目进行维修、加固、改建、扩建的重要依据，也是对工程项目的建设过程进行复查、对建设投资进行审计的重要依据。因此，从工程建设一开始，承包单位就应设专门的资料员按规定负责及时收集、整理和管理这些档案资料，不得丢失和损坏；在工程项目竣工以后，工程承包单位必须按规定向建设单位正式移交这些工程档案资料。

1. 竣工资料的内容

工程竣工资料必须真实记录和反映项目管理全过程的实际，它的内容必须齐全、完整。按照我国《建设工程项目管理规范》的规定，工程竣工资料的内容应包括工程施工技术资料、工程质量保证资料、工程检验评定资料、竣工图和规定的其他应交资料。

（1）工程施工技术资料。工程施工技术资料是建设工程施工全过程的真实记录，是在施工全过程的各环节客观产生的工程施工技术文件，它的主要内容有：工程开工报告（包括复工报告）；项目经理部及人员名单、聘任文件；施工组织设计（施工方案）；图纸会审记录（纪要）；技术交底记录；设计变更通知；技术核定单；地质勘察报告；工程定位测量资料及复核记录；基槽开挖测量资料；地基钎探记录和钎探平面布置图；验槽记录和地基处理记录；桩基施工记录；试桩记录和补桩记录；沉降观测记录；防水工程抗渗试验记录；混凝土浇灌令；商品混凝土供应记录；工程复核抄测记录；工程质量事故报告；工程质量事故处理记录；施工日志；建设工程施工合同，补充协议；工程竣工报告；工程竣工验收报告；工程质量保修书；工程预（结）算书；竣工项目一览表；施工项目总结。

（2）工程质量保证资料。工程质量保证资料是建设工程施工全过程中全面反映工程质量控制和保证的依据性证明资料，应包括原材料、构配件、器具及设备等的质量证明、合格证明、进场材料试验报告等。各专业工程质量保证资料的主要内容如下。

① 土建工程主要质量保证资料：

a. 钢材出厂合格证、试验报告；

b. 焊接试（检）验报告、焊条（剂）合格证；

c. 水泥出厂合格证或试验报告；

d. 砖出厂合格证或试验报告；

e. 防水材料合格证或试验报告；

f. 构件合格证；

g. 混凝土试块试验报告；

h. 砂浆试块试验报告；

i. 土壤试验、打（试）桩记录；

j. 地基验槽记录；

k. 结构吊装、结构验收记录；

l. 隐蔽工程验收记录；

m. 中间交接验收记录等。

② 建筑采暖卫生与煤气工程主要质量保证资料：

a. 材料、设备出厂合格证；

b. 管道、设备强度、焊口检查和严密性试验记录；

c. 系统清洗记录；

d. 排水管灌水、通水、通球试验记录；

e. 卫生洁具盛水试验记录；

f. 锅炉、烘炉、煮炉设备试运转记录等。

③ 建筑电气安装主要质量保证资料：

a. 主要电气设备、材料合格证；

b. 电气设备试验、调整记录；

c. 绝缘、接地电阻测试记录；

d. 隐蔽工程验收记录等。

④ 通风与空调工程主要质量保证资料：

a. 材料、设备出厂合格证；

b. 空调调试报告；

c. 制冷系统检验、试验记录；

d. 隐蔽工程验收记录等。

⑤ 电梯安装工程主要质量保证资料：

a. 电梯及附件、材料合格证；

b. 绝缘、接地电阻测试记录；

c. 空、满、超载运行记录；

d. 调整试验报告等。

⑥ 建筑智能化工程主要质量保证资料：

a. 材料、设备出厂合格证、试验报告；

b. 隐蔽工程验收记录；

c. 系统功能与设备调试记录。

（3）工程检验评定资料。工程检验评定资料是建设工程施工全过程中按照国家现行工程质量检验标准，对工程项目进行单位工程、分部工程、分项工程的划分，再由分项工程、分部工程、单位工程逐级对工程质量做出综合评定的资料。工程检验评定资料的主要内容有：

① 施工现场质量管理检查记录；

② 检验批质量验收记录；

③ 分项工程质量验收记录；

④ 分部（子分部）工程质量验收记录；

⑤ 单位（子单位）工程质量竣工验收记录；

⑥ 单位（子单位）工程质量控制资料核查记录；

⑦ 单位（子单位）工程安全和功能检验资料核查及主要功能抽查记录；

⑧ 单位（子单位）工程观感质量检查记录等。

（4）竣工图。竣工图是真实地反映建设工程竣工后实际成果的重要技术资料，是建设工程进行竣工验收的备案资料，也是建设工程进行维修、改建、扩建的主要依据。

工程竣工后，有关单位应及时编制竣工图，工程竣工图应逐张加盖"竣工图"章。"竣工图"章的内容应包括：发包人、承包人、监理人等单位名称，图纸编号，编制人，审核人，负责人，编制时间等。

绘制竣工图的具体情况如下所述。

① 没有变更的施工图，可由承包人（包括总包和分包）在原施工图上加盖"竣工图"章标志，即作为竣工图。

② 在施工中虽有一般性设计变更，但能将原施工图加以修改补充作为竣工图的，可不再重新绘制，由承包人负责在原施工图（必须是新蓝图）上注明修改的部分，并附设计变更通知和施工说明，加盖"竣工图"章标志后可作为竣工图。

③ 工程项目结构形式改变、工艺改变、平面布置改变、项目改变及其他重大改变，不宜在原施工图上修改、补充的，由责任单位重新绘制改变后的竣工图。承包人负责在新图上加盖"竣工图"章标志作为竣工图。变更责任单位如果是设计人，由设计人负责重新绘制；责任单位是承包人，由承包人重新绘制；责任单位若是发包人，则由发包人自行绘制或委托设计人绘制。

（5）规定的其他应交资料：

① 施工合同约定的其他应交资料；

② 地方行政法规、技术标准已有规定的应交资料等。

## 2. 竣工资料的收集整理

工程项目的承包人应按竣工验收条件的有关规定，建立健全资料管理制度，要设置专人负责，认真收集和整理工程竣工资料。

（1）竣工资料的收集整理要求

① 工程竣工资料，必须真实反映工程项目建设全过程，资料的形成应符合其规律性和完整性，填写时做到字迹清楚、数据准确、签字手续完备、齐全可靠。

② 工程竣工资料的收集和整理，应建立制度，根据专业分工的原则实行科学收集，定向移交，归口管理，要做到竣工资料不损坏、不变质和不丢失，组卷时符合规定。

③ 工程竣工资料应随施工进度进行及时收集和整理，发现问题及时处理、整改，不留尾巴。

④ 整理工程竣工资料的依据：一是国家有关法律、法规、规范对工程档案和竣工资料的规定；二是现行建设工程施工及验收规范和质量评定标准对资料内容的要求；三是国家和地方档

案管理部门和工程竣工备案部门对工程竣工资料移交的规定。

（2）竣工资料的分类组卷

① 一般单位工程，文件资料不多时，可将文字资料与图纸资料组成若干盒，分六个案卷，即立项文件卷、设计文件卷、施工文件卷、竣工文件卷、声像材料卷、竣工图卷。

② 综合性大型工程，文件资料比较多，则各部分根据需要可组成一卷或多卷。

③ 文件材料和图纸材料原则上不能混装在一个装具内，如果文件材料较少需装在一个装具内时，文件材料必须用软卷皮装订，图纸不装订，然后装入硬档案盒内。

④ 卷内文件材料排列顺序要依据卷内的材料构成而定，一般顺序为封面、目录、文件材料部分、备考表、封底，组成的案卷力求美观、整齐。

⑤ 填写目录应与卷内材料内容相符；编写页号以独立卷为单位，单面书写的文字材料页号编在右下角，双面书写的文字材料页号，正面编写在右下角，背面编写在左下角，图纸一律编写在右下角，按卷内文件排列先后用阿拉伯数字从"1"开始依次标注。

⑥ 图纸折叠方式采用图面朝里、图签外露（右下角）的国标技术制图复制折叠方法。

⑦ 案卷采用中华人民共和国国家标准，装具一律用国标制定的硬壳卷夹或卷盒，外装尺寸为 300mm（高）×220mm（宽），卷盒厚度尺寸分别为 60mm、50mm、40mm、30mm、20mm五种。

3．竣工资料的移交验收

交付竣工验收的工程项目必须有与竣工资料目录相符的分类组卷档案，工程项目的交工主体即承包人在建设工程竣工验收后，一方面要把完整的工程项目实体移交给发包人，另一方面要把全部应移交的竣工资料交给发包人。

（1）竣工资料的归档范围。竣工资料的归档范围应符合《建设工程文件归档整理规范》（GB/T 50328—2014）的规定。凡是列入归档范围的竣工资料，承包人都必须按规定将自己责任范围内的竣工资料按分类组卷的要求移交给发包人，发包人对竣工资料验收合格后，将全部竣工资料整理汇总，按规定向档案主管部门移交备案。

（2）竣工资料的交接要求。总包人必须对竣工资料的质量负全面责任，对各分包人做到"开工前有交底，施工中有检查，竣工时有预检"，确保竣工资料达到一次交验合格。总包人根据总分包合同的约定，负责对分包人的竣工资料进行中检和预检，有整改的待整改完成后再进行整理汇总，一并移交发包人。承包人根据建设工程施工合同的约定，在建设工程竣工验收后，按规定和约定的时间，将全部应移交的竣工资料交给发包人，并应符合城建档案管理的要求。

（3）竣工资料的移交验收。竣工资料的移交验收是工程项目交付竣工验收的重要内容。发包人接到竣工资料后，应根据竣工资料移交验收办法和国家及地方有关标准的规定，组织有关单位的项目负责人、技术负责人对资料的质量进行检查，验证手续是否完备、应移交的资料项目是否齐全，所有资料符合要求后，承发包双方按编制的移交清单签字、盖章，按资料归档要求双方交接，竣工资料交接验收完成。

## 11.1.5　工程项目竣工验收管理

工程项目进入竣工阶段，是一项复杂而细致的工作，承发包双方和工程监理机构应加强配合协调，按竣工验收管理工作的基本要求循序进行，为建设工程项目竣工验收的顺利进行创造条件。

### 1. 竣工验收的方式

在建设工程项目管理实践中，因承包的工程项目范围不同，交工验收的形式也会有所不同。如果一个建设项目分成若干个合同由不同的承包商负责实施，各承包商在完成了合同规定的工程内容后或者按合同的约定承包项目可分步移交的，均可申请交工验收。

一般来说，工程交付竣工验收可以按以下三种方式分别进行。

（1）单位工程（或专业工程）竣工验收。它又叫中间验收，是指承包人以单位工程或某专业工程内容为对象，独立签订建设工程施工合同，达到竣工条件后，承包人可单独进行交工，发包人根据竣工验收的依据和标准，按施工合同约定的工程内容组织竣工验收。

（2）单项工程竣工验收。它又称交工验收，即在一个总体建设项目中，一个单项工程已按设计图纸规定的工程内容完成，能满足生产要求或具备使用条件，承包人向监理人提交"工程竣工报告"和"工程竣工报验单"，经签认后应向发包人发出"交付竣工验收通知书"，说明工程完工情况、竣工验收准备情况、设备无负荷单机试车情况，具体约定交付竣工验收的有关事宜。发包人按照约定的程序，依照国家颁布的有关技术标准和施工承包合同，组织有关单位和部门对工程进行竣工验收。验收合格的单项工程，在全部工程验收时，原则上不再办理验收手续。

（3）全部工程的竣工验收。它又称动用验收，指建设项目已按设计规定全部建成、达到竣工验收条件，由发包人组织设计、施工、监理等单位和档案部门进行全部工程的竣工验收。对一个建设项目的全部工程竣工验收而言，大量的竣工验收基础工作已在单位工程或单项工程竣工验收中进行了。对已经交付竣工验收的单位工程（中间交工）或单项工程并已办理了移交手续的，原则上不再重复办理验收手续，但应将单位工程或单项工程竣工验收报告作为全部工程竣工验收的附件加以说明。

### 2. 竣工验收的依据

工程项目进行竣工验收的依据，实质上就是承包人在工程建设过程中建设的依据，这些依据主要包括如下内容。

（1）上级主管部门对该项目批准的各种文件，包括设计任务书或可行性研究报告，用地、征地、拆迁文件，初步设计文件等。

（2）工程设计文件，包括施工图纸及有关说明。

（3）双方签订的施工合同。

（4）设备技术说明书。它是进行设备安装调试、检验、试车、验收和处理设备质量、技术等问题的重要依据。

（5）设计变更通知书。它是对施工图纸的修改和补充。

（6）国家颁布的各种标准和规范，包括现行的《工程施工及验收规范》《工程质量检验评定标准》等。

（7）外资工程应依据我国有关规定提交竣工验收文件。国家规定，凡有引进技术和引进设备的建设项目，要做好引进技术和引进设备的图纸、文件的收集、整理工作，并交档案部门统一管理。

### 3. 工程竣工验收报验

承包人完成工程设计和施工合同以及其他文件约定的各项内容，工程质量经自检合格，各项竣工资料准备齐全，确认具备工程竣工报验的条件，承包人即可填写并递交"工程竣工报告"（见表 11-2）和"工程竣工报验单"（见表 11-3）。表格内容要按规定要求填写，自检意见应表述清楚，项目经理、企业技术负责人、企业法定代表人应签字，并加盖企业公章。报验单的附件应齐全，足以证明工程已符合竣工验收要求。

表 11-2　　　　　　　　　　　　工程竣工报告　　　　　　　　　　编号：

| 工程名称 | | 建筑面积 | |
|---|---|---|---|
| 工程地址 | | 结构类型/层数 | |
| 建设单位 | | 开/竣工日期 | |
| 设计单位 | | 合同工期 | |
| 施工单位 | | 工程造价 | |
| 监理单位 | | 合同编号 | |

| 竣工条件及自检情况 | 自检内容 | 自检意见 |
|---|---|---|
| | 工程设计和合同约定的各项内容完成情况 | |
| | 工程技术档案和施工管理资料 | |
| | 工程所用建筑材料、建筑构配件、商品混凝土和设备的进场试验报告 | |
| | 涉及工程结构安全的试块、试件及有关材料试验、检验报告 | |
| | 地基与基础、主体结构等重要分部、分项工程质量验收报告签证情况 | |
| | 建设行政主管部门、质量监督机构或其他有关部门责令整改问题的执行情况 | |
| | 单位工程质量自检情况 | |
| | 工程质量保修书 | |
| | 工程款支付情况 | |
| | 交付竣工验收的条件 | |
| | 其他 | |

经检验，该工程已完成设计和施工合同约定的各项内容，工程质量符合有关法律、法规和工程建设强制性标准。

项目经理：
企业技术负责人：
企业法定代表人：　　　　　（施工单位公章）
　　　　　　　年　　月　　日

监理单位意见：

总监理工程师：（公章）
　　　　　　　年　　月　　日

表 11-3 工程竣工报验单

工程名称： 编号：

致：_____（监理单位）

我方已按合同完成了_____工程，经自检合格，请予以检查和验收。

附件：

承包单位（章）

项 目 经 理

日　　　期

---

审查意见：

经初步验收，该工程

1. 符合/不符合 我国法律、法规要求；

2. 符合/不符合 我国现行工程建设标准；

3. 符合/不符合 设计文件要求；

4. 符合/不符合 施工合同要求。

综上所述，该工程初步验收 合格/不合格，可以/不可以组织正式验收。

监理单位（章）

总/专业监理工程师

日　　　期

---

监理人收到承包人递交的"工程竣工报验单"及有关资料后，总监理工程师即可组织专业监理工程师对承包人报送的竣工资料进行审查，并对工程质量进行验收；验收合格后，总监理工程师应签署"工程竣工报验单"，提出工程质量评估报告。承包人依据工程监理机构签署认可的"工程竣工报验单"和质量评估结论，向发包人递交竣工验收的通知，具体约定工程交付验收的时间、会议地点和有关安排。

4. 工程竣工验收组织

发包人收到承包人递交的"交付竣工验收通知书"后，应及时组织勘察、设计、施工、监理等单位，按照竣工验收程序对工程进行验收核查。

（1）成立竣工验收委员会或验收小组。大型项目、重点工程、技术复杂的工程，根据需要应组成验收委员会；一般工程项目，组成验收小组即可。竣工验收工作由发包人组织，主要参加人员有发包方，勘察、设计、总承包及分包单位的负责人，发包单位的工地代表，建设主管部门、备案部门的代表等。

（2）竣工验收委员会或验收小组的职责：

① 审查项目建设的各个环节，听取各单位的情况汇报；

② 审阅工程竣工资料；

③ 实地考察建筑工程及设备安装工程情况；

④ 全面评价项目的勘察、设计、施工和设备质量以及监理情况，对工程质量进行综合评估；

⑤ 对遗留问题做出处理决定；

⑥ 形成工程竣工验收会议纪要；

⑦ 签署工程竣工验收报告。

（3）建设单位组织竣工验收。

① 由建设单位组织，建设、勘察、设计、施工、监理单位分别汇报工程合同履约情况和工程建设各个环节执行法律、法规和工程建设强制性标准的情况。

② 验收组人员审阅各种竣工资料。验收组人员应对照资料目录清单，逐项进行检查，看其内容是否齐全，符合要求。

③ 实地查验工程质量。参加验收各方，应对竣工项目实体进行目测检查。

④ 对工程勘察、设计、施工、监理单位各管理环节和工程实物质量等方面做出全面评价，形成经验收组人员签署的工程竣工验收意见。

⑤ 参与工程竣工验收的建设、勘察、设计、施工、监理单位等各方不能形成一致意见时，应当协商提出解决的方法，待意见一致后，重新组织竣工验收；当不能协商解决时，由建设行政主管部门或者其委托的建设工程质量监督机构裁决。

⑥ 签署工程竣工验收报告。工程竣工验收合格后，建设单位应当及时提出签署"工程竣工验收报告"，由参加竣工验收的各单位代表签名，并加盖竣工验收各单位的公章。

**5.办理工程移交手续**

工程通过竣工验收，承包人应在发包人对竣工验收报告签认后的规定期限内向发包人递交竣工结算和完整的结算资料，在此基础上承发包双方根据合同约定的有关条款进行工程竣工结算。承包人在收到工程竣工结算款后，应在规定期限内向发包人办理工程移交手续。具体内容如下：

（1）按竣工项目一览表在现场移交工程实体。向发包人移交钥匙时，工程项目室内外应清扫干净，达到窗明、地净、灯亮、水通、排污畅通、动力系统可以使用。

（2）按竣工资料目录交接工程竣工资料。资料的交接应在规定的时间内，按工程竣工资料清单目录进行逐项交接，办清交验签章手续。

（3）按工程质量保修制度签署工程质量保修书。原施工合同中未包括工程质量保修书附件的，在移交竣工工程时应按有关规定签署或补签工程质量保修书。

（4）承包人在规定时间内按要求撤出施工现场，解除施工现场全部管理责任。

（5）工程交接的其他事宜。

# 11.2

## 建筑工程项目竣工结算

### 11.2.1 工程竣工结算的概念和作用

**1.工程竣工结算的概念**

工程竣工结算是指施工单位所承包的工程按照合同规定的内容全部竣工并经建设单位和有

关部门验收点交后，由施工单位根据施工过程中实际发生的变更情况对原施工图预算或工程合同造价进行增减调整修正，再经建设单位审查，重新确定工程造价并作为施工单位向建设单位办理工程价款清算的技术经济文件。

在工程项目的生命周期中，施工图预算或工程合同价是在开工之前编制或确定的。但是，在施工过程中，工程地质条件的变化、设计考虑不周或设计意图的改变、材料的代换、工程量的增减、施工图的设计变更、施工现场发生的各种签证等多种因素，都会使原施工图预算或工程合同确定的工程造价发生变化，为了如实地反映竣工工程实际造价，在工程项目竣工后，应及时编制竣工结算。

工程竣工结算一般是由施工单位编制，经建设单位审核同意后，按合同规定签章认可。最后，建设单位通过经办银行将清算后的工程价款拨付给施工单位，完成双方的合同关系和经济责任。

**2．工程竣工结算的作用**

（1）竣工结算是施工单位与建设单位结算工程价款的依据。

（2）竣工结算是核定施工企业生产成果，考核工程实际成本的依据。

（3）竣工结算是建设单位编制竣工决算的主要依据。

（4）竣工结算是建设单位、设计单位及施工单位进行技术经济分析和总结工作，以便不断提高设计水平与施工管理水平的依据。

（5）竣工结算工作完成以后，标志着施工单位和建设单位双方权利和义务的结束，即双方合同关系的解除。

## 11.2.2　工程竣工结算的编制依据和原则

**1．工程竣工结算的编制依据**

（1）工程竣工报告及工程竣工验收单。

（2）经审查的施工图预算或中标价格。

（3）施工图纸及设计变更通知单、施工现场工程变更记录、技术经济签证。

（4）建设工程施工合同或协议书。

（5）现行预算定额、取费定额及调价规定。

（6）有关施工技术资料。

（7）工程质量保修书。

（8）其他有关资料。

**2．工程竣工结算的编制原则**

（1）具备结算条件的项目，才能编制竣工结算。首先，结算的工程项目必须是已经完成的项目，对于未完成的工程不能办理竣工结算。其次，结算的项目必须是质量合格的项目，也就是说并不是对承包商已完成的工程全部支付，而是支付其中质量合格的部分，对于工程质量不合格的部分应返工，待质量合格后才能结算。返工消耗的工程费用，不能列入工程结算。

（2）应实事求是地确定竣工结算。工程竣工结算一般是在施工图预算或工程合同价的基础上，根据施工中所发生更改变动的实际情况，调整、修改预算或合同价进行编制的。所以，在工程结算中要坚持实事求是的原则，施工中发生并经有关人员签认的变更，才可以计算变更的费用，该调增的调增，该调减的调减。

（3）严格遵守国家和地区的各项有关规定，严格履行合同条款。工程竣工结算要符合国家或地区的法律、法规及定额、费用的要求，严格禁止在竣工结算中弄虚作假。

## 11.2.3　工程竣工结算的相关规定

### 1. 工程价款结算的方式

根据施工合同的约定，结算方式主要有以下几种。

（1）按月结算：即实行旬末或月中预支，月中结算，竣工后清算的办法。跨年度竣工的工程，在年终进行工程盘点，办理年度结算。

（2）竣工后一次结算：即建设项目或单位工程全部建筑安装工程建设期在 12 个月以内，或者工程承包合同价值在 100 万元以下的，可实行工程价款每月月中预支，竣工后一次结算。

（3）分段结算：即当年开工，当年不能竣工的单项工程或单位工程按照工程形象进度，划分不同阶段进行结算。分段结算可以按月预支工程款。

（4）承发包双方约定的其他结算方式。

### 2. 工程竣工结算的有关规定

建设部和国家工商行政管理局制定的《建设工程施工合同（示范文本）》通用条款中对竣工结算做了详细规定，这些规定对于规范工程竣工结算行为具有一定的意义。

（1）工程竣工验收报告经发包人认可后的 28 天内，承包人向发包人递交竣工结算报告及完整的结算资料，双方按照协议书约定的合同价款及专用条款约定的合同价款的调整内容，进行工程竣工结算。

（2）发包人收到承包人递交的竣工结算报告及结算资料后，28 天内进行核实，给予确认或者提出修改意见。发包人确认竣工结算报告后通知经办银行向承包人支付工程竣工结算价款。承包人收到竣工结算价款后 14 天内将竣工工程交付发包人。

（3）发包人收到竣工结算报告及结算资料后，28 天内无正当理由不支付工程竣工结算价款，从第 29 天起按承包人同期向银行贷款利率支付拖欠价款的利息，并承担违约责任。

（4）发包人收到竣工结算报告及结算资料后 28 天内不支付工程竣工结算价款，承包人可以催告发包人支付结算价款。发包人在收到竣工结算报告及结算资料后 56 天内仍不支付的，承包人可以与发包人协议将该工程折价，也可以由承包人申请人民法院将该工程依法拍卖，承包人就该工程折价或者拍卖的价款优先受偿。

（5）工程竣工验收报告经发包人认可后 28 天内，承包人未能向发包人递交竣工结算报告及完整的结算资料，造成工程竣工结算不能正常进行或工程竣工结算价款不能及时支付，发包人要求交付工程的，承包人应当交付；发包人不要求交付工程的，承包人承担保管责任。

（6）发包人、承包人对工程竣工结算价款发生争议时，按关于约定的争议处理。

（7）办完竣工结算手续后，承包人和发包人应按国家和当地建设行政主管部门的规定，将竣工结算报告及结算资料按分类管理的要求纳入工程竣工资料汇总。承包人将其作为工程施工技术资料归档，发包人则作为编制工程竣工决算的依据，并按规定及时向有关部门移交进行竣工备案。

## 11.2.4　工程竣工结算的编制与检查

1．工程竣工结算的编制内容

（1）单位工程竣工结算书。单位工程竣工结算书是工程结算中最基本的内容，如果合同约定的工程项目就是单位工程，则单位工程竣工结算书要求的内容即为工程竣工结算编制的内容，一般包括以下几项。

① 封面：内容包括工程名称、建设单位、建筑面积、结构类型、层数、结算造价、编制日期等，还包括建设单位、施工单位、审批单位及编制人、复核人、审核人的签字盖章。

② 编制说明：内容包括工程概况、编制依据、结算范围、变更内容、双方协商处理的事项及其他必须说明的问题。

③ 工程结算总值计算表：内容包括各地建设行政主管部门规定的建设工程费用项目。

④ 工程结算表：内容包括定额编号、分部分项工程名称、单位、工程量、基价、合价、人工费、材料费、机械费等。

⑤ 工程量增减计算表：内容包括工程量增加部分和减少部分计算的过程与结果。

⑥ 材料价差计算表：内容包括增加的和减少的材料名称、数量、价差等。

（2）单项工程综合结算书。如果工程项目是由多个单位工程构成的，则将各单位工程竣工结算书汇总，即可得出单项工程竣工综合结算书。

（3）项目总结算书。由多个单项工程构成的建设项目，将各单项工程综合结算书按规定格式汇总，即为建设项目总结算书。

（4）竣工结算说明书。

2．工程竣工结算的编制方法

编制工程竣工结算，应按承发包双方约定的方法进行。一般来说是在原工程预算或合同价的基础上，根据所收集、整理的各种结算资料，如设计变更、技术核定、现场签证、工程量核定单等，先进行工程量的增减调整计算，再进行相应的直接费的增减调整计算，然后按取费标准的规定计算各项费用，最后汇总为单位工程结算造价。根据工程具体情况汇总即可得出单项工程结算或建设项目总结算。总的来说：

$$竣工结算工程价款=工程预算或合同价+工程变更及签证调整数额$$
$$-预付及已结算工程价款 \qquad (11\text{-}1)$$

3．工程竣工结算的检查

工程竣工结算编制完成后，项目经理部要组织熟悉工程施工情况和预结算的有关专业人员进行认真细致地检查核对，以确保竣工结算造价准确合理，公平公正。检查要有针对性，重点检查以下方面：

（1）设计变更和现场签证等结算资料是否齐全；

（2）项目设置是否完整，有无漏项或重项；

（3）工程量的数量是否准确，有无少算、多算或计算错误；

（4）定额单价的套用及各项费率的选用是否合理，有无套错定额或重复套价；

（5）结算造价的计算程序是否正确，如果计算程序选错了，结果会有较大的出入。

【例 11-1】某单位的汽车库工程，建筑面积 2600m$^2$，共两层，底层为车库，二层为办公用房，合同工期5个月。工程施工过程中，发包人已支付工程进度款60万元，竣工后，根据施工中的设计变更和技术签证等，在原审定工程预算基础上编制竣工结算。

一、工程变更情况

1. 基础砖墙砌筑原为M5混合砂浆，变更为M7.5水泥砂浆。

2. 构造柱原设计为C20混凝土，现变更为C25混凝土。

3. 一层地面做法增加3:7灰土垫层，500mm厚。

4. 外墙装修原为清水墙勾缝，变更为贴乳白色瓷砖。

二、工程量调整情况

1. 调增部分：M7.5水泥砂浆砌砖基础256m³，C25混凝土构造柱69m³，3:7灰土垫层558m³，外墙贴乳白色瓷砖1280m²。

2. 调减部分：M5混合砂浆砌砖基础256m³，C20混凝土构造柱69m³，砖墙勾缝1280m²。

三、直接费调整

汽车库工程直接费调整见表11-4。

调整后的竣工结算直接费 = 原工程预算直接费+增减合计

= 1 293 450.00 + 71 864.44=1 365 314.44（元）

表 11-4 汽车库工程直接费调整表

| 定额序号 | 项目名称 | 单位 | 工程量 | 基价/元 | 合价/元 |
|---|---|---|---|---|---|
| 4-1 换<br>5-228 换<br>8-2<br>饰 2-364 | 调增部分：<br>M7.5 水泥砂浆砌砖基础<br>C25 混凝土构造柱<br>3:7 灰土垫层<br>外墙贴乳白色瓷砖<br>调增小计 | 10m³<br>10m³<br>10m³<br>100m² | 25.6<br>6.9<br>55.8<br>12.8 | 1 133.91<br>2 292.24<br>376.68<br>3 919.00 | 2 908.10<br>15 816.46<br>21 018.75<br>50 163.20<br>116 026.51 |
| 4-1<br>5-228<br>4-48 | 调减部分：<br>M7.5 混合砂浆砌砖基础<br>C20 混凝土构造柱<br>砖墙加浆勾缝<br>调减小计 | 10m³<br>10m³<br>100m² | 25.6<br>6.9<br>12.8 | 1 053.03<br>2 117.92<br>202.41 | 26 957.57<br>14 613.65<br>2 590.85<br>44 162.07 |
| | 增减合计 | | | | 71 864.44 |

四、工程变更后的价差调整

调整后的材料价差 = 单项材料价差 + 综合系数价差 = 79 569.10（元）

其中：

1. 竣工结算单项材料价差在原工程预算基础上调整为69 040.10元；

2. 综合系数价差调整为10 529元。

五、汽车库工程竣工结算造价计算

1. 竣工结算造价计算取费条件：四类工程；丙类企业取费；工程在市区。

2. 各项费率如下：

其他直接费费率：1.00%；

临时设施费费率：0.40%；

现场管理费费率：2.00%；

文明施工增加费费率：0.5%；

企业管理费费率：2.40%；

劳动保险费费率：3.50%；

财务费用费率：0.36%；

利润率：4.20%；

定额编制管理费费率：0.114%；

税率：3.41%。

六、汽车库工程竣工结算造价计算

汽车库工程竣工结算造价计算见表 11-5。

汽车库工程竣工结算价款=1 708 460.71（元）

工程竣工结算最终价款收取

$$= 竣工结算工程价款 - 已付工程价款$$

$$= 1\ 708\ 460.71 - 600\ 000.00$$

$$= 1\ 108\ 460.71（元）$$

表 11-5　　　　　　　　　　　汽车库工程竣工结算造价计算表

| 序号 | 费用名称 | 计算式 | 费用金额/元 |
|---|---|---|---|
| A | 竣工结算直接费 | 调整后竣工结算直接费 | 1 365 314.44 |
| B | 其他直接费 | A×1.00% | 13 653.14 |
| C | 临时设施费 | A×0.40% | 5 461.26 |
| D | 现场管理费 | A×2.00% | 27 306.29 |
| E | 文明施工增加费 | A×0.50% | 6 826.57 |
| F | 直接工程费小计 | A+B+C+D+E | 1 418 561.70 |
| G | 企业管理费业 | F×2.40% | 34 045.48 |
| H | 劳动保险费 | F×3.50% | 49 649.66 |
| I | 财务费用 | F×0.36% | 5 106.82 |
| J | 间接费小计 | G+H+I | 88 801.96 |
| K | 利润 | （F+J）×4.20% | 63 309.27 |
| L | 材料价差调整 | 79569.10 | 79 569.10 |
| M | 定额编制管理费 | （F+J+K+L）×0.114% | 1 881.28 |
| N | 税金 | （F+J+K+L+M）×3.41% | 56 557.40 |
| O | 工程造价 | F+J+K+L+M+N | 1 708 460.71 |

# 11.3 工程项目产品回访与保修

工程项目竣工验收交接后，工程项目的承包人应按照法律的规定和施工合同的约定，认真履行工程项目产品的回访与保修义务，以确保工程项目产品使用人的合理利益。回访工作应纳入承包人的生产计划及日常工作计划中。在双方约定的质量保修期内，承包人应向使用人提供"工程质量保修书"中承诺的保修服务，并按照谁造成的质量问题由谁承担经济责任的原则处理经济问题。

## 11.3.1　工程项目产品回访与保修的意义

**1．工程项目产品回访与保修的概念**

工程项目竣工验收后，虽然通过了交工前的各种检验，但由于建筑产品的复杂性，仍然可能存在一些质量问题或者隐患，要在产品的使用过程中才能逐步暴露出来，例如，建筑物的不均匀沉降、地下及屋面防水工程的渗漏等问题，都需要在使用中检查和观察才可以确定。为了有效地维护建设工程使用者的合法权益，我国政府已经把工程交工后保修确定为我国的一项基本法律制度。

建设工程质量保修是指建设工程项目在办理竣工验收手续后，在规定的保修期限内，因勘察、设计、施工、材料等原因造成的质量缺陷，应当由施工承包单位负责维修、返工或更换，由责任单位负责赔偿损失。这里的质量缺陷，是指工程不符合国家或行业现行的有关技术标准、设计文件及合同中对质量的要求等。

回访是一种产品售后服务的方式，工程项目回访广义的来讲是指工程项目的设计、施工、设备及材料供应等单位，在工程竣工验收交付使用后，自签署工程质量保修书起的一定期限内，主动去了解项目的使用情况和设计质量、施工质量、设备运行状态及用户对维修方面的要求，从而发现产品使用中的问题并及时地去处理，使建筑产品能够正常地发挥其使用功能，使建筑工程的质量保修工作真正地落到实处。

**2．工程项目产品回访与保修的意义**

实行工程质量保修制度，加强工程项目的回访与保修工作，是明确与落实建设工程质量责任的重要措施，是维护用户及消费者合法权益的重要保障。工程项目产品回访与保修是双赢的过程，通过回访与保修，可以促进项目的承包人在项目的设计、施工过程中牢固树立为用户服务的观念，更有效地提高承包人的技术与管理水平；同时，承包人也尽到了为顾客服务的义务，履行了质量保修的承诺。

施工单位进行工程回访与保修有以下重要意义：

（1）有利于项目经理部重视项目管理，提高工程质量。只有加强施工项目的过程控制，增强项目管理层和作业层的责任心，严格按规范和标准进行施工，从防止和消除质量缺陷的目的出发，才能从源头上杜绝工程保修问题的发生；

（2）有利于承包人及时听取用户意见，发现工程质量问题，及时采取相应的措施，保证建筑工程使用功能的正常发挥，同时也履行了回访与保修的承诺；

（3）有利于加强施工单位同建设单位和用户的联系与沟通，增强了建设单位和用户对施工单位的信任感，提高了施工单位的社会信誉。

**3．工程项目产品回访与保修的依据**

工程项目产品实行回访与保修制度是由我国法律与法规明确规定的，此项工作的主要依据有如下几个。

（1）《中华人民共和国建筑法》。《中华人民共和国建筑法》第六十二条规定，建筑工程实行质量保修制度。具体的保修范围和最低保修期限由国务院规定。

（2）《中华人民共和国合同法》。《中华人民共和国合同法》第二百七十五条规定："建设工程施工合同的内容包括质量保修范围和质量保证期。"第二百八十一条规定："因施工人的原因致使建设工程质量不符合约定的，发包人有权要求施工人在合理期限内无偿修理或者返工、改建。"

（3）《建设工程质量管理条例》。《建设工程质量管理条例》第三十九条规定："建设工程实行质量保修制度。建设工程承包单位在向建设单位提交工程竣工验收报告时，应当向建设单位出具质量保修书。质量保修书中应当明确建设工程的保修范围、保修期限和保修责任等。"

（4）《建设工程项目管理规范》。《建设工程项目管理规范》第18.1.1条规定："回访保修的责任应由承包人承担，承包人应建立施工项目交工后的回访与保修制度，听取用户意见，提高服务质量，改进服务方式。"第18.1.2条规定："承包人应建立与发包人及用户的服务联系网络，及时取得信息，并按计划、实施、验证、报告的程序，搞好回访与保修工作。"

## 11.3.2　工程项目产品保修范围与保修期

1．保修范围

一般来说，各种类型的建筑工程及建筑工程的各个部位都应该实行保修。我国在《建筑法》中规定：建筑工程的保修范围应当包括地基基础工程、主体结构工程、屋面防水工程和其他土建工程，以及电气管线、上下水管线的安装工程，供热、供冷系统工程等项目。

2．保修期

保修期的长短，直接关系到承包人、发包人及使用人的经济责任大小。根据《建设工程质量管理条例》规定：建筑工程保修期为自竣工验收合格之日起计算，在正常使用条件下的最低保修期限。

《建设工程质量管理条例》规定，在正常使用条件下建筑工程的最低保修期限如下：

（1）基础设施工程、房屋建筑的地基基础工程和主体结构工程，为设计文件规定的该工程的合理使用年限；

（2）屋面防水工程、有防水要求的卫生间、房间和外墙面的防渗漏，为5年；

（3）供热与供冷系统，为2个采暖期、供冷期；

（4）电器管线、给排水管道、设备安装、装饰装修为2年；建筑节能工程为5年；

（5）其他项目的保修期限由发包方与承包方在"工程质量保修书"中具体约定。

## 11.3.3　保修期责任与做法

1．保修期的经济责任

由于建筑工程情况比较复杂，不像其他商品那样单一，有些问题往往是由多种原因造成的。进行工程质量保修，必须澄清经济责任，由产生质量问题的责任方承担工程的保修经济责任。一般有以下情况。

（1）属于承包人的原因。由于承包人未严格按照国家现行施工及验收规范、工程质量验收标准、设计文件要求和合同约定组织施工，造成的工程质量缺陷，所产生的工程质量保修，应当由承包人负责修理并承担经济责任。

（2）属于设计人的原因。由于设计原因造成的质量缺陷，应由设计人承担经济责任。当由承包人进行修理时，其费用数额可按合同约定，通过发包人向设计人索赔，不足部分由发包人补偿。

（3）属于发包人的原因。由于发包人供应的建筑材料、构配件或设备不合格造成的工程质量缺陷，或由发包人指定的分包人造成的质量缺陷，均应由发包人自行承担经济责任。

（4）属于使用人的原因。由于使用人未经许可自行改建造成的质量缺陷，或由于使用人使用不当造成的损坏，均应由使用人自行承担经济责任。

（5）其他原因。由于地震、洪水、台风等不可抗力原因造成的损坏或非施工原因造成的事故，不属于规定的保修范围，承包人不承担经济责任。负责维修的经济责任由国家根据具体政策规定。

对在保修期内和保修范围内发生的质量问题，应先由建设单位组织勘察、设计、施工等单位分析质量问题的原因，确定保修方案，由施工单位负责保修。但当问题严重和紧急时，不管是什么原因造成的，均先由施工单位履行保修义务，不得推诿和扯皮。对引起质量问题的原因则实事求是，科学分析，分清责任，按责任大小由责任方承担不同比例的经济赔偿。这里的损失，既包括因工程质量造成的直接损失，即用于返修的费用，也包括间接损失，如给使用人或第三人造成的财产或非财产损失等。

（6）在保修期后的建筑物合理使用寿命内，因建设工程使用功能的缺陷造成的工程使用损害，由建设单位负责维修，并承担责任方的赔偿责任。不属于承包人保修范围的工程，但发包人或使用人有意委托承包人修理、维护时，承包人应提供服务，并在双方签订的协议中明确服务的内容和质量要求，费用由发包人或使用人按协议约定的方式承担。

（7）保修保险。有的项目经发包人和承包人协商，根据工程的合理使用年限，采用保修保险方式。该方式不需要扣保留金，保险费由发包人支付，承包人应按约定的保修承诺，履行其保修职责和义务。推行保修保险可以有效地转移和规避工程的风险，符合国际惯例做法，对承发包双方都有利。

### 2. 保修做法

保修做法一般包括以下步骤。

（1）发送保修书。在工程竣工验收的同时，施工单位应向建设单位发送《房屋建筑工程质量保修书》。工程质量保修书属于工程竣工资料的范围，它是承包人对工程质量保修的承诺。其内容主要包括保修范围和内容、保修时间、保修责任、保修费用等。具体格式见建设部与国家工商行政管理局 2000 年 8 月联合发布的《房屋建筑工程质量保修书（示范文本）》。

房屋建筑工程质量保修书（示范文本）

发包人（全称）：_____

承包人（全称）：_____

发包人、承包人根据《中华人民共和国建筑法》、《建设工程质量管理条例》和《房屋建筑工程质量保修办法》，经协商一致，对××××工程（工程全称）签订工程质量保修书。

一、工程质量保修范围和内容

承包人在质量保修期内，按照有关法律、法规、规章的管理规定和双方约定，承担本工程质量保修责任。

质量保修范围包括地基基础工程、主体结构工程、屋面防水工程、有防水要求的卫生间、房间和外墙面的防渗漏、供热与供冷系统、电气管线、给排水管道、设备安装和装修工程，以及双方约定的其他项目。具体保修的内容，双方约定如下：

_____

_____。

二、质量保修期

双方根据《建设工程质量管理条例》及有关规定，约定本工程的质量保修期如下：

1. 地基基础工程和主体结构工程为设计文件规定的该工程合理使用年限；

2. 屋面防水工程、有防水要求的卫生间、房间和外墙面的防渗漏为____年；

3. 装修工程为____年；

4. 电气管线、给排水管道、设备安装工程为____年；

5. 供热与供冷系统为____个采暖期、供冷期；

6. 住宅小区内的给排水设施、道路等配套工程为____年；

7. 其他项目保修期限约定如下：

_____

_____。

质量保修期限自工程竣工验收合格之日起计算。

三、质量保修责任

1. 属于保修范围、内容的项目，承包人应当在接到保修通知之日起7天内派人保修。承包人不在约定期限内派人保修的，发包人可以委托他人修理。

2. 发生紧急抢修事故的，承包人在接到事故通知后，应当立即到达事故现场抢修。

3. 对于涉及结构安全的质量问题，应当按照房屋建筑工程质量保修办法的规定，立即向当地建设行政主管部门报告，采取安全防范措施；由原设计单位或者具有相应资质等级的设计单位提出保修方案，承包人实施保修。

4. 质量保修完成后，由发包人组织验收。

四、保修费用

保修费用由造成质量缺陷的责任方承担。

五、其他

双方约定的其他工程质量保修事项：_____

_____。

本工程质量保修书，由施工合同发包人、承包人双方在竣工验收前共同签署，作为施工合同附件，其有效期限至保修期满。

<table>
<tr><td>发包人（公章）</td><td>承包人（公章）</td></tr>
<tr><td>法定代表人（签字）</td><td>法定代表人（签字）</td></tr>
<tr><td>年　月　日</td><td>年　月　日</td></tr>
</table>

（2）填写"工程质量修理通知书"。在保修期内，工程项目出现质量问题影响使用，使用人应填写"工程质量修理通知书"告知承包人，注明质量问题及部位、联系维修方式，要求承包人派人前往检查修理。修理通知书发出日期为约定起始日期，承包人应在7天内派出人员执行

保修任务。"工程质量修理通知书"的格式见表11-6。

表 11-6 工程质量修理通知书

（施工单位名称）：

　　本工程于＿＿＿＿年＿＿月＿＿日发生质量问题，根据国家有关工程质量保修规定和《房屋建筑工程质量保修书》约定，请你单位派人检查修理为盼。

| 质量问题及部位： | |
| --- | --- |
| 承修人自检评定： | 年　月　日 |
| 使用人（用户）验收意见： | 年　月　日 |
| 使用人（用户）地址：<br>电话：<br>联系人： | 通知书发出日期：　年　月　日 |

## 11.3.4　回访实务

### 1．回访工作计划

　　工程交工验收后，承包人应该将回访工作纳入企业日常工作之中，及时编制回访工作计划，做到有计划、有组织、有步骤地对每项已交付使用的工程项目主动进行回访，收集反馈信息，及时处理保修问题。回访工作计划要具体实用，不能流于形式。

　　回访工作计划应包括以下内容：

　　（1）主管回访保修业务的部门；

　　（2）回访保修的执行单位；

　　（3）回访的对象（发包人或使用人）及其工程名称；

　　（4）回访时间安排和主要内容；

　　（5）回访工程的保修期限。

　　回访工作计划的一般格式见表11-7。

表 11-7 回访工作计划

（　　　　年度）

| 序号 | 建设单位 | 工程名称 | 保修期限 | 回访时间安排 | 参加回访部门 | 执行单位 |
| --- | --- | --- | --- | --- | --- | --- |
| | | | | | | |
| | | | | | | |
| | | | | | | |

单位负责人：　　　　　　　　归口部门：　　　　　　　　编制人：

### 2．回访工作记录

　　每一次回访工作结束以后，回访保修的执行单位都应填写"回访服务报告"。"回访服务报告"主要内容包括：参与回访人员；回访发现的质量问题；发包人或使用人的意见；对质量问题的处理意见等。在全部回访工作结束后，应编写"回访服务报告"，全面总结回访工作的经验和教训。"回访服务报告"的内容应包括：回访建设单位和工程项目的概况；使用单位或用户对交工工程的意见；对回访工作的分析和总结；提出质量改进的措施对策等。回访归口主管部门应依据回访记录对回访服务的实施效果进行检查验证。"回访工作记录"的一般格式如表 11-8 所示。

表 11-8 回访工作记录

| 建设单位 | | 使用单位 | |
|---|---|---|---|
| 工程名称 | | 建筑面积 | |
| 施工单位 | | 保修期限 | |
| 项目组织 | | 回访日期 | |

回访工作情况：

| 回访负责人 | | 回访记录人 | |
|---|---|---|---|

### 3. 回访的工作方式

回访工作的方式一般有四种。

（1）例行性回访。例行性回访是根据回访年度工作计划的安排，对已交付竣工验收并在保修期内的工程，统一组织例行性回访，收集用户对工程质量的意见。回访可用电话询问、召开座谈会及登门拜访等行之有效的方式，一般半年或一年进行一次。

（2）季节性回访。季节性回访主要是针对随季节变化容易产生质量问题的工程部位进行回访，所以这种回访具有季节性特点，如雨季回访基础工程、屋面工程和墙面工程的防水和渗漏情况，冬季回访采暖系统的使用情况，夏季回访通风空调工程等。了解有无施工质量缺陷或使用不当造成的损坏等问题，发现问题立即采取有效措施，及时加以解决。

（3）技术性回访。技术性回访主要了解在工程施工过程中所采用的新材料、新技术、新工艺、新设备等的技术性能和使用后的效果，以及设备安装后的技术状态，从用户那里获取使用后的第一手资料，发现问题及时补救和解决，这样也便于总结经验和教训，为进一步完善和推广创造条件。

（4）特殊性回访。特殊性回访主要是对一些特殊工程、重点工程或有影响的工程进行专访。由于工程的特殊性，可将服务工作往前延伸，包括交工前的访问和交工后的回访，可以定期或不定期进行，目的是听取发包人或使用人的合理化意见或建议，及时解决出现的质量问题，不断积累特殊工程施工及管理经验。

# 本 章 小 结

工程项目收尾管理的内容包括工程项目竣工验收阶段管理、工程竣工结算和工程项目产品回访与保修。

　　竣工验收是承包人向发包人交付项目产品的过程。本章从竣工验收的概念入手,详细介绍了竣工验收应具备的条件和符合的标准,竣工验收的管理程序和准备工作,工程项目竣工资料,工程项目竣工验收管理等内容。

　　工程竣工结算是施工单位所承包的工程按照合同规定的内容全部竣工并经建设单位和有关部门验收点交后,由施工单位根据施工过程中实际发生的变更情况对原施工图预算或工程合同造价进行增减调整修正,再经建设单位审查,重新确定工程造价并作为施工单位向建设单位办理工程价款清算的程序。

　　工程项目产品回访与保修是我国法律规定的基本制度。本章分别介绍了工程项目产品回访与保修的意义、工程项目产品保修范围与保修期、保修期的责任与保修做法,以及回访工作计划、回访工作记录、回访工作方式等工程回访实务。

# 习题与思考

11-1 什么是工程项目竣工?什么是竣工验收?

11-2 项目竣工验收条件有哪些?

11-3 竣工验收的标准有哪些?

11-4 竣工验收的程序如何?

11-5 工程项目竣工资料有哪些?

11-6 工程项目竣工资料如何移交?

11-7 工程项目竣工如何组织?

11-8 何谓工程竣工结算?有何作用?

11-9 工程竣工结算的编制依据有哪些?

11-10 工程竣工结算的编制原则有哪些?

11-11 工程价款结算的方式有哪些?

11-12 工程竣工结算的编制内容有哪些?

11-13 何谓工程项目产品回访与保修?有何意义?

11-14 建筑工程的最低保修期限如何?

11-15 保修期的经济责任如何划分?

11-16 回访工作的方式有哪些?